Information Science & Engineering-S2

# 論理回路の基礎

南谷 崇 著

サイエンス社

# Information Science & Engineering

当麻喜弘・牛島和夫・渡辺治 編集

## 書籍群 1
情報処理の基礎となる学術

**情報科学の基礎**
 山崎秀記著・本体 1900 円
**論理と記号**
**形式言語とオートマトン**
 守屋悦朗著・本体 1900 円
**情報処理の基礎**
**計算モデル論入門**
 井田哲雄・浜名誠共著・
 本体 1400 円
**情報科学のための確率入門**
 玉木久夫著・本体 1300 円
**ディジタル情報表現の基礎**
 酒井善則・石橋聡共著・
 本体 1400 円

## 書籍群 2
情報処理の中心的ツールであるコンピュータに関する学術

**論理デバイス**
**論理回路の基礎**
 南谷　崇著・本体 2100 円
**論理 LSI 合成**
**コンピュータシステム**
**オペレーティングシステム概説**
 谷口秀夫著・本体 1450 円
**システムアーキテクチャ**
**ネットワークコンピューティング**
**ソフトウェア工学**
 鈴木正人著・本体 1800 円
**プログラム工学**
 紫合　治著・本体 1500 円
**コンパイラの基礎**
 徳田雄洋著・本体 1700 円
**C プログラミングの基礎**
 [新訂版]
 蓑原　隆著・本体 1650 円
**Java によるプログラミング入門**
 権藤克彦著・本体 1850 円

## 書籍群 3
情報処理実践の中心的課題である知能情報処理およびそのシステムに関する学術

**知識と推論**
 新田克己著・本体 1500 円
**認識と理解**
**データベースシステム**
**自然言語処理の基礎**
 吉村賢治著・本体 1600 円
**学習と発見**
**画像処理**
 鎌田清一郎著・本体 1600 円
**マルチメディア工学**
**やわらかい情報処理**
 吉田紀彦著・本体 1300 円

**別巻**　教養としてのコンピュータ・サイエンス
 渡辺　治著・本体 1550 円

・UNIX は，The Open Group の登録商標です．
・その他，本書で使用する商品名等は，一般に各メーカの登録商標または商標です．なお，本文では，TM，© 等の表示は明記しておりません．

サイエンス社のホームページのご案内
http://www.saiensu.co.jp
ご意見・ご要望は　rikei@saiensu.co.jp　まで．

# まえがき

　論理回路は2つの数0と1に対して3種類の演算 AND，OR，NOT を施すだけの単純な動作で構成されます．このように単純な動作原理の回路が，複雑な気候変動や衛星軌道を計算するスーパコンピュータ，地球規模の Web サービスを提供するネットワークサーバ，子供から大人まで肌身離さず持ち歩くケータイなど，今日の情報社会を支えるあらゆる情報システムの中枢部として，日夜猛烈な速さで正確に働き続けているのは，驚きであり，感動的ですらあります．

　情報システムは益々複雑化し巨大化する一方，そのハードウェアである VLSI は益々微細化しています．このため，我々の毎日の生活や社会の活動が全面的に依存しているにもかかわらず，こうした情報システムの中身がどのような仕組みでどのように動いているのか全く分からない，いわゆるブラックボックス化が進行しています．50年前のラジオ少年や40年前のコンピュータ少年のように自分で半田ごてを持ってトランジスタ回路を製作しながらその動作を肌で感じるなどということはもはや望むべくもありません．

　しかし，その代わりに今では老若男女，誰もが気軽にコンピュータに触れ，日常的にその素晴らしい機能を楽しむことができるようになりました．そんなとき，たとえブラックボックスであって，コンピュータやケータイの中では論理回路が一瞬も休まず健気に働いていることを想像するのは楽しいものです．また論理回路の基本的な仕組みと動作を知っていれば，情報システムに対して不必要に警戒的になったり過度に楽観的になることもなくなります．この情報社会では，コンピュータの中枢として働く論理回路がどのような原理で動いているのかを理解することは，歴史や文化を理解することと同様，現代人の教養

のひとつと言っても良いでしょう．

　本書は，筆者がNEC中央研究所でコンピュータ論理設計の研究に10年間携わった後，東京工業大学電気情報系と東京大学計数工学科の学部3年生，4年生に対して28年間に渡って行ってきた論理回路に関連する講義の中から基礎的な内容を選び教科書としてまとめたものです．

　これまでに論理回路の優れた教科書は多数ありますが，入門書か専門書かの違いはあっても，基礎として学ぶべき標準的な事柄の範囲に大きな違いはありません．本書で第1章から5章までがそのような標準的な内容に相当します．第6章の演算回路は，通常，計算機構成やアーキテクチャの教科書で扱われることが多い基礎的題材ですが，論理回路の最も重要な応用分野の1つであり，理論から応用へ至る見通しを良くするために，あえて一章を設けました．第7章は論理回路を実際に設計する場合に重要なタイミング方式，特に微細化が進んだVLSI設計において重要性を増して来た非同期式設計スタイルの基礎を述べており，本書の特色の1つです．さらに，なぜ論理回路を学ぶのか，その動機付けを与えるために，情報社会において論理回路の果たす役割と起源を確認する章として，変則的ですが冒頭にあえて第0章を設けました．これも本書の特徴の1つでしょう．各章末の演習問題は，本文の説明を補い，理解を助けることを狙いとし，巻末にその略解を示しました．

　本書の執筆依頼を受けてからなかなか執筆に時間が取れず，あっという間に10年以上の月日が経過してしまいました．この間に社会は大きく変化し，情報技術は格段に進歩しました．しかし，本書の主題である論理回路の基礎を学ぶ重要性は変わっていません．むしろ情報社会に生きる現代人の教養としての重要性は一層高まったと言えます．筆者の怠慢にも関わらず，長期にわたり根気よく催促を続け辛抱強く待っていただいたサイエンス社田島伸彦氏，ならびに最終段階になってもなお遅れ気味の原稿を嫌な顔もせず編集していただいた足立豊氏に感謝します．

　　　2009年3月

　　　　　　　　　　　　　　　　　　　　　　　　　　　南谷　崇

# 目　　次

## 第 0 章　論理回路の目的　　1
- 0.1　情報社会とディジタル化 …………………………………… 2
- 0.2　コンピュータの構成要素 …………………………………… 4
- 0.3　VLSI 技術 …………………………………………………… 7

## 第 1 章　ブール代数　　11
- 1.1　ブール代数の基礎概念 ……………………………………… 12
- 1.2　ブール代数の基本定理と公理系 …………………………… 17
- 1.3　順序関係の導入 ……………………………………………… 21
- 1.4　ブール代数と論理回路 ……………………………………… 26

## 第 2 章　論理関数の表現　　33
- 2.1　論理関数と組合せ回路 ……………………………………… 34
  - 2.1.1　論理関数 ………………………………………………… 34
  - 2.1.2　真理値表と論理式 ……………………………………… 35
  - 2.1.3　完全定義関数と不完全定義関数 ……………………… 37
- 2.2　論理式の標準展開 …………………………………………… 40
  - 2.2.1　極小項表現と極大項表現 ……………………………… 40
  - 2.2.2　ブール展開 ……………………………………………… 42
  - 2.2.3　リード・マラー標準形 ………………………………… 44
- 2.3　BDD 表現 …………………………………………………… 47
- 2.4　論理代数方程式 ……………………………………………… 51

## 第 3 章 論理関数の性質　　55

- **3.1** ユネイト関数と単調関数 ……………………………… 56
- **3.2** 双対関数 …………………………………………………… 60
- **3.3** その他の論理関数 ………………………………………… 65
  - 3.3.1 対称関数 ……………………………………………… 65
  - 3.3.2 しきい値関数 ………………………………………… 66
  - 3.3.3 線形関数 ……………………………………………… 70
- **3.4** 論理関数の同族性 ………………………………………… 72
- **3.5** 万能論理関数 ……………………………………………… 75

## 第 4 章 論理合成　　81

- **4.1** AND-OR 2 段形式 ………………………………………… 82
- **4.2** カルノー図による論理式簡単化 ………………………… 86
- **4.3** クワイン・マクラスキー法 ……………………………… 91
- **4.4** 3 段 NAND 形式 …………………………………………… 99
- **4.5** 2 線式論理 ………………………………………………… 102

## 第 5 章 順序回路　　107

- **5.1** オートマトン, 状態機械, 順序回路 …………………… 108
- **5.2** 順序回路の表現 …………………………………………… 110
  - 5.2.1 形式的定義 …………………………………………… 110
  - 5.2.2 状態遷移図 …………………………………………… 111
  - 5.2.3 状態遷移表 …………………………………………… 113
- **5.3** フリップフロップ ………………………………………… 115
- **5.4** 順序回路の合成 …………………………………………… 126
- **5.5** 順序回路の等価性 ………………………………………… 134

## 第 6 章 演算回路　　141

- 6.1 データ表現 ……………………………………… 142
  - 6.1.1 データの符号化 …………………………… 142
  - 6.1.2 負数の表現 ………………………………… 146
  - 6.1.3 浮動小数点表示 …………………………… 148
  - 6.1.4 10 進数表示 ……………………………… 150
- 6.2 整数加算 ………………………………………… 151
  - 6.2.1 補数を用いた加算 ………………………… 151
  - 6.2.2 2 進加算回路 ……………………………… 154
  - 6.2.3 10 進数表示の加算回路 …………………… 157
- 6.3 高速加算器 ……………………………………… 162
  - 6.3.1 キャリールックアヘッド加算器 ………… 162
  - 6.3.2 2 分木構成キャリールックアヘッド加算器 … 163
- 6.4 乗算・除算 ……………………………………… 168
  - 6.4.1 符号なし乗算 $A \times B$ ……………………… 168
  - 6.4.2 符号なし除算 $B \div A$ ……………………… 169
  - 6.4.3 ブースの乗算アルゴリズム ……………… 175
- 6.5 浮動小数点演算 ………………………………… 179
  - 6.5.1 加減算 ……………………………………… 179
  - 6.5.2 乗算 ………………………………………… 179

## 第 7 章 論理回路のタイミング　　181

- 7.1 遅延モデル ……………………………………… 182
  - 7.1.1 ブール代数と遅延 ………………………… 182
  - 7.1.2 遅延モデル ………………………………… 184
- 7.2 クロック方式 …………………………………… 189
- 7.3 ハンドシェーク方式 …………………………… 192
  - 7.3.1 束データ 4 相方式ハンドシェーク ……… 194
  - 7.3.2 束データ 2 相方式ハンドシェーク ……… 197

|   |       | 7.3.3 | 2 線 4 相方式ハンドシェーク ･････････････････ | 198 |
|---|-------|-------|---------------------------------------|-----|
|   |       | 7.3.4 | 2 線 2 相方式ハンドシェーク ･････････････････ | 201 |
|   | 7.4   | 非同期式パイプライン ･････････････････････････ | | 203 |
|   |       | 7.4.1 | マラーの $C$ 素子 ･･････････････････････････ | 203 |
|   |       | 7.4.2 | マラーのパイプライン ･････････････････････ | 204 |
|   |       | 7.4.3 | 束データ 4 相方式パイプライン ･･････････････ | 205 |
|   |       | 7.4.4 | 束データ 2 相方式パイプライン ･･････････････ | 206 |
|   |       | 7.4.5 | 2 線 4 相方式パイプライン ････････････････････ | 209 |
|   | 7.5   | 非同期入力とメタステーブル動作 ･･･････････････ | | 212 |

演習問題略解　　　　　　　　　　　**217**

参　考　文　献　　　　　　　　　　**226**

索　　　　　引　　　　　　　　　　**227**

# 第0章
# 論理回路の目的

情報社会においてディジタル技術，情報技術が果たしている役割，コンピューティングシステムを構成する要素，そのハードウェア中枢であるVLSI技術の発展の経緯を知ることによって論理回路を学ぶ目的を理解する．

## 0.1 情報社会とディジタル化

我々は**情報社会**に住んでいる．日常の家庭生活や娯楽，放送や通信，交通や輸送，電力・ガスの供給，医療，教育，科学技術，ビジネス，生産と流通，金融・保険，行政サービス，外交と防衛など，まさに子供の遊びから国家安全保障に至るまで，人々の生活と組織のあらゆる活動を支えているのはネットワーク化された情報システムである．

ネットワークの普及とマルチメディア技術は地球上のどこでも誰でもいつでも情報を生産し，流通させ，獲得することを可能にした．人間，自然，社会の至る所に張り巡らされたセンサーネットと **RFID**(Radio Frequency Identification) から獲得された大量の 1 次情報，2 次情報は，データセンターのサーバ，データベース，スーパーコンピュータあるいはグリッドコンピューティング技術による高速データ処理，データマイニングなどによって有用な知識，情報に変換され，快適・便利な生活，効率的なビジネス，科学技術研究，生産などに活用されている．パソコン，携帯端末，ディジタルテレビなどの進歩は誰でも簡単にインターネットを介してこれらの有用な情報に直接アクセスすることを可能にした．さらに，メインフレームやクラスタシステムなどは企業活動，社会の重要インフラ，行政サービスなどの基幹業務を支えている．

これらの**情報システム**の中枢を担うのが計算システム，すなわち**コンピュータ**である．メインフレームやパソコンのように直接その姿を目にすることのできる汎用コンピュータだけではなく，自動車，航空機，ロボット，家庭電器，産業機器，住宅機器，環境機器なども，その多くの機能が内部に組み込まれた専用のマイクロプロセッサで実現されており，実質的にはコンピュータと変わりない．実際，世界で稼働しているマイクロプロセッサのうち，我々の目には触れない組み込み用途のマイクロプロセッサの占める割合は 8 割以上とも 9 割以上とも言われている．これらのコンピュータのハードウェアにおける中枢を占めるのが **VLSI**(Very Large Scale Integration) チップであり，その中味は論理回路とメモリである．

コンピュータは数や量を有限桁数の離散値で表現する**ディジタル技術**で実現される．従って，従来はアナログ技術で実現されてきた多くのシステム・機器はディジタル化されている．身近な例としては，ディジタル時計，ディジタル

カメラ，ディジタル電話，ディジタルテレビ，ディジタルビデオなどのディジタル家電・機器などがある．またこれらの情報システムを基盤としてその上で提供されるあらゆるサービスもディジタル化している．例えば，ディジタル放送，ディジタル通信などのディジタルメディアや，ディジタル図書館，ディジタル博物館，ディジタル書籍，ディジタルアート，ディジタルゲームなどのディジタルコンテンツが挙げられる．また，ディジタルマネー，ディジタル銀行，ディジタル証券，ディジタル政府など，情報処理がその業務の本質部分である様々な社会基盤，社会システムもディジタル化されるのは必然的な流れである．

**ディジタル回路** (digital circuit) は大きく論理回路とメモリ回路に分けられる．メモリ回路が規則的な構造でデータを蓄積する機能を果たすのに対して，論理回路は様々な計算，制御，変換，通信などを実現するもので，自動機械，万能機械としてのコンピュータの中枢であり，情報社会の基礎を支えていると言える．

この**論理回路** (logic circuit) が，本書のテーマである．論理回路は元々**スイッチング回路** (switchig circuit) と呼ばれ，例えば，スイッチの開閉，電位の高低，電流の有無，磁場の向き，光の点滅など，2つの識別可能な異なる状態を択一的に切り替えるスイッチで構成される回路である．スイッチが切り替える2つの異なる状態を1と0で表す．スイッチは，時代とともに，電磁リレー，3極真空管，トランジスタと変化してきたが，1と0を切り替える，という機能は変わらない．あるスイッチでの1／0状態の切り替え動作が別のスイッチの1／0切り替え動作を駆動する信号になる．こうしたスイッチの相互接続によってでき上がる回路全体の状態として1と0からなる2値データの列やパターンが記憶されたり，スイッチ動作によるデータの変換によって計算が行われたり，スイッチ動作で電波や光を変調することによって通信が行われる．このように，スイッチング回路では1と0という2つの離散的な値しか現れないのでディジタル回路である．また1と0をそれぞれ**真** (true) と**偽** (false) におきかえるとそのスイッチ動作は論理演算を行っていることになるので論理回路と呼ばれるようになった．

## 0.2 コンピュータの構成要素

コンピュータの内部で行き交う信号は 1 または 0 の 2 種類の値しかとらない 2 値信号である．2 値信号 0, 1 の列を 2 値データという．演算は 2 を基数とする 2 進数で表現された 2 値データに対して実行される．2 進数の各桁をビット (bit) と呼ぶが，これは binary digit を略したものである．2 進数の最上位を **MSB**(Most Significant Bit)，最下位を **LSB**(Least Significant Bit) と呼ぶ．

コンピュータは予め定義された命令 (instruction) どおりに動作する．命令もデータと同様に 2 値信号 0, 1 の列で表される．計算されるべきデータと計算を指示する命令を区別せずに 2 値データとして表現することが**フォン・ノイマン型** (von Neumann architecture) と呼ばれる今日のほとんどのコンピュータの本質的な特徴である．

コンピュータに特定の仕事をさせるためのひとまとまりの命令の列を**プログラム**（program）という．コンピュータが理解する 0, 1 の列からなる命令を**機械語**（2 値）命令と呼び，機械語命令からなるプログラムを機械語（2 値）プログラムという．初期のプログラマは機械語プログラムを直接書いていた．しかし，これは非常に煩わしい作業であるため，間もなく 0, 1 で表された命令を人間が理解し易い記号表現で表し，これをコンピュータで機械語へ翻訳することが考えられた．これが**アセンブリ言語** (assembly language) であり，この記号表現を用いて書かれたプログラムがアセンブリ言語プログラムである．アセンブリ言語プログラムから機械語プログラムへ翻訳するプログラムを**アセンブラ** (assembler) という．アセンブリ言語の命令は簡単な記号表記であるので 2 値表現の命令よりは分かり易いが，機械語命令と 1 対 1 に対応しているため，コンピュータの内部構造を知らないとプログラムが書けない点は機械語プログラムと変わりがない．そこで，人間に理解しやすい自然言語（英語）と数式を用いて，例えば，科学技術計算をするための言語 FORTRAN, 事務処理をするための言語 COBOL, 記号処理をするための言語 LISP というように，応用分野に適した命令形式を用いたプログラミング言語を使ってプログラムを書き，それをアセンブリ言語や機械語に自動的に翻訳することが考えられた．このようなプログラミング言語を**高級言語** (high-level language) と呼び，高級言語プログラムからアセンブリ言語や機械語のプログラムに翻訳するプロ

グラムをコンパイラ (compiler) という．コンパイラの出現は，それまでのプログラミングがコンピュータの内部構造に詳しい専門家しかできない作業であったのに対して，コンピュータの内部構造を知らなくても高級言語を使って誰でもプログラムを書けるようにしたという意味で画期的なことである．コンパイラという概念の発明こそが，その後のコンピュータの飛躍的な発展をもたらし，今日の情報社会を実現させたものと言える．

　プログラミングは規模が大きくなってくると簡単な作業ではなくなる．そこでプログラムの中で広く使われる可能性のある部分はサブルーチンとしてライブラリに蓄えておき，それらを再利用することによってプログラム作成の効率を良くすることが考えられた．こうしたサブルーチンの典型は入出力制御プログラムや外部記憶装置の制御プログラム，メモリ制御プログラムなどのように，コンピュータで一般的なプログラムを走らせて仕事をさせようとすると絶対に必要になるプログラム群である．コンピュータが機能するためには，これらのプログラム群を含む多数のプログラムが順序よく実行される必要がある．**オペレーティングシステム** (**OS** : Operating System) は，こうした多数のプログラムの効率的な実行を制御するためのプログラムである．最近普及している OS の例としては UNIX, Linux, Windows, Mac-OS, TRON などが挙げられる．

　コンピュータ上でプログラムを開発し実行するために必要あるいは有用なプログラムをシステムソフトウェアと呼ぶ．例えば OS，アセンブラ，コンパイラ，リンカ，ローダなどのように，主としてプログラマがそのユーザであるようなプログラムがシステムソフトウェアである．その他の様々なプログラム，例えばワープロソフト，表計算ソフト，メールソフト，Web ブラウザ，ゲームなどのように，プログラマ以外の一般ユーザを対象とする特定用途向けのプログラムを応用プログラムあるいはアプリケーションプログラムと呼ぶ．

　これらの応用プログラムとそれをサポートするプログラム，すなわちシステムソフトウェアが，以下に述べるコンピュータハードウェアに対して逐一動作を指示することによって初めて，コンピュータはユーザが望む有用なサービスを提供できるようになる．

　コンピュータへの代表的な入力装置にはキーボードとポインティングデバイスがある．ポインティングデバイスとしてはマウス，トラックパッド，トラッ

クボールなどが普及している．この他にカメラ，マイクロフォン，スキャナ，各種センサなどの入力装置がある．また，代表的な出力装置としては文字や図形を画素に分解してフレームバッファに格納したビットマップイメージをそのまま読み出して表示するビットマップディスプレイとプリンタがある．プリンタ方式としてはレーザービーム，インクジェット，熱転写などの方式がある．その他の出力装置として高性能のスピーカや各種の通信装置などもある．

実行中のプログラムと実行に必要なデータは通常 DRAM で実現されるメインメモリに格納される．当面の実行に必要ないその他のプログラムとデータはハードディスクなどの大容量外部記憶あるいはフラッシュメモリなどを用いた補助記憶に格納される．実行中のプログラムから頻繁にアクセスされるデータとプログラムルーチンはプロセッサとメインメモリの間に位置して高速な SRAM で実現されるキャッシュメモリに格納される．

プロセッサは **CPU**(Central Processing Unit) とも呼ばれ，主として**データパス**と**制御回路**で構成される．データパスはデータを記憶するレジスタファイル，データを変換する**演算回路**，データの流れを変えるマルチプレクサなどで構成される．

本書のテーマである論理回路は，このプロセッサの制御回路，演算回路，マルチプレクサなどの設計に関する基礎理論と，それを VLSI チップ上で実現する際の基本戦略を与える．その際に念頭に置く VLSI システムの設計目標あるいは設計制約は，性能，消費電力，ディペンダビリティ(dependability)，および実現コストである．

## 0.3 VLSI 技術

　コンピュータの基本原理であるディジタル論理の回路様式は最初から論理回路と呼ばれていたわけではない．汎用コンピュータの出現より半世紀以上も前の 1880 年代には世界ですでに電磁継電器（リレー）を用いた電話交換機の実用化が始まっていた．これは電磁継電器と上昇回転スイッチの機構部分からなるステップバイステップ方式によるもので継電器によるスイッチング回路によって構成されていた．一方，今日我々がブール代数と呼ぶ「思考の法則 (Laws of Thoughts)」が英国の数学者ブール (**G. Boole**) によって 1854 年に発表されていたが，これが工学あるいはコンピュータ設計にどう役立つかは本人も含めて当時まだ世界で誰も気づかなかったと思われる．従って，交換機の設計はまだその理論も指導原理もない状況で，継電器の動作・復旧に従って接点が開閉を繰り返す状態を順次追いかけて回路動作を解明するという，いわば設計者の経験と名人芸に依存したものだった．そうした中で，1935 年の初頭，東京新橋の電気クラブ講堂での電信電話学会技術講演会で，当時 27 歳の日本電気の技術者**中島章**の「継電器回路の構成理論」と題する講演が 3 時間に渡って行われ，その論文が同年 9 月の電信電話学会誌に掲載された．この論文は世界で初めてスイッチング回路の代数的演算法を，現在ド・モルガンの定理として知られるものまで含めて，定義，定理の形で述べたものだった．その後，これらの代数的関係式の数理的根拠として 1936 年の同学会誌論文で集合論との対応が明らかにされ，さらに 1937 年の同学会誌論文ではこれらの関係式がブール代数に一致することが明らかにされた．すなわち，1935 年の中島章による電気クラブでの講演は「スイッチング回路の動作を支配する基本原理はブール代数である」という事実を世界で初めて明らかにしたもので，後にスイッチング回路が次第に論理回路と呼ばれるようになる根拠が誕生した瞬間であった．ちなみに今日，世界の教科書で論理回路理論の起源として引用されているシャノン (**C. E. Shannon**) の有名な論文 "A symbolic Analysis of Relay and Switching Circuits" が発表されたのはその 3 年後の 1938 年である．

　論理回路の基本素子（スイッチング素子）は，当初，上に述べた電話交換機はもちろん，コンピュータにおいても継電器であった．例えば，1944 年に IBM が製作して米国ハーバード大学に納入した Harvard Mark I は継電器を

使った電気機械式コンピュータであり，世界初の汎用ディジタルコンピュータと言われている．

継電器の次に登場した論理素子は真空管だった．例えば，1946 年に米国ペンシルバニア大学で公開された ENIAC では真空管が使われ，世界初の電子計算機と言われている．また 1949 年に英国ケンブリッジ大学で完成した EDSAC にも真空管が使われ，今日のコンピュータの基礎となったプログラム内蔵方式の先駆けとなる電子計算機であった．

1948 年米国ベル研究所で発明されたトランジスタは電子機器の小型化とその後のコンピュータの発展に決定的な役割を果たした．トランジスタを用いた初期のコンピュータとしては 1954 年にベル研究所で試作された TRADIC，米国 MIT リンカーン研究所で試作された TX-0 などがある．1956 年に我が国の電気試験所で試作された ETL Mark III は我が国最初のプログラム内蔵式トランジスタコンピュータと言われている．1958 年頃には米国で IBM7070 が世界発の商用トランジスタコンピュータとして出荷された．1959 年に日本電気が我が国初の商用トランジスタコンピュータ NEAC2201 を完成させている．

トランジスタ技術のその後の発展の歴史は，止まることのない高集積化の繰り返しであった．いくつかのトランジスタを単一の半導体基板上にまとめて作って特定の機能を果たす回路を実現する **IC**（集積回路）から始まり，ほぼ 10 年ごとに **LSI**（大規模集積回路），**VLSI**（超大規模集積回路）と呼び名が変わってきたが，その後もムーアの法則と呼ばれる驚異的な高集積化を続け，今日に至っている．その間，1964 年に米国で出荷された IBM360 は初めての IC コンピュータであるのみならず，初めて OS を導入するなど，その後のコンピュータの歴史に残る画期的なマシンとなった．また 1971 年に IBM360 ファミリーの後継機として発表され，仮想記憶を実装したマシンとして有名な IBM370 では LSI が全面的に採用された．

システム設計の観点からは，この間の半導体集積回路の驚異的な発展は，論理回路設計の概念を根底から変えるものになった．

1960 年代は単体のトランジスタから IC へ移った時代であるが，IBM360 に代表されるように，個々の IC チップはそれまでのトランジスタ同様，コンピュータを構成する多数の部品の 1 つに過ぎなかった．従って，それまでのスイッチング素子あるいは論理ゲートを基本単位とする設計スタイルがそのま

## 0.3 VLSI 技術

ま有効であった．

　1970 年代に入ると，ワンチップマイクロプロセッサの誕生に象徴されるように，コンピュータを構成するサブシステムであるプロセッサやメモリを 1 チップに集積できるようになった．すなわち，LSI の時代である．LSI の入出力端子の機能さえ理解できれば，数種類の LSI を互いに接続するだけで 1 つのまとまったシステムが実現できるため，もはやゲートレベルの論理設計スタイルは不要であるとまで言われた．

　1980 年代には VLSI 時代になり，プロセッサ，メモリ，周辺コントローラなどを含むコンピュータシステム全体が 1 チップ上に集積されるようになった．この結果システム技術と素子技術の融合を促すシステムオンチップ (SOC) という概念が普及した．また，ソフトウェアがコンパイラの出現で誰でもプログラミングが可能になって大きく発展したように，VLSI 設計においてもトランジスタの設計規則を定めたシンボリックレイアウトとその支援システムが普及し，デバイスの専門知識がなくてもチップ上のゲートレベルの論理設計とレイアウトができるようになり，カスタム LSI の概念が普及した．この結果，再び，論理設計の重要性が見直された．

　1990 年代はさらに高集積化が進み，特定用途向きのシステムオンチップである **ASIC**(Application Specific IC) やマルチプロセッサオンチップの時代になった．ここに至って，多数のチップで 1 つのシステムを実現するという従来の考え方から，多数のシステムを 1 つのチップで実現するという考え方へ移行，すなわちシステム設計概念の逆転が起こった．ハードウェアとソフトウェアの協調設計という考え方が普及したのもこの時代である．

　2000 年代に入ると高集積化は更に進み，集積回路の微細化とシステムの大規模化に起因する「設計の複雑さ」の克服が大きな課題となっている．この結果，IP ベース設計，部品の再利用，ネットワークオンチップ，標準化とカスタム化の選択などが競争力を左右するようになり，デザインを競う時代に入って現在に至っている．

　トランジスタコンピュータが登場してからこれまでの約半世紀の間にシステムと部品の関係は VLSI システムに関して完全に逆転した．これまで半導体部品だと思われていた VLSI が実は広大な設計空間をもつ大規模システムに進化した．その結果，VLSI システムの設計には，アルゴリズム，プログラミング

言語，コンパイラ，オペレーティングシステム，アーキテクチャ，論理回路，レイアウト設計，電子デバイス，物性などを含む広範囲の基礎知識と経験に基づく総合的なシステムデザイン能力が必要とされるようになってきている．論理回路を学ぶときにはそのような視点を持つことが重要である．

---

**コラム　情報システムのディペンダビリティ**

　ディペンダビリティとは，提供するサービスがどの程度良質で信頼でき，ユーザがどの程度安心してそれに依存できるかを表す尺度である．情報システムに万一の障害が発生し，期待するサービスが得られない，あるいは想定しなかった事態が起きると，個人や組織の活動が混乱に陥り，尊い人命や貴重な財産が失われるかもしれない．実際，安全制御系不調による鉄道列車事故，メガバンク合併に伴うシステム障害，証券取引所の売買システム停止，ファイル交換ソフトによる重要情報の大量漏洩など，情報システムの障害やその関連事故は枚挙にいとまがない．

　情報システムのハードウェアは経年劣化を引き起こす物理的材料で構成される．また，ソフトウェアは間違いを犯し易い人間によって設計され，改版され，操作される．さらに悪意を持つ人間による情報システムへの関与や攻撃はいつでも起き得る．いかなる予防手段を講じても，これらの様々なフォールト（障害の原因）が生じる可能性をゼロにすることはできない．従って，フォールトの存在は常態であり，それを前提とした情報社会あるいは情報システムのデザインが必要である．従来のように性能の追求だけでなく，たとえ一部の要素にフォールトが存在したとしてもシステム全体としては期待どおりの良質で確かなサービスを提供し続ける「ディペンダブルな情報システム」を実現する新しい情報技術の体系が求められる．

# 第1章
# ブール代数

論理回路の基礎である 2 値ブール代数の公理，定理と諸性質，順序関係の導入，ブール代数と論理回路の関係，ブール代数の論理回路的な意味を学び，論理回路の数理的取り扱いの基礎を修得する．

## 1.1 ブール代数の基礎概念

　一般のブール代数の基礎概念から始めよう．論理回路の基礎となる 2 値ブール代数は以下の特別な場合である．

**定義 1.1**　$B$ を少なくとも 2 つの異なる要素 0 と 1 を含む集合とする．$B$ の上で 2 つの 2 項演算 $\vee: B \times B \to B$ と $\cdot: B \times B \to B$ および 1 つの単項演算 $^-: B \to B$ が定義され，$B$ の任意の要素 $x, y, z$ に対して以下の等式（公理）を満たすとき，この代数系 $\langle B, \vee, \cdot, ^-, 0, 1 \rangle$ を**ブール代数** (Boolean algebra) という．

| | | |
|---|---|---|
| 交換律： | $x \vee y = y \vee x$ | (1.1a) |
| | $x \cdot y = y \cdot x$ | (1.1b) |
| 結合律： | $(x \vee y) \vee z = x \vee (y \vee z)$ | (1.2a) |
| | $(x \cdot y) \cdot z = x \cdot (y \cdot z)$ | (1.2b) |
| 吸収律： | $x \vee (x \cdot y) = x$ | (1.3a) |
| | $x \cdot (x \vee y) = x$ | (1.3b) |
| 分配律： | $x \vee (y \cdot z) = (x \vee y) \cdot (x \vee z)$ | (1.4a) |
| | $x \cdot (y \vee z) = (x \cdot y) \vee (x \cdot z)$ | (1.4b) |
| 単位元： | $x \vee 1 = 1$ | (1.5a) |
| 零元： | $x \cdot 0 = 0$ | (1.5b) |
| 相補律： | $x \vee \overline{x} = 1$ | (1.6a) |
| | $x \cdot \overline{x} = 0$ | (1.6b) |

□

　ブール代数における演算 $\vee: B \times B \to B$ は**ブール和** (Boolean addition)，**論理和**，**OR** などと呼ばれる．演算 $\cdot: B \times B \to B$ は**ブール積** (Boolean multiplication)，**論理積**，**AND** などと呼ばれる．演算 $^-: B \to B$ は**補** (complementation)，**否定**，**NOT** などと呼ばれる．ここでは原則として，3 つの演算 $\vee, \cdot, ^-$ を，それぞれ，論理和，論理積，否定と呼ぶことにする．

　定義 1.1 における最初の 3 組の等式は，論理和 $\vee$ と論理積 $\cdot$ が**交換律** (commutative law)，**結合律** (associative law)，**吸収律** (absorption law) を満たすことを示している．また，**べき等律** (idempotent law) も成り立つ（定理 1.2 参照）．このことは，代数系 $\langle B, \vee, \cdot \rangle$ が**束** (lattice) であることを意味する．

この束 $B$ は，(1.4a), (1.4b) から**分配律** (distributive law) を満たすので分配束である．また，(1.5a), (1.5b) から，この束 $B$ に順序関係を導入した場合に最大元と最小元が存在する．さらに (1.6a), (1.6b) から，**相補律**（complementary law）を満たす元 $\bar{x}$（補元と呼ぶ）が存在する．従って，ブール代数は「補元を持つ分配束」と定義することもできる．

**束** 集合 $L$ の上で 2 つの 2 項演算 $\vee : L \times L \to L$ と $\cdot : L \times L \to L$ が定義され，$L$ の任意の要素 $x, y, z$ に対して次の 4 つの公理を満たすとき，この代数系 $\langle L, \vee, \cdot \rangle$ を束という．

| 交換律： | $x \vee y = y \vee x$ | (1.1a) |
|---|---|---|
| | $x \cdot y = y \cdot x$ | (1.1b) |
| 結合律： | $(x \vee y) \vee z = x \vee (y \vee z)$ | (1.2a) |
| | $(x \cdot y) \cdot z = x \cdot (y \cdot z)$ | (1.2b) |
| 吸収律： | $x \vee (x \cdot y) = x$ | (1.3a) |
| | $x \cdot (x \vee y) = x$ | (1.3b) |
| べき等律： | $x \vee x = x$ | (1.7a) |
| | $x \cdot x = x$ | (1.7b) |

**分配束** 束 $\langle L, \vee, \cdot \rangle$ において

| 分配律： | $x \vee (y \cdot z) = (x \vee y) \cdot (x \vee z)$ | (1.4a) |
|---|---|---|
| | $x \cdot (y \vee z) = (x \cdot y) \vee (x \cdot z)$ | (1.4b) |

が成立するとき，これを**分配束** (distributive lattice) という．

**ベン図** ブール代数の等式，性質の意味を直観的に理解するのに便利な方法の 1 つは図 1.1 に示すような**ベン図** (Venn diagram) を用いることである．

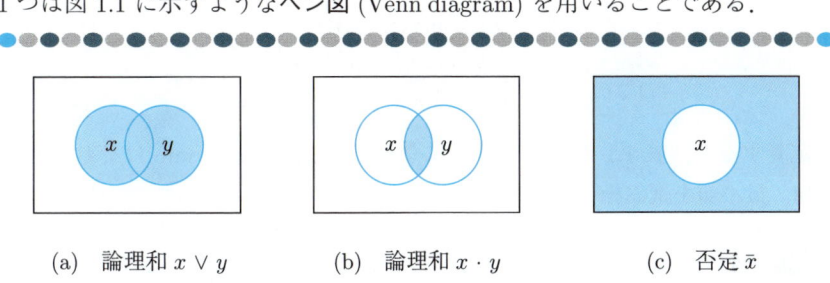

図 1.1 ベン図

本来は集合の演算を図示するために用いられるもので，全体集合を長方形で表し，部分集合 $A$, $B$ などを円で表す．ブール代数の単位元 1 を全体集合，各要素 $x$, $y$, $z$ などを部分集合，零元 0 を空集合に対応させ，要素間の論理和，論理積，否定をそれぞれ部分集合に対して和集合，積集合，補集合をとる演算と解釈することによって，ブール代数における演算を図示できる．

● ブール代数の例 ●

定義 1.1 を満たすブール代数の例は多数存在する．

**例 1.1** $B^2 = \{0, 1\}$ のとき，最も簡単な 2 値ブール代数 $\langle B^2, \vee, \cdot, ^{-}, 0, 1\rangle$ が，その論理和，論理積，否定を表 1.1 のように定義することによって得られる．表 1.1 の演算が定義 1.1 の 6 組の公理を満たすことはただちに確認できる．論理回路ではこの 2 値ブール代数が重要な役割を果たす． □

**例 1.2** $n$ 次元 2 値ベクトルの集合を $B^n = \{(x_1, x_2, \ldots, x_n) \mid x_i \in \{0, 1\}\}$ とする．$B^n$ の任意の 2 つの要素 $x = (x_1, x_2, \ldots, x_n)$ と $y = (y_1, y_2, \ldots, y_n)$ に対する論理和，論理積，否定を，ベクトル要素ごとに 2 値ブール代数の論理和 $x_i \vee y_i$，論理積 $x_i \cdot y_i$，否定 $\bar{x}_i$ を適用した結果として定義する．また，零元および単位元を，それぞれ，$0 = (0, 0, \ldots, 0)$ および $1 = (1, 1, \ldots, 1)$ とすると，$\langle B^n, \vee, \cdot, ^{-}, 0, 1\rangle$ はブール代数である． □

**例 1.3** 2 値ブール代数の集合 $B = \{0, 1\}$ の 2 つの要素の間に順序関係 $0 < 1$ が定義されている場合には，論理和，論理積，否定を，それぞれ

$$x \vee y = \max\{x, y\}$$
$$x \cdot y = \min\{x, y\}$$
$$\bar{x} = 1 - x$$

と定義すると，表 1.1 の定義と等価になる．但し，max と min はそれぞれ最大値，最小値を選ぶ操作，−（マイナス）は通常の引き算を表す． □

**例 1.4** 集合 $S$ のすべての部分集合を要素とする集合，すなわち，**べき集合** (power set) を $P(S)$ で表す．特に，空集合 $\phi$ および全体集合 $S$ も $P(S)$ の要素である．論理和，論理積，否定として，$P(S)$ の要素に対する和集合，積

集合，補集合をとる演算 ∪, ∩, ‾ を対応させると，代数系 $\langle P(S), \cup, \cap,$ ‾$, \phi, S \rangle$ はブール代数である． □

ブール代数 $\langle B, \vee, \cdot, \overline{\phantom{x}}, 0, 1 \rangle$ の上で $B$ の要素を値とする変数をブール変数 (Boolean variable) あるいは論理変数という．論理変数と定数に演算 $\vee, \cdot, \overline{\phantom{x}}$ を何回か（0 回でもよい）施して得られる式を**ブール式** (Boolean expression) あるいは**論理式**という．

**注 1** 論理積 $x \cdot y$ は $xy$ と記すことがある．また演算の優先順序は，(1) 括弧，(2) NOT，(3) AND，(4) OR，の順であると約束する．

**注 2** 結合律から，3 つ以上の要素の論理和や論理積は括弧を付けなくても曖昧さはない．例えば，$(x \vee y) \vee z$ や $x \vee (y \vee z)$ は $x \vee y \vee z$ と表せる．

**注 3** 交換律から，論理和や論理積は要素の順番を入れ替えることができる．例えば，$x \vee y \vee z = z \vee x \vee y$ である．

定義 1.1 の 6 組の公理はどれも演算 $\vee, \cdot$ および定数 0, 1 を互いに入れ替えた等式が対を成している．このとき一方の等式は他方の**双対** (dual) であるという．この性質は**双対性原理**（principle of duality）として知られ，ブール代数において一般的に成立する．

表 1.1

(a) 論理和

| $x$ | $y$ | $x \vee y$ |
|---|---|---|
| 0 | 0 | 0 |
| 0 | 1 | 1 |
| 1 | 0 | 1 |
| 1 | 1 | 1 |

(b) 論理積

| $x$ | $y$ | $x \cdot y$ |
|---|---|---|
| 0 | 0 | 0 |
| 0 | 1 | 0 |
| 1 | 0 | 0 |
| 1 | 1 | 1 |

(c) 否定

| $x$ | $\overline{x}$ |
|---|---|
| 0 | 1 |
| 1 | 0 |

> **定理 1.1** ブール代数において，ある性質が演算 $\vee$ と $\cdot$ および定数 0 と 1 を用いた等式で表されているとすると，$\vee$ と $\cdot$，0 と 1 を入れ替えて得られる双対な等式もまた成立する．

**証明** 定義 1.1 における 6 組の公理のそれぞれの対において，一方の等式は他方の等式から $\vee$ と $\cdot$，0 と 1 を入れ替えて得られる．従って，$A = \langle B, \vee, \cdot, \overline{\phantom{x}}, 0, 1 \rangle$ がブール代数ならば $A^d = \langle B, \cdot, \vee, \overline{\phantom{x}}, 1, 0 \rangle$ もまたブール代数である．$P$ をブール代数で成立するある性質だとすると，$P$ は $A^d$ で成立する．ところが，この $P$ を表す等式は $A$ において $P$ を表す等式の双対に他ならない． □

例えば，次節の定理 1.2 で証明する性質

$$x \vee x = x$$

は $A^d$ でも成立する．ところが，$A^d$ における論理和 $\vee$ は，$A$ では論理積 $\cdot$ であるから $A^d$ で成立する「$x \vee x = x$」は実は $A$ で成立している「$x \vee x = x$」の双対

$$x \cdot x = x$$

に他ならない．

このように双対原理によって，ブール代数のある等式が成り立つならばその双対な等式は証明せずとも必ず成り立つことが保証される．実際，以下に論理回路理論の基礎となるブール代数の重要な性質を示すが，2 重否定に関するものを除いて，それらは互いに双対な 2 つの等式の組で表される．

## 1.2 ブール代数の基本定理と公理系

**定理 1.2** 任意のブール代数 $\langle B, \vee, \cdot, ^-, 0, 1 \rangle$ において，$B$ の任意の要素 $x, y$ に対して以下の等式が成り立つ．

$$\text{べき等律：} \quad x \vee x = x \tag{1.7a}$$
$$x \cdot x = x \tag{1.7b}$$

$$x \vee 0 = x \tag{1.8a}$$
$$x \cdot 1 = x \tag{1.8b}$$

$$x \vee y = 0 \Leftrightarrow x = y = 0 \tag{1.9a}$$
$$x \cdot y = 1 \Leftrightarrow x = y = 1 \tag{1.9b}$$

$$\text{ド・モルガン律：} \quad \overline{(x \vee y)} = \overline{x} \cdot \overline{y} \tag{1.10a}$$
$$\overline{(x \cdot y)} = \overline{x} \vee \overline{y} \tag{1.10b}$$

$$\text{2 重否定：} \quad \overline{\overline{x}} = x \tag{1.11}$$

$$\text{ブール吸収律：} \quad x \vee \overline{x} \cdot y = x \vee y \tag{1.12a}$$
$$x \cdot (\overline{x} \vee y) = x \cdot y \tag{1.12b}$$

**証明** 定理 1.1 から，互いに双対な等式の一方が証明されれば，十分である．まず (1.7a), (1.8a), (1.9a), (1,12a) を先に証明する．
(1.7a)：(1.3a) の $y$ に $x \vee y$ を代入すると，$x \vee (x \cdot (x \vee y)) = x$ となる．(1.3b) からこれは $x \vee x = x$ と書ける．
(1.8a)：(1.5b) と (1.3a) を用いると，$x \vee 0 = x \vee (x \cdot 0) = x$ となる．
(1.9a)：$x = y = 0$ ならば (1.8a) から $0 \vee 0 = 0$. 逆に $x \vee y = 0$ ならば (1.3b) と (1.5b) から $x = x \cdot (x \vee y) = x \cdot 0 = 0$. 同様に $y = y \cdot (y \vee x) = y(x \vee y) = y \cdot 0 = 0$.
(1.12a)：(1.4a), (1.6a), (1.1b), (1.8b) をこの順に用いると，$x \vee \overline{x} \cdot y = (x \vee \overline{x}) \cdot (x \vee y) = 1 \cdot (x \vee y) = (x \vee y) \cdot 1 = x \vee y$ となる． □

次に，ド・モルガン律と **2 重否定**を証明するために，次の補題が必要である．

**補題 1.1** $x \vee y = 1$ かつ $x \cdot y = 0$ ならば $y = \overline{x}$ である．

**証明** 補題の 2 つの仮定と交換律から，(1.8b), (1.6a), (1.4b), (1.6b), (1.4b), (1.8b) をこの順に適用すると，$y = y \cdot 1 = y \cdot (x \vee \overline{x}) = (y \cdot x) \vee (y \cdot \overline{x}) = (y \cdot \overline{x}) \cdot 0 =$

$(\overline{x} \cdot y) \vee (\overline{x} \cdot x) = \overline{x} \cdot (y \vee x) = \overline{x} \cdot 1 = \overline{x}$ となる. □

**定理 1.2 の証明続き** (1.11)：(1.6a) と (1.6b) から $\overline{x} \vee x = 1$ かつ $\overline{x} \cdot x = 0$ であるから，補題 1.1 より，$x = \overline{\overline{x}}$ である.

(1.10a)：もし，$(x \vee y) \vee (\overline{x} \cdot \overline{y}) = 1$ かつ $(x \vee y) \cdot (\overline{x} \cdot \overline{y}) = 0$ が証明できれば，補題 1.1 からド・モルガン律 (1.10a) が証明できる.

しかるに，(1.4a), (1.2a), (1.1a), (1.6a), (1.5a), (1.7b) を順に適用すると，$(x \vee y) \vee (\overline{x} \cdot \overline{y}) = ((x \vee y) \vee \overline{x}) \cdot ((x \vee y) \vee \overline{y}) = (y \vee (x \vee \overline{x})) \cdot (x \vee (y \vee \overline{y})) = (y \vee 1) \cdot (x \vee 1) = 1 \cdot 1 = 1$ である.

同様に，(1.4b), (1.2b), (1.1b), (1.6b), (1.5b), (1.7a) を順に適用すると，$(x \vee y) \cdot (\overline{x} \cdot \overline{y}) = (x \cdot (\overline{x} \cdot \overline{y})) \vee (y \cdot (\overline{x} \cdot \overline{y})) = ((x \cdot \overline{x}) \cdot \overline{y}) \vee ((y \cdot \overline{y}) \cdot \overline{x}) = (0 \cdot \overline{y}) \vee (0 \cdot \overline{x}) = 0 \vee 0 = 0$ である. 従って，証明された. □

ド・モルガン律あるいはド・モルガンの定理 (De Morgan's theorem) は，次のように $n$ 個の要素に対して拡張できる.

$$\overline{(x_1 \vee x_2 \vee \cdots \vee x_n)} = \overline{x}_1 \vee \overline{x}_2 \vee \cdots \vee \overline{x}_n \qquad (1.10a')$$

$$\overline{(x_1 \cdot x_2 \cdot \cdots \cdot x_n)} = \overline{x}_1 \cdot \overline{x}_2 \cdot \cdots \cdot \overline{x}_n \qquad (1.10b')$$

論理式に対してこのド・モルガンの定理を繰り返し適用することにより，次のように一般化されたド・モルガンの定理が得られる.

**定理 1.3** 論理式 $F(x_1, x_2, \ldots, x_n)$ の否定 $\overline{F}(x_1, x_2, \ldots, x_n)$ は，論理式 $F$ において演算 $\vee$ と $\cdot$ を互いに置換し，変数 $x_i$ と $\overline{x}_i$ を互いに置換し，定数 0 と 1 を互いに置換して得られる論理式に等しい. ただし，$F$ における演算の優先順位が保存されるよう必要に応じて括弧を付け直す.

**例 1.5** $F = w \cdot (x \vee \overline{y} \cdot z)$ に対してド・モルガンの定理を繰り返し適用すると，

$$\overline{F} = \overline{\{w \cdot (x \vee \overline{y} \cdot z)\}} = \overline{w} \vee \overline{(x \vee \overline{y} \cdot z)} = \overline{w} \vee \overline{x} \cdot \overline{(\overline{y} \cdot z)} = \overline{w} \vee \overline{x} \cdot (y \vee \overline{z})$$

となる. □

定義 1.1 では，6 組の公理を満たす代数系としてブール代数が定義された. この公理系から定理 1.2 に示されるさらに 6 組の等式が導かれた. これらの等式はブール代数の基本的な性質を表している. しかし，ブール代数で成立

## 1.2 ブール代数の基本定理と公理系

する様々な等式を証明するには，実は次の4組の等式で十分である．これを**ハンティントンの公理** (Huntington's postulates) という．

| | | | |
|---|---|---|---|
| 交換律： | $x \vee y = y \vee x$ | | (1.1a) |
| | $x \cdot y = y \cdot x$ | | (1.1b) |
| 分配律： | $x \vee (y \cdot z) = (x \vee y) \cdot (x \vee z)$ | | (1.4a) |
| | $x \cdot (y \vee z) = (x \cdot y) \vee (x \cdot z)$ | | (1.4b) |
| 相補律： | $x \vee \overline{x} = 1$ | | (1.6a) |
| | $x \cdot \overline{x} = 0$ | | (1.6b) |
| | $x \vee 0 = x$ | | (1.8a) |
| | $x \cdot 1 = x$ | | (1.8b) |

この4組の公理からブール代数の他のすべての公理，定理を導くことができる（例題 1.2〜1.5，演習問題参照 1.3〜1.6）．

**定理 1.4** ブール代数において，(1.8a) を満たす零元 0，および (1.8b) を満たす単位元 1 は，それぞれただ 1 つだけである．

**証明** (1.8a) を満たす 2 つの零元 $0_1$ と $0_2$ があるとすると，$x \vee 0_1 = x$, $x \vee 0_2 = x$. この最初の式に $x = 0_2$，後の式に $x = 0_1$ を代入すると，$0_2 \vee 0_1 = 0_2$, $0_1 \vee 0_2 = 0_1$. したがって (1.1a) を用いると，$0_1 = 0_1 \vee 0_2 = 0_2 \vee 0_1 = 0_2$ となる．同様に，(1.8b) を満たす 2 つの単位元 $1_1$ と $1_2$ があるとすると，(1.1b) から $1_1 = 1_2$ となる． □

例 1.1 では，$B = \{0, 1\}$ に対して論理和，論理積，否定をそれぞれ表 1.1 (a), (b), (c) のように定めれば定義 1.1 の公理をすべて満たすので，2値ブール代数をなすことが確認された．

実は，任意のブール代数 $\langle B, \vee, \cdot, ^-, 0, 1 \rangle$ において，集合 $B$ の要素 1（単位元）と 0（零元）に対して論理和，論理積，否定を適用すると，表 1.1 が導かれる．すなわち，2値ブール代数では，論理和，論理積，否定の定め方は表 1.1 以外にはないことを次のように示すことが出来る．

まず，論理和は，性質 (1.7a) から，$0 \vee 0 = 0$，性質 (1.1a) と (1.5a) から，$1 \vee 0 = 0 \vee 1 = 1 \vee 1 = 1$ であり，表 1.1(a) になる．論理積に関しては双対原理によって表 1.1(b) が得られる．否定に関しては，性質 (1.6a) から $0 \vee \overline{0} = 1$，性質 (1.1a) と (1.8a) から $0 \vee \overline{0} = \overline{0}$，ゆえに $\overline{0} = 1$ である．また双対原理によって $\overline{1} = 0$ である．従って，表 1.1(c) が得られる．

## 第 1 章　ブール代数

**例題 1.1**　任意の $x$ に対して相補律 (1.6a), (1.6b) で定まる補元 $\bar{x}$ はただ 1 つであることを証明せよ.

**解**　$x$ に対して 2 つの補元 $\bar{x}_1$ と $\bar{x}_2$ が存在すると仮定すると, $x \vee \bar{x}_1 = 1$ かつ $x \cdot \bar{x}_1 = 0$ かつ $x \vee \bar{x}_2 = 1$ かつ $x \cdot \bar{x}_2 = 0$ である. ここで, (1.8b), (1.6a), (1.4b), (1.6b), (1.6b), (1.4b), (1.6b), (1.8b) をこの順に適用すると, $\bar{x}_2 = 1 \cdot \bar{x}_2 = (x \vee \bar{x}_1) \cdot \bar{x}_2 = x \cdot \bar{x}_2 \vee \bar{x}_1 \cdot \bar{x}_2 = 0 \vee \bar{x}_1 \cdot \bar{x}_2 = x \cdot \bar{x}_1 \vee \bar{x}_1 \cdot \bar{x}_2 = \bar{x}_1 \cdot (x \vee \bar{x}_2) = \bar{x}_1 \cdot 1 = \bar{x}_1$ となるから補元 $\bar{x}$ はただ 1 つしかない.　□

**例題 1.2**　ハンティントンの公理から「2 重否定：$\bar{\bar{x}} = x$　(1.11)」を導け.

**解**　ハンティントンの公理のみから補題 1.1 が証明された. 従って, (1.6a) と (1.6b) から $\bar{x} \vee x = 1$ かつ $\bar{x} \cdot x = 0$ であるから, 補題 1.1 より, $x$ は $\bar{x}$ の補元である. すなわち, $x = \bar{\bar{x}}$ である.　□

**例題 1.3**　ハンティントンの公理から「べき等律：$x \vee x = x$　(1.7a)」を導け.

**解**　(1.8b), (1.6a), (1.4a), (1.6b), (1.8a) をこの順に適用すると $x \vee x = (x \vee x) \cdot 1 = (x \vee x) \cdot (x \vee \bar{x}) = x \vee (x \cdot \bar{x}) = x \vee 0 = x$ となり, (1.7a) が導出される.　□

**例題 1.4**　ハンティントンの公理から「単位元：$x \vee 1 = 1$　(1.5a)」を導け.

**解**　(1.8b), (1.6a), (1.4b), (1.1b), (1.8b), (1.6a) をこの順に適用すると $x \vee 1 = (x \vee 1) \cdot 1 = (x \vee 1) \cdot (x \vee \bar{x}) = x \vee (1 \cdot \bar{x}) = x \vee (\bar{x} \cdot 1) = x \vee \bar{x} = 1$ となり, (1.5a) が導出される.　□

**例題 1.5**　ハンティントンの公理から「吸収律：$x \vee (x \cdot y) = x$　(1.3a)」を導け.

**解**　(1.8b), (1.4b), (1.1a), (1.5a), (1.8b) をこの順に適用すると $x \vee (x \cdot y) = x \cdot 1 \vee (x \cdot y) = x \cdot (1 \vee y) = x \cdot (y \vee 1) = x \cdot 1 = x$ となり (1.3a) が導出される.　□

## 1.3 順序関係の導入

**2 項関係** $S_1$ と $S_2$ を集合とする．直積 $S_1 \times S_2$ の部分集合 $R$ を $S_1$ と $S_2$ の 2 項関係という．任意の要素 $e_1 \in S_1$, $e_2 \in S_2$ に対して $(e_1, e_2) \in R$ のとき，$e_1$ と $e_2$ は関係 $R$ を持つといい，$e_1 R e_2$ と書く．特に，$S_1$ と $S_2$ が同一の集合 $S$ の場合，$R$ を $S$ の上の **2 項関係**という．

**順序関係** 集合 $S$ の上の 2 項関係を $R$ とする．$S$ の任意の要素 $x$, $y$, $z$ に対して，

$$\begin{aligned}
&\text{反射律：} && xRx \\
&\text{反対称律：} && xRy \text{ かつ } yRx \text{ ならば } x = y \\
&\text{推移律：} && xRy \text{ かつ } yRz \text{ ならば } xRz
\end{aligned}$$

が成り立つとき，$R$ を**順序関係** (ordered relation) あるいは**半順序関係** (partially ordered relation) という．特に，$S$ のすべての要素 $x$, $y$ に対して $xRy$ または $yRx$ が成り立つとき，$R$ を**全順序関係** (totally ordered relation) という．関係 $R$ を大小関係と考える場合には，$xRy$ の代わりに $x \leqq y$ と書くと分かりやすい．

**ハッセ図** 順序関係 $\leqq$ が導入された集合の構造を直観的に理解するのに図 1.2 に示されるような**ハッセ図** (Hasse diagram) を描くと便利である．集合 $S$ の異なる 2 つの要素 $x$ と $y$ に関して，$x \leqq y$ であって，$x \leqq z \leqq y$ であるような $x$, $y$ と異なる $z$ が存在しないとき，$y$ を $x$ の上方に描き，両者を直線で結ぶ．

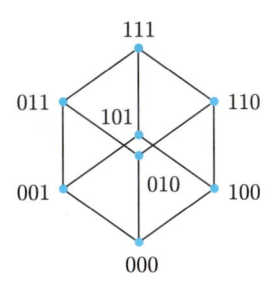

図 1.2 　ブール代数 $B^3$ のハッセ図

図 1.2 は 3 次元 2 値ベクトルの集合を表したハッセ図である．

**最大元，最小元**　順序関係 $\leqq$ が定義された集合 $S$ のある要素を $e_0$ とする．$S$ のすべての要素 $e$ に対して $e \leqq e_0$ が成立するとき，$e_0$ を $S$ の**最大元** (greatest element) という．また，$S$ のすべての要素 $e$ に対して $e_0 \leqq e$ が成立するとき，$e_0$ を $S$ の**最小元** (least element) という．

**上限，下限**　順序関係 $\leqq$ が定義された集合 $S$ の部分集合を $T$ とする．$T$ のすべての要素 $t$ に対して $t \leqq u$ を満たす $S$ の要素 $u$ を $T$ の**上界** (upper bound) といい，$l \leqq t$ を満たす $S$ の要素 $l$ を $T$ の**下界** (lower bound) という．$T$ の上界全体からなる集合の最小元が存在するとき，それを $T$ の**上限** (least upper bound) といい，$T$ の下界全体からなる集合の最大元が存在するとき，それを $T$ の**下限** (greatest lower bound) という．

ブール代数 $\langle B, \vee, \cdot, {}^{-}, 0, 1 \rangle$ に「$x$ は $y$ より小さいか等しい」という 2 項関係 $x \leqq y$ を次のように導入することができる．

**定義 1.2**　集合 $B$ の任意の 2 つの要素 $x, y$ に対して，$x \leqq y$ は，$x \vee y = y$ であるとき，かつそのときに限り成立する．　　□

この定義から，次の必要十分条件がただちに成り立つ．

**補題 1.2**　関係 $x \leqq y$ は，$x \cdot y = x$ のとき，そのときに限り成立する．

**証明**　定義 1.2 から $x \leqq y \Leftrightarrow x \vee y = y$ である．$x \vee y = y$ ならば，吸収律 (1.3b) から $x \cdot y = x \cdot (x \vee y) = x$ である．逆に $x \cdot y = x$ ならば，吸収律 (1.3a) と交換律から $x \vee y = x \cdot y \vee y = y \vee y \cdot x = y$ である．　　□

逆の「$x$ は $y$ より大きいか等しい」という 2 項関係 $x \geqq y$ も定義できる．

**定義 1.3**　集合 $B$ の任意の 2 つの要素 $x, y$ に対して，$x \geqq y$ は，$y \leqq x$ であるとき，かつそのときに限り成立する．　　□

上記の定義と補題 1.2 から，次のことが言える．
$A$ をブール代数とし，$A$ において演算 $\vee$ と $\cdot$，定数 0 と 1 を入れ替えて得

## 1.3 順序関係の導入

られる双対なブール代数を $A^d$ とすると，

$A$ において $x \leqq y \Leftrightarrow A$ において $x \vee y = y \Leftrightarrow A$ において $y \vee x = y$
$\Leftrightarrow A^d$ において $y \cdot x = y \Leftrightarrow A^d$ において $y \leqq x \Leftrightarrow A^d$ において $x \geqq y$

という同値関係が成り立つ．すなわち，あるブール代数 $A$ において関係 $x \leqq y$ が成立するのは，双対なブール代数 $A^d$ で関係 $x \geqq y$ が成立するとき，かつそのときに限ることが分かる．言い換えれば，関係 $\leqq$ と関係 $\geqq$ とは互いに双対である．従って，定理 1.1 の双対原理は，この 2 項関係も含めて次のように拡張できる．

**定理 1.1b** ブール代数において，ある性質が演算 $\vee$ と $\cdot$ および定数 0 と 1 および関係 $\leqq$ と $\geqq$ を用いた等式で表されているとすると，$\vee$ と $\cdot$，0 と 1，$\leqq$ と $\geqq$ を入れ替えて得られる双対な等式もまた成立する．

● 順序関係を導入したブール代数 ●

関係 $\leqq$ を用いて表現される主要な性質を定理としてまとめる．

**定理 1.5** 任意のブール代数 $\langle B, \vee, \cdot, ^{-}, 0, 1 \rangle$ において，$B$ の任意の要素 $x, y$ に対して以下の関係が成り立つ．

| | | |
|---|---|---|
| 反射律： | $x \leqq x$ | (1.13) |
| 反対称律： | $x \leqq y$ かつ $y \leqq x \Rightarrow x = y$ | (1.14) |
| 推移律： | $x \leqq y$ かつ $y \leqq z \Rightarrow x \leqq z$ | (1.15) |
| | $x \leqq x \vee y, \quad y \leqq x \vee y$ | (1.16a) |
| | $x \cdot y \leqq x, \quad x \cdot y \leqq y$ | (1.16b) |
| | $x \leqq z$ かつ $y \leqq z \Leftrightarrow x \vee y \leqq z$ | (1.17a) |
| | $z \leqq x$ かつ $z \leqq y \Leftrightarrow z \leqq x \cdot y$ | (1.17b) |
| | $x \leqq y \Rightarrow x \vee z \leqq y \vee z$ | (1.18a) |
| | $x \leqq y \Rightarrow x \cdot z \leqq y \cdot z$ | (1.18b) |
| | $0 \leqq x$ | (1.19a) |
| | $x \leqq 1$ | (1.19b) |

$$x \leqq y \Leftrightarrow x \vee y = y \tag{1.20a}$$
$$x \leqq y \Leftrightarrow x \cdot y = x \tag{1.20b}$$
$$x \leqq y \Leftrightarrow \overline{x} \vee y = 1 \tag{1.21a}$$
$$x \leqq y \Leftrightarrow x \cdot \overline{y} = 0 \tag{1.21b}$$
$$x = y \Leftrightarrow (\overline{x} \vee y) \cdot (x \vee \overline{y}) = 1 \tag{1.22a}$$
$$x = y \Leftrightarrow (x \cdot \overline{y}) \vee (\overline{x} \cdot y) = 0 \tag{1.22b}$$
$$x \leqq y \Leftrightarrow \overline{y} \leqq \overline{x} \tag{1.23}$$

性質 (1.13) は**反射律** (reflexivity), (1.14) は**反対称律** (antisymmetry), (1.15) は**推移律** (transitivity) である．この 3 つの性質が成り立つので，2 項関係 $\leqq$ は順序関係である．

性質 (1.16a) と (1.17a) は，$x \vee y$ が $x$ と $y$ の上限であることを示している．同様に，性質 (1.16b) と (1.17b) は，$x \cdot y$ が $x$ と $y$ の下限であることを示している．

性質 (1.19a) と (1.19b) は，0 と 1 がそれぞれ集合 $B$ における最小元と最大元であることを示している．

性質 (1.20a) は定義 1.2 であり，性質 (1.20b) は補題 1.2 である．

順序関係を導入したブール代数において成り立つ関係はベン図を用いると直観的に表現できる．ベン図において円 $A$ の内側は $a = 1$ である領域，外側は $a = 0$ である領域と解釈すれば，順序関係 $x \leqq y$ は，図 1.3 に示すように，円 $X$ が円 $Y$ の内側に含まれることによって表現される．

**例 1.6** 性質「$x \leqq y \Leftrightarrow x \cdot \overline{y} = 0$ (1.21b)」は，図 1.3 のベン図において円 $X$ の内側と円 $Y$ の外側との共通部分（論理積）がゼロであることから成り立つ． □

**定理 1.5 の証明** (1.13)：べき等律 (1.7a) より明らか．
(1.14)：$x \vee y = y$ かつ $x \vee y = x$, ゆえに $x = y$.
(1.15)：$x \vee y = y$ かつ $y \vee z = z$, 従って, $x \vee z = x \vee y \vee z = y \vee z = z$, ゆえに $x \leqq z$.
(1.16a)：$x \vee (x \vee y) = (x \vee x) \vee y = x \vee y$, ゆえに $x \leqq x \vee y$.
(1.17a)：$x \leqq z$ かつ $y \leqq z$ ならば $x \vee z = z$ かつ $y \vee z = z$, 従って $(x \vee y) \vee z = x \vee (y \vee z) = x \vee z = z$, ゆえに $x \vee y \leqq z$. 逆に $x \vee y \leqq z$ ならば, (1.16a) および (1.15) から $x \leqq z$ かつ $y \leqq z$, ゆえに証明された．

(1.18a)：$x \leqq y$ ならば $(x \vee z) \vee (y \vee z) = (x \vee y) \vee (z \vee z) = y \vee z$, すなわち $x \vee z \leqq y \vee z$.

(1.19a)：(1.8a) から明らか．

(1.20a)：定義 1.2 から明らか．

(1.21a)：$x \leqq y$ ならば $x \vee y = y$, 従って $\overline{x} \vee y = \overline{x} \vee (x \vee y) = (\overline{x} \vee x) \vee y = 1 \vee y = 1$, 逆に $\overline{x} \vee y = 1$ ならば $x \vee y = (x \vee y) \cdot 1 = (x \vee y) \cdot (\overline{x} \vee y) = (x \cdot \overline{x}) \vee y = 0 \vee y = y$, すなわち $x \leqq y$, よって証明された．

(1.22a)：(1.13) と (1.14) および (1.21a) と (1.9b) から $x = y \Leftrightarrow x \leqq y$ かつ $y \leqq x \Leftrightarrow \overline{x} \vee y = 1$ かつ $\overline{y} \vee x = 1 \Leftrightarrow (\overline{x} \vee y) \cdot (x \vee \overline{y}) = 1$, よって証明された．

(1.23)：(1.21a) と (1.11) から，$x \leqq y \Leftrightarrow \overline{x} \vee y = 1 \Leftrightarrow \overline{x} \vee \overline{\overline{y}} = 1 \Leftrightarrow \overline{\overline{y}} \vee \overline{x} = 1 \Leftrightarrow \overline{y} \leqq \overline{x}$, よって証明された． □

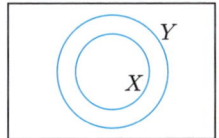

図 1.3 順序関係 $x \leqq y$

## 1.4 ブール代数と論理回路

論理回路の信号は 0 と 1 の 2 値だけをとる 2 値変数（論理変数と呼ぶ）で表される．その動作を支配する基本原理は集合 {0, 1} の上で論理和 ∨，論理積 ·，否定 ¯ が次のように定義された 2 値ブール代数である．

論理和： $0 \vee 0 = 0, \quad 0 \vee 1 = 1, \quad 1 \vee 0 = 1, \quad 1 \vee 1 = 1$
論理積： $0 \cdot 0 = 0, \quad 0 \cdot 1 = 0, \quad 1 \cdot 0 = 0, \quad 1 \cdot 1 = 1$
否定： $\bar{0} = 1, \quad \bar{1} = 0$

図 1.4 の記号で表される論理回路の基本素子に対応して，論理和，論理積，否定はそれぞれ OR, AND, NOT と呼ばれることもある．ブール代数で成り立つ公理，性質は，論理回路の設計に際して，実用的に重要な役割を果たす．

交換律： 
$$x \vee y = y \vee x \quad (1.1\text{a})$$
$$x \cdot y = y \cdot x \quad (1.1\text{b})$$

図 1.5 に示されるように，OR 素子および AND 素子への複数の入力端子の位置を区別する必要はなく，互いに入れ替えても結果は同じであることを交換律は保証している．

結合律： 
$$(x \vee y) \vee z = x \vee (y \vee z) \quad (1.2\text{a})$$
$$(x \cdot y) \cdot z = x \cdot (y \cdot z) \quad (1.2\text{b})$$

図 1.6 に示されるように，複数個の 2 入力 OR(AND) 素子を用いて 3 個以上の入力の OR(AND) 演算を行う場合に，2 入力素子への入力対の選び方に関わらず結果は同じであることを結合律は保証する．さらに，交換律と併せて，3 入力，4 入力などの多入力 OR(AND) 素子をその入力端子位置を区別することなく使用できる根拠を与えている．

吸収律： 
$$x \vee (x \cdot y) = x \quad (1.3\text{a})$$
$$x \cdot (x \vee y) = x \quad (1.3\text{b})$$

図 1.7 に示されるように，AND 素子と OR 素子からなる回路（左側）は吸収律を適用すると単なる 1 本の信号線と等価になる．その結果，入力から出力までの遅延が小さくなり，消費する電力も小さくなるため，性能の良い回路が得られる．従って，吸収律は，不必要な論理素子を削除し，論理回路を簡単

化するのに役立つので，VLSI 論理合成において重要な役割を果たす．

分配律：
$$x \vee (y \cdot z) = (x \vee y) \cdot (x \vee z) \quad (1.4a)$$
$$x \cdot (y \vee z) = (x \cdot y) \vee (x \cdot z) \quad (1.4b)$$

(a) AND　(b) OR　(c) NOT　(d) NAND　(e) NOR

図 1.4　論理素子の記号

(a) OR　　　　　　　(b) AND

図 1.5　交換律

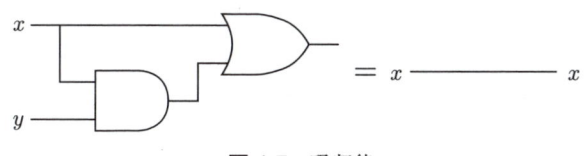

図 1.6　結合律

図 1.7　吸収律

4 章で明らかになるが，論理回路では，入力から出力へ向かって AND 素子と OR 素子が交互に並ぶ構成が標準的であり，効率がよい．図 1.8 に示されるように，分配律を適用すると AND 素子と OR 素子の配列を入れ替える効果を持つ．この結果は回路の簡単化にも役立つが，加えて信号の**完全性** (integrity) の向上に役立つ．7 章で詳細に述べられるが，論理回路では様々な物理的要因のために素子にも配線にも信号変化に遅延が生じ得る．その結果，不正な出力を生じる可能性がある．例えば，図 1.8 の右側の回路において，ある時刻に入力 $x$ が 0 から 1 へ変化し，$y$ が 0 のまま一定で，入力 $z$ が 1 から 0 へ変化する場合，図示されるように，出力が $0 \to 1 \to 0 \to 1$ という不安定な変化を起こす可能性がある．一方，分配律を適用して左側の回路へ変換すると，同じ入力変化に対して，出力は正しく $0 \to 1$ 変化のみを起こす．このように，分配律を適用して AND 素子と OR 素子を入れ替えることによって回路の単純化だけではなく，動作の信頼性向上にも役立つ場合がある．

$$
\begin{aligned}
\text{単位元と零元：} \quad & x \vee 1 = 1 & (1.5\text{a}) \\
& x \cdot 0 = 0 & (1.5\text{b}) \\
& x \vee 0 = x & (1.8\text{a}) \\
& x \cdot 1 = x & (1.8\text{b})
\end{aligned}
$$

この性質は，論理回路では，OR(AND) 素子の入力の 1 つとして 1 (0) を入力すると信号 $x$ の伝搬を遮断し，0 (1) を入力すると信号 $x$ をそのまま通過させることができる，ということを示している．このため，OR(AND) 素子はその開閉によって信号の通過と遮断を制御する「ゲート」と呼ばれることも多い（図 1.9 参照）．

$$
\begin{aligned}
\text{相補律：} \quad & x \vee \overline{x} = 1 & (1.6\text{a}) \\
& x \cdot \overline{x} = 0 & (1.6\text{b})
\end{aligned}
$$

ブール代数的には相補的な信号の OR 演算，AND 演算の結果は定数 1, 0 であるため論理動作として無意味であり，論理合成の過程で削除される．しかし，論理回路における信号変化では，素子，配線に関わる遅延のために，図 1.10 に示されるように，NOT 素子の遅延を適当に選ぶと，パルス（矩形波）信号の生成に利用することができる．

## 1.4 ブール代数と論理回路

$$べき等律：\quad x \vee x = x \qquad (1.7\text{a})$$
$$x \cdot x = x \qquad (1.7\text{b})$$

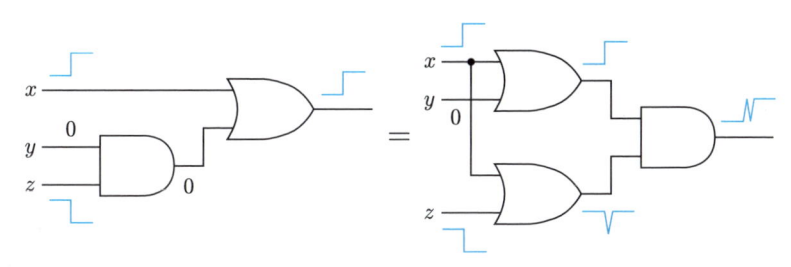

図 1.8 分配律

図 1.9 単位元と零元

図 1.10 相補律

多入力の OR 素子あるいは AND 素子のいくつかが使用されない場合，オープンな端子からの雑音の影響を防ぐために，同じ入力信号 $x$ を空いている端子にも加えて信号完全性を向上させる方策がとられることが多い．べき等律はその根拠を与えている（図 1.11 参照）．

$$\text{ド・モルガン律：} \quad \overline{(x \vee y)} = \overline{x} \cdot \overline{y} \quad (1.10\text{a})$$
$$\overline{(x \cdot y)} = \overline{x} \vee \overline{y} \quad (1.10\text{b})$$

論理設計で最も活用される性質の 1 つであり，論理合成の過程でも頻繁に現れるが，NAND 素子および OR 素子の記号にも反映される．図 1.12 に示されるように，NOR 素子の記号は，OR 素子記号の出力端に否定を表す○印を付ける場合（左側）と AND 素子の入力端に○印を付ける場合がある．双対的に NAND 素子の場合も同様である．

$$\text{2 重否定：} \quad \overline{\overline{x}} = x \quad (1.11)$$

偶数個の NOT 素子を直列接続すると，ブール代数的には単なる 1 本の信号線と同じ効果であるが，7 章で詳述するように，論理回路のタイミングを考える場合には，遅延を意図的に作り出すことができるので，この性質は重要である（図 1.13 参照）．

$$\text{ブール吸収律：} \quad x \vee \overline{x} \cdot y = x \vee y \quad (1.12\text{a})$$
$$x \cdot (\overline{x} \vee y) = x \cdot y \quad (1.12\text{b})$$

ブール吸収律も論理合成で最も重要な役割を果たす性質の 1 つである．例えば，等式 (1.12a) は，図 1.14 の左側の回路と右側の回路がブール代数的に等価であることを保証している．左側の回路は入力から出力まで 3 つの素子の縦列接続で構成されるため，素子数においても速度性能においても右側の回路のほうがはるかに優れている．それにも増して左側の回路の問題点は，7 章で詳述するように，出力に不正な過渡的現象が現れることにある．今，入力 $y$ が 1 に固定された状態で入力 $x$ が $1 \to 0$ 変化を起こしたとすると，図示されるように，NOT 素子と AND 素子の遅延のために出力では過渡的に $1 \to 0 \to 1$ の不正な変化が生じ得る．一方，右側の回路では，同じ入力変化に対して，出力は 1 に固定されたまま安定している．もちろんこれが正しい出力応答である．

## 1.4 ブール代数と論理回路

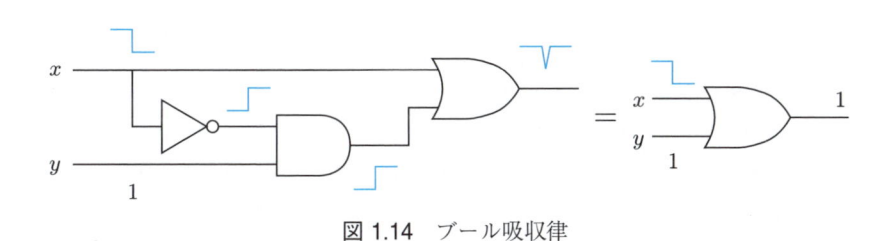

図 1.11　べき等律

図 1.12　ド・モルガン律

図 1.13　2重否定

図 1.14　ブール吸収律

## 演習問題

**1.1** ベン図を用いてブール代数における分配律が成り立つことを説明せよ．

**1.2** 2値ベクトルの集合 $B^2 = \{00, 01, 10, 11\}$ の任意の要素 $x$ と $y$ 間の論理和 $\vee$，論理積 $\cdot$，否定 ¯ を，ベクトル要素ごとに2値ブール代数の論理和 $x_i \vee y_i$，論理積 $x_i \cdot y_i$，否定 $\bar{x}_i$ を適用した結果として定義し，単位元を11，零元を00とすると，$\langle B^2, \vee, \cdot, \bar{\phantom{x}}, 0, 1 \rangle$ はブール代数であることを証明せよ．

**1.3** ハンティントンの公理を用いて「ド・モルガン律：$\overline{(x \vee y)} = \bar{x} \cdot \bar{y}$ (1.10a)」を証明せよ．

**1.4** ハンティントンの公理を用いて「ブール吸収律：$x \vee \bar{x} \cdot y = x \vee y$ (1.12a)」を証明せよ．

**1.5** ハンティントンの公理を用いて「$x \vee y = 0 \Leftrightarrow x = y = 0$ (1.9a)」を証明せよ．

**1.6** ハンティントンの公理を用いて「結合律：$(x \vee y) \vee z = x \vee (y \vee z)$ (1.2a)」を証明せよ．

**1.7** 定理1.5の諸関係をベン図によって表現せよ．

**1.8** 次の等式を証明せよ．
(1) $a \cdot \bar{b} \vee b \cdot \bar{c} \vee c \cdot \bar{a} = \bar{a} \cdot b \vee \bar{b} \cdot c \vee \bar{c} \cdot a$
(2) $(a \vee b) \cdot (\bar{a} \vee c) = (a \vee b) \cdot (\bar{a} \vee c) \cdot (b \vee c)$
(3) $a \cdot b \vee c \cdot d = (a \vee c) \cdot (a \vee d) \cdot (b \vee c) \cdot (b \vee d)$
(4) $\bar{a} \cdot \bar{b} \vee \bar{b} \cdot \bar{c} \vee \bar{c} \cdot \bar{a} = \overline{(a \cdot b \vee b \cdot c \vee c \cdot a)}$
(5) $\overline{(x_1 \cdot x_2 \cdot \cdots \cdot x_n)} = \bar{x}_1 \vee x_1 \cdot \bar{x}_2 \vee \cdots \vee x_1 \cdot x_2 \cdot \cdots \cdot x_{n-1} \cdot \bar{x}_n$

**1.9** 次の関係を証明せよ．
(1) $x \cdot y \leqq x, \quad x \cdot y \leqq y$
(2) $z \leqq x$ かつ $z \leqq y \Leftrightarrow z \leqq x \cdot y$
(3) $x \leqq y \Rightarrow x \cdot z \leqq y \cdot z$
(4) $x \leqq y \Leftrightarrow x \cdot \bar{y} = 0$
(5) $x = y \Leftrightarrow (x \cdot \bar{y}) \vee (\bar{x} \cdot y) = 0$

**1.10** 「ブール吸収律：$x \cdot (\bar{x} \vee y) = x \cdot y$ (1.12b)」の左辺を実現した論理回路と右辺を実現した回路を比較し，どのような相違があるかを述べよ．

**1.11** 「分配律：$x \cdot (y \vee z) = (x \cdot y) \vee (x \cdot z)$ (1.4b)」の左辺を実現した論理回路と右辺を実現した回路を比較し，どのような相違があるかを述べよ．

# 第2章
# 論理関数の表現

組合せ論理回路の入力と出力の関係を定める論理関数の種々の表現方法，特に一意的な表現方法としての真理値表，標準展開，2分木形式の取り扱いを学ぶとともに，論理代数方程式の基本的な考え方を学ぶ．

## 2.1 論理関数と組合せ回路

### 2.1.1 論理関数

いくつかの論理素子の相互接続によって構成される回路を論理回路と呼ぶ．論理回路は，図 2.1 に示されるように，一般に複数の入力信号線と複数の出力信号線を持つ．各入力信号線，出力信号線は $0, 1$ の 2 つの値しかとらないので，これらに論理変数（2 値変数）を対応させる．従って，論理回路への入力および出力は，それぞれ論理変数の組 $(x_1, x_2, \ldots, x_n)$ および $(y_1, y_2, \ldots, y_m)$ で表される．$x_i (i = 1, 2, \ldots, n)$ を入力変数，$y_i (i = 1, 2, \ldots, m)$ を出力変数と呼ぶ．論理回路には，現在の出力が現在の入力だけで一意的に決まるタイプの回路と，過去から現在に至る入力の履歴に依存して決まるタイプの回路に大きく分けられる．前者を**組合せ回路** (combinational circuit) と呼び，後者を**順序回路** (sequential circuit) と呼んで区別する．2 ～ 4 章では組合せ回路を，5 章では順序回路を扱う．

図 2.1 の論理回路が組合せ回路の場合，ある着目する時刻における出力はその時刻における入力だけに依存するので，時間の概念は存在しない．各出力変数 $y_i$ の値は互いに独立に入力変数の組 $(x_1, x_2, \ldots, x_n)$ だけに依存して決まる．

組合せ回路の構造，すなわち論理素子とその接続は，フィードバックループを持たない木構造の（入力変数を葉，出力変数を根として，葉から根へ向かう一方通行の）有向グラフで表すことができる．従って，その回路動作，すなわち入出力関係を考察するには，図 2.2 に示されるような，$n$ 入力変数，1 出力変数の組合せ回路を対象にすればよい．このような 1 出力組合せ回路が $m$ 個集まって，図 2.1 のような多入力多出力（組合せ）論理回路が構成されると考えてよい．

図 2.2 に示される組合せ回路が与えられた場合，その出力変数 $f$ の値を入力 $(x_1, x_2, \ldots, x_n)$ によって一意的に定めるような関数 $F$ が存在して

$$f = F(x_1, x_2, \ldots, x_n) \tag{2.1}$$

と書くことができる．$n$ 個の入力変数および出力変数 $f$ のとり得る値は 0 または 1 のいずれかである．この関数は次のように定義される．

**定義 2.1** 2 値ブール代数 $B = \{0, 1\}$ の上で任意の自然数 $n$ に対して定義される関数 $F : B^n \to B$ を（$n$ 変数）**論理関数** (logic function) または**ブール関数** (Boolean function) と呼ぶ．ここで $B^n$ は $n$ 個の集合 $B$ の直積を表す． □

### 2.1.2 真理値表と論理式

$n$ 変数論理関数を表現する方法の 1 つは，表 2.1 に示すように，$2^n$ 通りの入力組合せ $(x_1, x_2, \ldots, x_n)$ のそれぞれに対して $f$ の値が 0 か 1 かを指定する表で表すことである．この表を**真理値表** (truth table) と呼ぶ．この例は，3 変数論理関数の場合であり，入力 $(x_1, x_2, x_3)$ の $2^3 = 8$ 通りの組合せに対応する関数の値 $f$ が指定されている．このように真理値表によって論理関数を完全に記述できる．

$n$ 変数論理関数を表す真理値表では，$2^n$ 通りの入力組合せのそれぞれに対して 0 または 1 の関数値を指定する仕方は全部で「2 の $2^n$ 乗」通りある．従って，$n$ 変数論理関数は，定数関数も含めて，全部で「2 の $2^n$ 乗」個存在することになる．例えば，3 変数論理関数は，「2 の $2^3$ 乗」$= 2^8 = 256$ 個存在することになる．

論理関数は論理式によっても表現できる．例えば，論理式

$$f = x_1 \cdot x_2 \vee \overline{x}_1 \cdot x_3 \vee x_2 \cdot x_3 \tag{2.2}$$

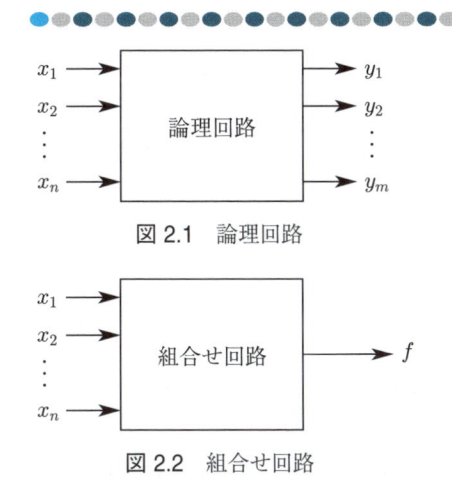

図 2.1　論理回路

図 2.2　組合せ回路

表 2.1　3 変数論理関数の真理値表

| $x_1$ | $x_2$ | $x_3$ | $f$ |
|---|---|---|---|
| 0 | 0 | 0 | 0 |
| 0 | 0 | 1 | 1 |
| 0 | 1 | 0 | 0 |
| 0 | 1 | 1 | 1 |
| 1 | 0 | 0 | 0 |
| 1 | 0 | 1 | 0 |
| 1 | 1 | 0 | 1 |
| 1 | 1 | 1 | 1 |

は，表 2.1 の真理値表と同じ論理関数を表している．この論理式に記述された演算順序どおりに論理素子を接続すれば，図 2.3 に示されるような論理回路図が得られる．このようにブール代数の演算 OR，AND，NOT に対応する論理素子記号を用いて描いた論理回路図はその基になる論理式と 1 対 1 に対応する．従って，論理回路図も論理関数の表現方法の 1 つになる．

ある論理関数を真理値表で表現する場合，その表は一意的に定まるのに対して，論理式で表現する場合には一意的には定まらない．

**例 2.1** 論理式

$$f = x_1 \cdot x_2 \vee \overline{x}_1 \cdot x_3 \tag{2.3}$$

は，式 (2.2) の論理式と同じ論理関数，従って，表 2.1 の真理値表と同じ論理関数を表している．式 (2.3) から得られる論理回路図を図 2.4 に示す． □

図 2.3 の回路図も図 2.4 の回路図も等しく表 2.1 の論理関数を表しているが，両者を比較すると，図 2.4 の回路のほうが使用する論理素子数が少ないため，ハードウェアコストも消費電力も小さく，効率的で優れていると考えられる．このように，ある 1 つの論理関数を表す論理式，従ってそれと 1 対 1 に対応する論理回路は，ブール代数で様々な公理（等式）が成り立つことから分かるように，無数に作り出すことができる．その中から応用分野の目的に適した性能の良い論理回路を導き出すことは論理設計の重要課題の 1 つであり，そのためにブール代数が有効なツールになる．

**例題 2.1** 論理式 (2.2) と (2.3) が等しいことをブール代数の性質を用いて示せ．

**解**

$$\begin{aligned}
式 (2.2) &= x_1 \cdot x_2 \vee \overline{x}_1 \cdot x_3 \vee x_2 \cdot x_3 \\
&= x_1 \cdot x_2 \vee \overline{x}_1 \cdot x_3 \vee x_2 \cdot x_3 \cdot 1 & (1.8b) \\
&= x_1 \cdot x_2 \vee \overline{x}_1 \cdot x_3 \vee x_2 \cdot x_3 \cdot (x_1 \vee \overline{x}_1) & (1.6a) \\
&= x_1 \cdot x_2 \vee \overline{x}_1 \cdot x_3 \vee x_2 \cdot x_3 \cdot x_1 \vee x_2 \cdot x_3 \cdot \overline{x}_1 & (1.4b) \\
&= (x_1 \cdot x_2 \vee x_2 \cdot x_3 \cdot x_1) \vee (\overline{x}_1 \cdot x_3 \vee x_2 \cdot x_3 \cdot \overline{x}_1) & (1.1a) \\
&= x_1 \cdot x_2 \vee \overline{x}_1 \cdot x_3 & (1.3a) \\
&= 式 (2.3) & \square
\end{aligned}$$

## 2.1 論理関数と組合せ回路

● **異なる論理回路が同じ論理関数を実現する例** ●

第6章では，1ビットの2つのデータ $A_i$ と $B_i$ 及び下位からの桁上がり $C_i$ を入力とし，加算した結果 $S_i$ と上位への桁上がり $C_{i+1}$ を出力とする「全加算器」の構成を述べる．この場合，全加算器の機能を表す論理関数は図 6.2(a) (p. 155) の真理値表で一意的に記述される．一方，この真理値表（論理関数）を実現する論理回路は，図 6.3 の (a) と (b) (p. 156) に示すように，代表的なものでも2通りある．(a) の回路は (b) に比べて素子数は多いが入力から出力までの素子段数は少ない．従って，論理設計に際しては，設計目的に照らして回路速度，消費電力，ハードウェア面積などを考慮し，最適な回路構成を選択する必要がある．

### 2.1.3 完全定義関数と不完全定義関数

現実の応用場面で，論理回路設計の仕様として定義される論理関数は必ずしも $2^n$ 通りすべての入力組合せに対して関数の値が定義されているとは限らない．$2^n$ 通りすべての入力組合せに対してその関数値が定義されている論理関数を**完全定義** (completely specified) **論理関数**といい，関数値の定義されていない入力組合せの存在する論理関数を**不完全定義** (incompletely specified) **論理関数**という．

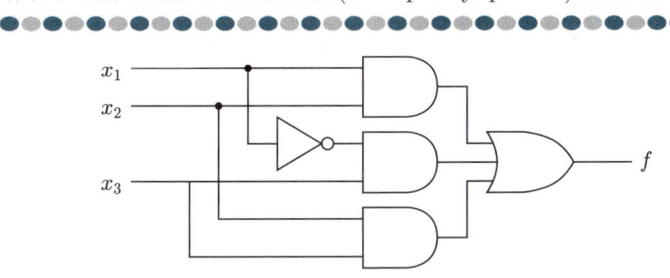

図 2.3 式 (2.2) に対応する論理回路

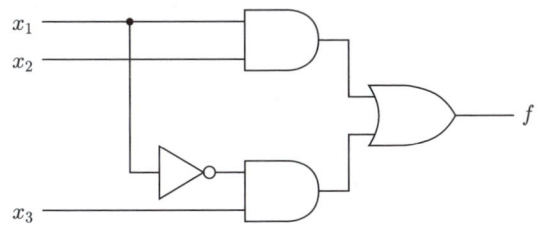

図 2.4 式 (2.3) に対応する論理回路

不完全定義論理関数が現れる場面は大きく分けて2つある．

1つはある入力パターンが実際には決して現れないので，その入力に対する関数値は定義する必要がない場合である．表2.2に，不完全定義論理関数の真理値表の例を示す．10進数0から9までの2進表示 $(d_3, d_2, d_1, d_0)$ を入力とし，「入力を3で割った余りが1」のとき出力 $f$ は1，そうでないとき出力 $f$ は0とする論理回路を実現する場合の論理関数の真理値表である．この場合，10進数0から9に対応する入力 $(d_3, d_2, d_1, d_0)$ に対しては出力 $f$ が0または1と定義されているが，その他の入力 1010, 1011, 1100, 1101, 1110, 1111 に対しては出力が定義されず，それを表すため * 印が記入されている．これらの入力は「0から9まで」という定義域からはずれ，システムが正常である限り実際の場面では決して起こりえない入力パターンなので，それに対応する出力は「気にしなくてよい」という意味でドントケア (**Don't care**) という．

もう1つの場合は，すべての入力パターンが現れるが，ある特定の入力に対する関数値は決して使われないので定義する必要がない場合である．例えば，図2.5に示すように，入力 $X$ のパターンによって2つの部分関数 $F_1(X)$ と $F_2(X)$ のうちからどちらかを1つ選択して論理関数 $F(X)$ を実現する場合がそのような例である．これは論理関数 $f = F(X)$ が

$$f = F(X) = D(X) \cdot F_1(X) \vee \overline{D(X)} \cdot F_2(X)$$

という形で実現される場合である．$D(X)$ は部分関数の二者択一を決定する関数である．この場合，$D(X)$ によって選択されない側の部分関数の出力はその入力に対しては定義する必要がない．すなわち Don't care である．

仕様として与えられる不完全定義関数における Don't care 出力は論理回路設計にあたっては，0でも1でも設計者の都合のよいように解釈してよいことを意味するので，4章で述べるように，論理設計に際して Don't care 出力を効果的に利用するとより簡単な論理回路が得られる．

なお，不完全定義関数から実現される論理回路は，すべての入力組合せに対して0または1を必ず出力するので，結果として完全定義関数を実現していることになる．

## 2.1 論理関数と組合せ回路

表 2.2　不完全定義論理関数

| 10 進数 | $d_3$ | $d_2$ | $d_1$ | $d_0$ | $f$ |
|---|---|---|---|---|---|
| 0 | 0 | 0 | 0 | 0 | 0 |
| 1 | 0 | 0 | 0 | 1 | 1 |
| 2 | 0 | 0 | 1 | 0 | 0 |
| 3 | 0 | 0 | 1 | 1 | 0 |
| 4 | 0 | 1 | 0 | 0 | 1 |
| 5 | 0 | 1 | 0 | 1 | 0 |
| 6 | 0 | 1 | 1 | 0 | 0 |
| 7 | 0 | 1 | 1 | 1 | 1 |
| 8 | 1 | 0 | 0 | 0 | 0 |
| 9 | 1 | 0 | 0 | 1 | 0 |
| 決して起こり得ない入力 | 1 | 0 | 1 | 0 | * |
| | 1 | 0 | 1 | 1 | * |
| | 1 | 1 | 0 | 0 | * |
| | 1 | 1 | 0 | 1 | * |
| | 1 | 1 | 1 | 0 | * |
| | 1 | 1 | 1 | 1 | * |

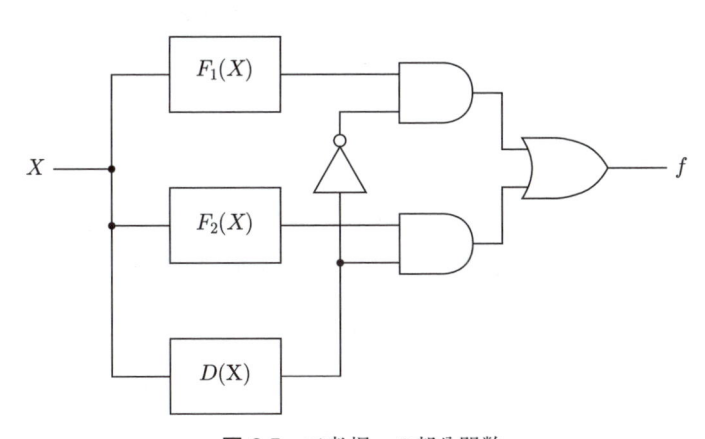

図 2.5　二者択一の部分関数

## 2.2 論理式の標準展開

同じ論理関数を表す論理式は多数存在する．ここでは論理式の一意的な表現方法を述べる．

### 2.2.1 極小項表現と極大項表現

1つ以上の論理変数 $x$ またはその否定 $\bar{x}$ を論理積だけで結合した論理式を**積項** (product term) と呼び，1つ以上の積項を論理和で結合した論理式を**積和形** (sum of products) と呼ぶ．双対的に，1つ以上の論理変数 $x$ またはその否定 $\bar{x}$ を論理和だけで結合した論理式を**和項** (sum term) と呼び，1つ以上の和項を論理積で結合した論理式を**和積形** (product of sums) と呼ぶ．特に，ただ1つの変数 $x$ またはその否定 $\bar{x}$ は積項とも和項とも解釈できる．

$n$ 変数論理関数を一意的に表現する論理式の標準形式を考えよう．

$i = 1, 2, \ldots, n$ に対して論理変数 $x_i$ またはその否定 $\bar{x}_i$ のどちらか一方を必ず含む $n$ 変数の積項を**極小項** (minterm) という．重複のない極小項だけを含む積和形を**積和標準形**あるいは**極小項表現** (minterm expression) という．双対的に，$i = 1, 2, \ldots, n$ に対して論理変数 $x_i$ またはその否定 $\bar{x}_i$ のどちらか一方を必ず含む $n$ 変数の和項を**極大項** (maxterm) という．重複のない極大項だけを含む和積形を**和積標準形**あるいは**極大項表現** (maxtenn expression) という．

極小項は $n$ 個の論理変数の値の $2^n$ 通りの組合せ $(x_1, x_2, \ldots, x_n)$，すなわち真理値表の $2^n$ 個の行，に対応している．例えば，3変数論理関数の極小項は全部で $2^3 = 8$ 個あり，それらを表 2.3 に示す．

論理関数 $f = F(x_1, x_2, \ldots, x_n)$ の積和標準形は，$f = 1$ にする組合せ $(x_1, x_2, \ldots, x_n)$ に対応する極小項だけをすべて重複なく含む積和形である．双対的に，論理関数 $f = F(x_1, x_2, \ldots, x_n)$ の和積標準形は F の否定 $\bar{F}$ の積和標準形の否定として求められる．すなわち，例 2.2 のように，まず $f = 0$ となる組合せ $(x_1, x_2, \ldots, x_n)$ に対応する極小項からなる積和標準形を求め，それに一般化されたド・モルガンの定理（定理 1.3 (p. 18)）を適用すれば，F の和積標準形が得られる．

以上から，任意の論理関数は積和標準形および和積標準形で表現でき，項の順序を無視すればそれらは一意的な表現になることが分かる．

## 2.2 論理式の標準展開

**例 2.2**

$x_1, \quad \overline{x}_1 \cdot x_2, \quad \overline{x}_1 \cdot \overline{x}_2 \cdot x_3$ などは積項

$x_1 \vee \overline{x}_1 \cdot x_2 \vee \overline{x}_1 \cdot \overline{x}_2 \cdot x_3$ は積和形

$x_1, \quad \overline{x}_1 \vee x_2, \quad \overline{x}_1 \vee \overline{x}_2 \vee x_3$ などは和項

$x_1 \cdot (\overline{x}_1 \vee x_2) \cdot (\overline{x}_1 \vee \overline{x}_2 \vee x_3)$ は和積形 □

**例 2.3** 表 2.1 に示した真理値表に対応する論理関数の積和標準形は，真理値表で $f=1$ となる入力変数の値の組 $(x_1, x_2, x_3)$ に対応する極小項をすべて重複なく含む積和形として次のように得られる．

$$F = \overline{x}_1 \cdot \overline{x}_2 \cdot x_3 \vee \overline{x}_1 \cdot x_2 \cdot x_3 \vee x_1 \cdot x_2 \cdot \overline{x}_3 \vee x_1 \cdot x_2 \cdot x_3$$

和積標準形は，まず $f=0$ となる入力変数の値の組 $(x_1, x_2, x_3)$ に対応する極小項をすべて重複なく含む積和形として求めると，

$$\overline{F} = \overline{x}_1 \cdot \overline{x}_2 \cdot \overline{x}_3 \vee \overline{x}_1 \cdot x_2 \cdot \overline{x}_3 \vee x_1 \cdot \overline{x}_2 \cdot \overline{x}_3 \vee x_1 \cdot \overline{x}_2 \cdot x_3$$

となる．次に一般化されたド・モルガンの定理を適用すると，

表 2.3　3 変数論理関数の極小項

| $x_1$ | $x_2$ | $x_3$ | 極小項 |
|---|---|---|---|
| 0 | 0 | 0 | $\overline{x}_1 \cdot \overline{x}_2 \cdot \overline{x}_3$ |
| 0 | 0 | 1 | $\overline{x}_1 \cdot \overline{x}_2 \cdot x_3$ |
| 0 | 1 | 0 | $\overline{x}_1 \cdot x_2 \cdot \overline{x}_3$ |
| 0 | 1 | 1 | $\overline{x}_1 \cdot x_2 \cdot x_3$ |
| 1 | 0 | 0 | $x_1 \cdot \overline{x}_2 \cdot \overline{x}_3$ |
| 1 | 0 | 1 | $x_1 \cdot \overline{x}_2 \cdot x_3$ |
| 1 | 1 | 0 | $x_1 \cdot x_2 \cdot \overline{x}_3$ |
| 1 | 1 | 1 | $x_1 \cdot x_2 \cdot x_3$ |

$$F = \overline{(\overline{F})} = \overline{(\overline{x}_1 \cdot \overline{x}_2 \cdot \overline{x}_3 \vee \overline{x}_1 \cdot x_2 \cdot \overline{x}_3 \vee x_1 \cdot \overline{x}_2 \cdot \overline{x}_3 \vee x_1 \cdot \overline{x}_2 \cdot x_3)}$$
$$= (x_1 \vee x_2 \vee x_3) \cdot (x_1 \vee \overline{x}_2 \vee x_3) \cdot (\overline{x}_1 \vee x_2 \vee x_3) \cdot (\overline{x}_1 \vee x_2 \vee \overline{x}_3)$$

となり，和積標準形が得られる．　□

## 2.2.2 ブール展開

ブール代数の創始者ブールがその著書「思考の法則」の中で「連続関数におけるテイラー展開のように …」と述べた**ブール展開** (Boole's Expansion) は，論理回路の合成や解析で重要な役割を果たす（後年ブール代数をスイッチング回路理論に結びつけたシャノンの名を冠して**シャノン展開** (Shannon's expansion) と呼ばれることも多い）．任意の論理関数はブール展開を繰り返し適用することによって一意的な積和標準形に到達する．

> **定理 2.1 ブール展開** 任意の論理関数 $F(x_1, x_2, \ldots, x_n)$ は，変数 $x_1$ に関して次のように展開できる．
> $$F(x_1, x_2, \ldots, x_n) = \overline{x}_1 \cdot F(0, x_2, \ldots, x_n) \vee x_1 \cdot F(1, x_2, \ldots, x_n) \quad (2.4)$$

**証明**

$$\begin{aligned}
x_1 = 0 \text{ のとき，左辺} &= F(0, x_2, \ldots, x_n) \\
\text{右辺} &= 1 \cdot F(0, x_2, \ldots, x_n) \vee 0 \cdot F(1, x_2, \ldots, x_n) \\
&= F(0, x_2, \ldots, x_n) \\
x_1 = 1 \text{ のとき，左辺} &= F(1, x_2, \ldots, x_n) \\
\text{右辺} &= 0 \cdot F(0, x_2, \ldots, x_n) \vee 1 \cdot F(1, x_2, \ldots, x_n) \\
&= F(1, x_2, \ldots, x_n)
\end{aligned}$$

以上から，証明された．　□

ブール展開によって，$n$ 変数論理関数は 2 つの $n-1$ 変数関数に展開される．結果の $n-1$ 変数関数をさらに $x_2$ に関して $n-2$ 変数関数に展開，というように $x_3, \ldots, x_n$ に関して繰り返し展開していくと最後に「極小項と定数の積の和」に至る．「定数」は論理関数値であり，0 または 1 であるから，$F(x_1, x_2, \ldots, x_n) = 1$ となる組合せ $(x_1, x_2, \ldots, x_n)$ に対応する極小項だけをす

べて重複なく含む積和形，すなわち，積和標準形が一意的に得られる（例 2.4，2.5 を参照）．

定理 2.1 の双対として次の定理が成り立つ．

> **定理 2.2** 任意の論理関数 $F(x_1, x_2, \ldots, x_n)$ は，変数 $x_1$ に関して次のように展開できる．
> $$F(x_1, x_2, \ldots, x_n) = (\overline{x}_1 \vee F(1, x_2, \ldots, x_n)) \cdot (x_1 \vee F(0, x_2, \ldots, x_n)) \quad (2.5)$$

**例 2.4** 3 変数論理関数 $F(x_1, x_2, x_3)$ を変数 $x_1$ に関してブール展開すると

$$F(x_1, x_2, x_3) = \overline{x}_1 \cdot F(0, x_2, x_3) \vee x_1 \cdot F(1, x_2, x_3) \quad (2.6)$$

右辺の $F(0, x_2, x_3)$, $F(1, x_2, x_3)$ を $x_2$ に関して同様に展開すると

$$F(0, x_2, x_3) = \overline{x}_2 \cdot F(0, 0, x_3) \vee x_2 \cdot F(0, 1, x_3) \quad (2.7)$$
$$F(1, x_2, x_3) = \overline{x}_2 \cdot F(1, 0, x_3) \vee x_2 \cdot F(1, 1, x_3) \quad (2.8)$$

さらに，右辺の $F(0, 0, x_3)$, $F(0, 1, x_3)$, $F(1, 0, x_3)$, $F(1, 1, x_3)$ を $x_3$ に関して同様に展開し，その結果を式 (2.7)，(2.8) に代入し，さらにその結果を式 (2.6) に代入すると以下のような「極小項と定数の積の和」が得られる．

$$\begin{aligned}
F(x_1, x_2, x_3) = & \overline{x}_1 \cdot \overline{x}_2 \cdot \overline{x}_3 \cdot F(0, 0, 0) \vee \overline{x}_1 \cdot \overline{x}_2 \cdot x_3 \cdot F(0, 0, 1) \\
& \vee \overline{x}_1 \cdot x_2 \cdot \overline{x}_3 \cdot F(0, 1, 0) \vee \overline{x}_1 \cdot x_2 \cdot x_3 \cdot F(0, 1, 1) \\
& \vee x_1 \cdot \overline{x}_2 \cdot \overline{x}_3 \cdot F(1, 0, 0) \vee x_1 \cdot \overline{x}_2 \cdot x_3 \cdot F(1, 0, 1) \\
& \vee x_1 \cdot x_2 \cdot \overline{x}_3 \cdot F(1, 1, 0) \vee x_1 \cdot x_2 \cdot x_3 \cdot F(1, 1, 1) \quad (2.9)
\end{aligned}$$

□

**例 2.5** 式 (2.9) における定数 $F(0,0,0), F(0,0,1), \ldots, F(1,1,1)$ は，真理値表において対応する入力 $(x_1, x_2, x_3)$ に対する論理関数値 $f$ であるから，0 または 1 である．従って，$f = 1$ となる入力 $(x_1, x_2, x_3)$ に対応する極小項だけが残る．これは積和標準形であり，真理値表だけから一意的に決まる．例えば，表 2.1 の真理値表では，

$$F(0,0,0) = F(0,1,0)$$
$$= F(1,0,0)$$
$$= F(1,0,1) = 0$$
$$F(0,0,1) = F(0,1,1)$$
$$= F(1,1,0)$$
$$= F(1,1,1) = 1$$

であるから，次の積和標準形が得られる．

$$F(x_1, x_2, x_3) = \overline{x}_1 \cdot \overline{x}_2 \cdot x_3 \vee \overline{x}_1 \cdot x_2 \cdot x_3 \vee x_1 \cdot x_2 \cdot \overline{x}_3 \vee x_1 \cdot x_2 \cdot x_3 \tag{2.10}$$

□

**例題 2.2** 論理式 (2.3) からブール代数的に積和標準形 (2.10) を導け．

**解**

$$式 (2.3) = x_1 \cdot x_2 \vee \overline{x}_1 \cdot x_3$$
$$= x_1 \cdot x_2 \cdot (x_3 \vee \overline{x}_3) \vee \overline{x}_1 \cdot x_3 \cdot (x_2 \vee \overline{x}_2)$$
$$= x_1 \cdot x_2 \cdot x_3 \vee x_1 \cdot x_2 \cdot \overline{x}_3 \vee \overline{x}_1 \cdot x_2 \cdot x_3 \vee \overline{x}_1 \cdot \overline{x}_2 \cdot x_3$$
$$= 式 (2.10)$$

□

### 2.2.3 リード・マラー標準形

任意の 2 値変数 $x$, $y$ に対する新しい 2 項演算 $\oplus$ を定義する．

**定義 2.2** 集合 $\{0,1\}$ の上で次のように定義された 2 項演算 $\oplus$ を排他的論理和あるいは **XOR**(Exclusive-OR) という．

$$\begin{aligned} 1 \oplus 0 = 0 \oplus 1 = 1 \\ 1 \oplus 1 = 0 \oplus 0 = 0 \end{aligned} \tag{2.11}$$

□

**定理 2.3** XOR 演算に関し，以下の性質が成り立つ．

$$\begin{aligned} 結合律： & (x \oplus y) \oplus z = x \oplus (y \oplus z) & (2.12) \\ 交換律： & x \oplus y = y \oplus x & (2.13) \\ 分配律： & x \cdot (y \oplus z) = x \cdot y \oplus x \cdot z & (2.14) \\ 零元： & x \oplus 0 = x & (2.15) \\ 逆元： & x \oplus x = 0 & (2.16) \end{aligned}$$

**証明** 演算規則 (2.11) から明らか． □

## 2.2 論理式の標準展開

**ブール環**　要素 0 を含む集合 $R$ の上で加法 $\oplus : R \times R \to R$ と乗法 $\cdot : R \times R \to R$ が定義され、$R$ の任意の要素 $x, y, z$ に対して以下の公理を満たすとき、この代数系 $\langle R, \oplus, \cdot, 0\rangle$ を**環** (ring) という。

$$
\begin{array}{rl}
\text{加法の結合律：} & (x \oplus y) \oplus z = x \oplus (y \oplus z) \\
\text{加法の零元：} & x \oplus 0 = x \\
\text{加法の逆元：} & x \oplus a = 0 \text{ を満たす逆元 } a \text{ が存在} \\
\text{加法の交換律：} & x \oplus y = y \oplus x \\
\text{乗算の結合律：} & (x \cdot y) \cdot z = x \cdot (y \cdot z) \\
\text{分配律：} & x \cdot (y \oplus z) = x \cdot y \oplus x \cdot z \\
& (y \oplus z) \cdot x = y \cdot x \oplus z \cdot x
\end{array}
$$

任意の要素 $x$ に対してべき等律：$x \cdot x = x$ が成立する環 $\langle R, \oplus, \cdot, 0\rangle$ を**ブール環** (Boolean ring) という。ブール環では乗法の交換律：$x \cdot y = y \cdot x$ が成り立つ。

$B_2 = \{0, 1\}$ の上で XOR 演算 $\oplus$ と AND 演算 $\cdot$ が定義された代数系 $\langle B_2, \oplus, \cdot, 0, 1\rangle$ は、定理 2.3 から明らかなように、加法 $\oplus$ と乗法 $\cdot$ に関して環の条件を満たし、乗法に関してべき等律が成立するのでブール環を成している。

結合律 (2.12) が成り立つので、$n$ 変数に対する XOR 演算の結果は 2 項演算としての適用順序に関係なく一意に定まる。従って、$n$ 変数に対する XOR 演算は、括弧を使用することなく、$x_1 \oplus x_2 \oplus \cdots \oplus x_n$ と書くことができる。

**定理 2.4**

$$x \vee y = x \oplus y \oplus x \cdot y \quad (2.17)$$
$$\text{特に、} x \cdot y = 0 \;\Leftrightarrow\; x \vee y = x \oplus y \quad (2.18)$$
$$\overline{x} = x \oplus 1 \quad (2.19)$$

**証明**　演算規則 (2.11) から明らか。□

定理 2.4 を用いると、任意の論理関数を XOR 演算 $\oplus$ と AND 演算 $\cdot$ と定数 1 のみを使って（否定を用いることなく）表現することができる。

**例 2.6**　2 変数論理関数は積和標準形で次のように表される。

$$F(x_1, x_2) = \overline{x}_1 \cdot \overline{x}_2 \cdot F(0, 0) \vee x_1 \cdot \overline{x}_2 \cdot F(1, 0) \vee \overline{x}_1 \cdot x_2 \cdot F(0, 1) \vee x_1 \cdot x_2 \cdot F(1, 1)$$

積項同士の論理積は 0 なので (2.18) を適用すると

$$F(x_1, x_2) = F(0,0) \cdot \overline{x}_1 \cdot \overline{x}_2 \oplus F(1,0) \cdot x_1 \cdot \overline{x}_2 \oplus F(0,1) \cdot \overline{x}_1 \cdot x_2 \oplus F(1,1) \cdot x_1 \cdot x_2$$

否定 $\overline{x}$ に対して (2.19) を適用すると

$$\begin{aligned}
\overline{x}_1 \cdot \overline{x}_2 &= (x_1 \oplus 1) \cdot (x_2 \oplus 1) \\
&= x_1 \cdot x_2 \oplus x_1 \oplus x_2 \oplus 1 \\
x_1 \cdot \overline{x}_2 &= x_1 \cdot (x_2 \oplus 1) \\
&= x_1 \cdot x_2 \oplus x_1 \\
\overline{x}_1 \cdot x_2 &= (x_1 \oplus 1) \cdot x_2 \\
&= x_1 \cdot x_2 \oplus x_2
\end{aligned}$$

これらを上式に代入すると

$$\begin{aligned}
F(x_1, x_2) = F(0,0) \cdot (x_1 \cdot x_2 \oplus x_1 \oplus x_2 \oplus 1) \oplus (x_1 \cdot x_2 \oplus x_1) \cdot F(1,0) \\
\oplus (x_1 \cdot x_2 \oplus x_2) \cdot F(0,1) \oplus x_1 \cdot x_2 \cdot F(1,1)
\end{aligned}$$

これを整理すると

$$\begin{aligned}
F(x_1, x_2) = F(0,0) \oplus x_1 \cdot \{F(0,0) \oplus F(1,0)\} \oplus x_2 \cdot \{F(0,0) \oplus F(0,1)\} \\
\oplus x_1 \cdot x_2 \cdot \{F(0,0) \oplus F(0,1) \oplus F(1,0) \oplus F(1,1)\}
\end{aligned}$$

が得られる．このような表現を**リード・マラー標準形** (Reed-Muller expansion) あるいは**ガロア標準形** (Galois canonical form) という． □

**例題 2.3** 論理式 (2.3) をリード・マラー標準形に変換せよ．
**解**

$$\begin{aligned}
式 (2.3) &= x_1 \cdot x_2 \vee \overline{x}_1 \cdot x_3 \\
&= x_1 \cdot x_2 \oplus \overline{x}_1 \cdot x_3 \\
&= x_1 \cdot x_2 \oplus (x_1 \oplus 1) x_3 \\
&= x_3 \oplus x_1 \cdot x_2 \oplus x_1 \cdot x_3
\end{aligned}$$
□

## 2.3 BDD 表現

論理関数を二分木構造のグラフで表現する方法が **BDD**(Binary Decision Diagram) である．

例えば，論理式 $f = x \vee y \cdot \bar{z}$ において変数 $x$, $y$, $z$ の値から $f$ の値を決定するプロセスを考えよう．$x = 1$ の場合には $f = 1$ である．$x = 0$ の場合には $y = 0$ ならば $f = 0$ となるが $y = 1$ ならば，さらに $z = 1$ のとき $f = 0$ であり，$z = 0$ のとき $f = 1$ になる．この決定プロセスを図 2.6 に示す．このように変数の値 $0, 1$ によって順に次々と場合分けして最終的に $f$ の値を得られる二分木構造のグラフ表現を BDD という．BDD では，木を二分する中途の節点が順序付けられた入力変数に対応し，終端には，そこへ至る経路に対応した入力変数の組に対する論理関数の値が表示される．

図 2.7 に真理値表と BDD の対応を示す．同図 (a) は，図 2.6 の論理式 $f = x \vee y \cdot \bar{z}$ で表される論理関数の真理値表である．同図 (b) はこの真理値表に直接対応する完全二分木の BDD を示している．この例から分かるように，一般に $n$ 変数論理関数の真理値表に対応する完全二分木の BDD では，その

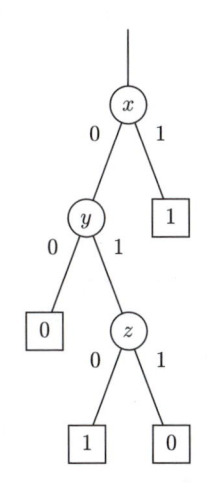

図 2.6　$x \vee y \cdot \bar{z}$ の BDD 表現

頂点（根）から終端（葉）へ至る経路は入力変数の値の組合せに対応して $2^n$ 通りあり，各終端は真理値表の $2^n$ 行の入力組合せに 1 対 1 に対応している．

BDD は論理関数にブール展開を繰り返し適用した結果と考えることもできる．$n$ 変数論理関数 $F(x_1, x_2, \ldots, x_n)$ の真理値表に対応する BDD において，節点 $x_1$ の値 0 と 1 で二分された 2 つの部分木は，それぞれ，$F$ の変数 $x_1$ に関するブール展開によって得られる 2 つの $n-1$ 変数論理関数 $F(0, x_2, \ldots, x_n)$ と $F(1, x_2, \ldots, x_n)$ を表す BDD になっている．頂点から終端に至る $2^n$ 個の経路は，ブール展開を変数 $x_1, x_2, \ldots, x_n$ に関してこの順に繰り返し適用して得られる積和標準形の極小項に対応することが分かる．

ところで，図 2.6 の BDD と図 2.7(b) の BDD は同じ論理関数を表しているが，図 2.6 は以下に述べる方法で図 2.7(b) を簡約化した結果である．図 2.7(b) の BDD において，$x = 0$, $y = 0$ の経路をたどると $z$ の値にかかわらず $f = 0$ の終端に至る．従って，この 2 つの終端は 1 つにまとめても論理関数の情報は失われない．また，$x = 1$ の経路をたどると，$y$ の値に関わらず $z$ を頂点とする同形な部分木に至る．さらに，その部分木は $z$ の値に関わらず $f = 1$ の終端に至る．従って，この 2 つの部分木を 1 つにまとめ，部分木の終端も 1 つにまとめると，図 2.8(a) のようになる．その結果生じる冗長な節点を削除すると，図 2.8(b) に示される BDD となる．これは図 2.6 の BDD に他ならない．

このように，変数順序を固定し (ordered)，同形な部分グラフの共有と冗長節点の削除を可能な限り行った (reduced) ものを，**既約順序** (reduced ordered) **BDD** あるいは **ROBDD** という．図 2.6 は，図 2.7(a) の真理値表で表される論理関数の ROBDD である．

証明は省略するが，次の重要な定理が成り立つ．

> **定理 2.5** 変数の順序を固定すれば，任意の論理関数の ROBDD は一意的に定まる (R. E. Bryant 1986)．

従って，ROBDD は論理関数の標準形として用いることができる．論理関数を ROBDD で表現しておけば，2 つの論理関数の等価性判定問題は 2 つのグラフの同形判定問題に帰着できる．この場合，二分木を生成する際の変数の順序によって得られる ROBDD の節点数は大きく異なる．節点数が増えれば

2.3 BDD 表現

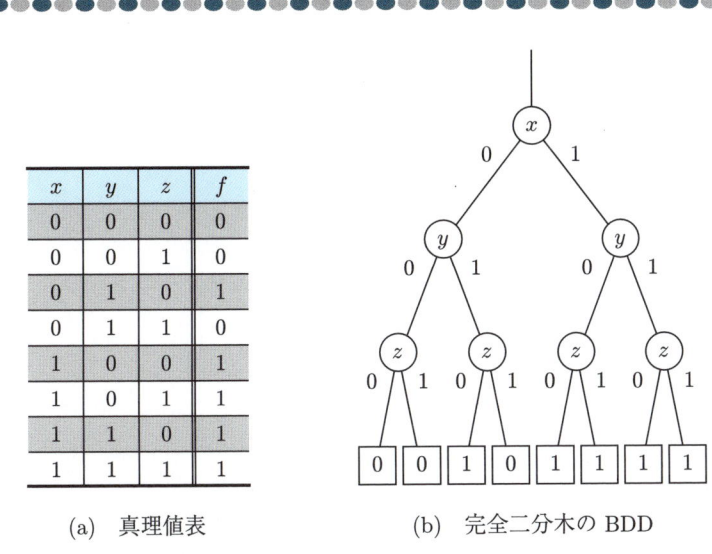

| $x$ | $y$ | $z$ | $f$ |
|---|---|---|---|
| 0 | 0 | 0 | 0 |
| 0 | 0 | 1 | 0 |
| 0 | 1 | 0 | 1 |
| 0 | 1 | 1 | 0 |
| 1 | 0 | 0 | 1 |
| 1 | 0 | 1 | 1 |
| 1 | 1 | 0 | 1 |
| 1 | 1 | 1 | 1 |

(a) 真理値表

(b) 完全二分木の BDD

図 2.7 真理値表と BDD の対応

(a)

(b)

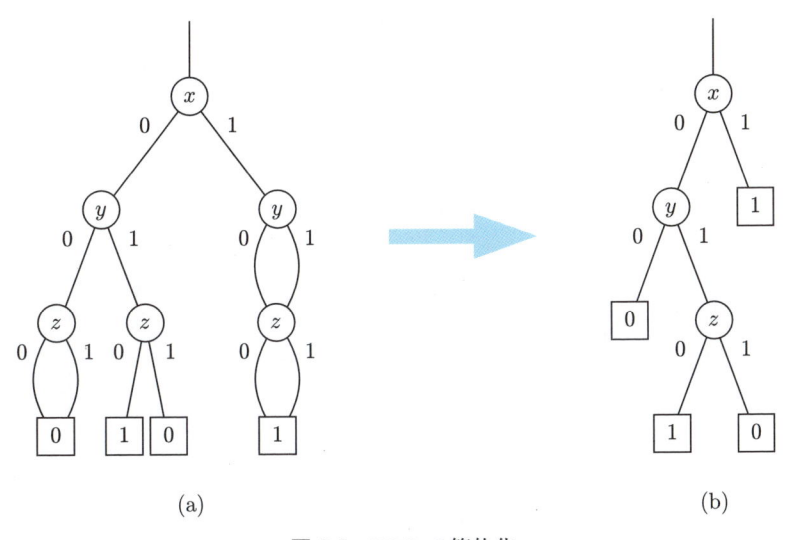

図 2.8 BDD の簡約化

ROBDD の処理アルゴリズムにおいて必要となるメモリ容量と計算量は大きくなるので，節点数を少なくするような変数順序を求めることが重要である．

**例題 2.4** 3 変数の論理和，論理積，排他的論理和の ROBDD を示せ．
**解** 図 2.9(a)，(b)，(c) に示す． □

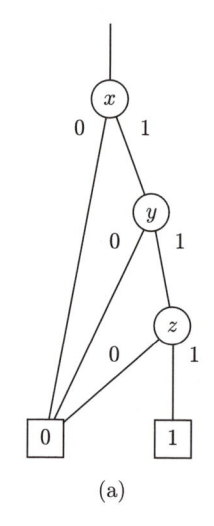

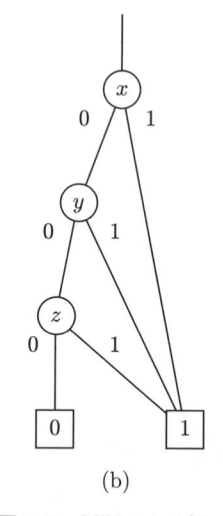

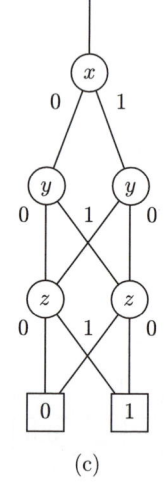

図 2.9 例題 2.4 の解

## 2.4 論理代数方程式

論理関数 $F(x,a,b,\ldots)$ において $x$ を未知変数としたとき，等式

$$F(x,a,b,\ldots) = 1 \qquad (2.20)$$

を **論理代数方程式** (Boolean equation) という．また，この等式を満たす $x$ をその解という．一般に，解 $x$ は論理変数 $a,b,\ldots$ の論理関数になる．

論理代数方程式が

$$G(x,a,b,\ldots) = H(x,a,b,\ldots) \qquad (2.21)$$

の形式で与えられた場合には，定理 1.5 (p. 24) の式 (1.22a) から

$$G = H \quad \Leftrightarrow \quad (\overline{G} \vee H) \cdot (G \vee \overline{H}) = 1$$

であるから，式 (2.21) は

$$\{\overline{G(x,a,b,\ldots)} \vee H(x,a,b,\ldots)\} \cdot \{G(x,a,b,\ldots) \vee \overline{H(x,a,b,\ldots)}\} = 1 \quad (2.22)$$

と書き直せる．この左辺を改めて $F(x,a,b,\ldots)$ とおけば，式 (2.20) の形式に帰着する．

また，論理代数方程式が

$$G(x,a,b,\ldots) = 0 \qquad (2.23)$$

の形式で与えられた場合も，定理 1.1 (p. 16) の双対性原理によって，やはり式 (2.20) に書き直せる．従って，ここでは一般性を失うことなく，式 (2.20) の形式の論理代数方程式を解くことを考える．

式 (2.20) の左辺は未知変数 $x$ に関するブール展開によって

$$F(x,a,b,\ldots) = \overline{x} \cdot F(0,a,b,\ldots) \vee x \cdot F(1,a,b,\ldots)$$

と表せるので，$F(0,a,b,\ldots)$ と $F(1,a,b,\ldots)$ をそれぞれ簡単に $F_0$ と $F_1$ で表すと，式 (2.20) は

$$\overline{x} \cdot F_0 \vee x \cdot F_1 = 1 \qquad (2.24)$$

と書き直せる．そこで，$F_0$ と $F_1$ の値の組 $(F_0, F_1)$ がとり得る次の 4 通りの場合に分けて，それぞれの場合の解 $x$ を考える．

$(F_0, F_1) = (0, 0)$ の場合：明らかに，式 (2.24) を成立させる解 $x$ は存在しない．すなわち，解 $x$ が存在するためには $F_0 \vee F_1 = 1$ が成り立たねばならないことが分かる．逆に，$F_0 \vee F_1 = 1$ が成り立つ残りの 3 通りの場合には，以下のように，いずれも解が存在する．

$(F_0, F_1) = (1, 0)$ の場合：式 (2.24) は $\overline{x} = 1$ となるので，解は $x = 0$ である．
$(F_0, F_1) = (0, 1)$ の場合：式 (2.24) は $x = 1$ となり，これがそのまま解である．
$(F_0, F_1) = (1, 1)$ の場合：式 (2.24) は $\overline{x} \vee x = 1$ であるから，これは常に成り立つ．すなわち，この場合には解 $x$ は任意でよいので $x = t$ と表すことにする．ただし，$t \in \{0, 1\}$ である．

以上から，式 (2.20) の論理代数方程式に解が存在するための必要十分条件は

$$F_0 \vee F_1 = 1 \tag{2.25}$$

が成り立つことである．この条件のもとで，$F_0$, $F_1$ の値が与えられると解 $x$ が定まるので，$x$ は $F_0$, $F_1$ の論理関数 $X(F_0, F_1)$ と考えることができる．これを積和標準形に展開すると，式 (2.25) から $\overline{F_0} \cdot \overline{F_1} = 0$ であることに注意して，

$$\begin{aligned} x &= X(F_0, F_1) \\ &= \overline{F_0} \cdot \overline{F_1} \cdot X(0,0) \vee F_0 \cdot \overline{F_1} \cdot X(1,0) \vee \overline{F_0} \cdot F_1 \cdot X(0,1) \vee F_0 \cdot F_1 \cdot X(1,1) \\ &= F_0 \cdot \overline{F_1} \cdot X(1,0) \vee \overline{F_0} \cdot F_1 \cdot X(0,1) \vee F_0 \cdot F_1 \cdot X(1,1) \end{aligned}$$

と書ける．そこで $(F_0, F_1)$ に関する上記 3 通りの場合の解 $x$ の値を代入すると，再び，$\overline{F_0} \cdot \overline{F_1} = 0$ であることに注意して，

$$\begin{aligned} x &= \overline{F_0} \cdot F_1 \vee F_0 \cdot F_1 \cdot t \\ &= \overline{F_0} \cdot F_1 \vee F_1 \cdot t \\ &= \overline{F_0} \cdot F_1 \vee F_1 \cdot t \vee \overline{F_0} \cdot \overline{F_1} \\ &= \overline{F_0} \vee F_1 \cdot t \end{aligned}$$

と書ける．すなわち，解 $x$ は

$$x = \overline{F(0, a, b, \ldots)} \vee F(1, a, b, \ldots) \cdot t \tag{2.26}$$

で与えられる．

## 2.4 論理代数方程式

**例題 2.5** $a \cdot x = b$ を満たす $x$ を求めよ．

**解** 式 (2.22) の形式に書き直すと，

$$\{\overline{(a \cdot x)} \vee b\} \cdot \{a \cdot x \vee \overline{b}\} = 1$$

これを式 (2.24) に形式に書き直すと，

$$\overline{x} \cdot \overline{b} \vee x(a \cdot b \vee \overline{a} \cdot \overline{b}) = 1$$

従って，解の存在条件は，式 (2.25) から

$$a \vee \overline{b} = 1$$

あるいは

$$b \leqq a$$

この条件の下で解は，式 (2.26) から

$$x = b \vee \overline{a} \cdot t$$

ただし，$t$ は任意の論理値． □

---

### コラム　VLSI の工学的限界

　「ムーアの法則」と呼ばれる驚異的なペースで集積化，微細化を遂げてきた VLSI 技術は，これまでの情報システムの性能向上に大きく貢献してきた．しかし，今後更なる微細化が進むにつれ，リーク電流の増加による消費電力と発熱の問題，プロセスパラメータ，電源電圧，温度の変動によるトランジスタ特性の制御不能なばらつき，配線間クロストークによる配線遅延の予測不能な変動，中性子線などが引き起こすソフトエラーの増加など，これまで未経験の設計製造上の問題が顕在化しつつある．これらの問題がチップ製造の歩留まり低下，システムの信頼性低下を招く結果，経済合理性が成り立たず，VLSI 設計・製造が工学的限界に直面することが懸念されており，全く新しい原理のデバイス，チップアーキテクチャ，設計方法論が必要になってきている．

## 演習問題

**2.1** 2つの2ビットデータ $A = (a_1, a_0)$ と $B = (b_1, b_0)$ を比較し，$A \geqq B$ であれば $C = 1$, そうでなければ $C = 0$ を出力する比較回路の真理値表を示せ．

**2.2** 次の等式を証明せよ．
(1) $x \oplus y = (x \vee y) \cdot (\overline{x} \vee \overline{y})$ 　　(2) $x \oplus x = 0, \quad x \oplus 1 = \overline{x}$
(3) $x \vee y = x \oplus y \oplus x \cdot y$ 　　(4) $x \cdot y \vee y \cdot z \vee z \cdot x = x \cdot y \vee z \cdot (x \oplus y)$
(5) $x \oplus y \oplus z = x \cdot y \cdot z \vee (x \vee y \vee z) \cdot \overline{(x \cdot y \vee y \cdot z \vee z \cdot x)}$
(6) $x \cdot y \oplus y \cdot z \oplus z \cdot x = x \cdot y \vee y \cdot z \vee z \cdot x$ 　　(7) $(x \oplus y) \cdot (y \oplus z) \cdot (z \oplus x) = 0$

**2.3** 任意の論理関数 $F(x_1, x_2, \ldots, x_n)$ に関して次を証明せよ．
(1) $F(x_1, x_2, \ldots, x_n) = (\overline{x}_1 \vee F(1, x_2, \ldots, x_n)) \cdot (x_1 \vee F(0, x_2, \ldots, x_n))$
(2) $\overline{F(x_1, x_2, \ldots, x_n)} = \overline{x}_1 \cdot \overline{F(0, x_2, \ldots, x_n)} \vee x_1 \cdot \overline{F(1, x_2, \ldots, x_n)}$

**2.4** 次の論理関数を，(a) 積和標準形，(b) 和積標準形，(c) リード・マラー展開，(d) BDD で，それぞれ表せ．
(1) $f(x, y, z) = x \cdot \overline{y} \vee z$ 　　(2) $f(x, y, z) = x \cdot y \vee \overline{y} \cdot z$
(3) $f(x, y, z) = \overline{x} \cdot \overline{y} \cdot \overline{z}$ 　　(4) $f(x, y, z) = x \cdot (y \oplus z)$
(5) $f(x, y, z) = (x \oplus y) \vee z$ 　　(6) $f(x, y, z) = x \cdot \overline{y} \vee y \cdot \overline{z} \vee z \cdot \overline{x}$

**2.5** 論理関数 $x_1 \cdot x_2 \vee x_3 \cdot x_4 \vee x_5 \cdot x_6$ を $x_1 < x_2 < x_3 < x_4 < x_5 < x_6$ という変数順序と $x_1 < x_3 < x_5 < x_2 < x_4 < x_6$ という変数順序に対する既約順序付き BDD で表せ．

**2.6** 論理関数 $x_1 \cdot x_2 \cdot x_3 \vee x_4 \cdot x_5 \cdot x_6$ を $x_1 < x_2 < x_3 < x_4 < x_5 < x_6$ という変数順序と $x_1 < x_4 < x_2 < x_5 < x_3 < x_6$ という変数順序に対する既約順序付き BDD で表せ．

**2.7** 次の論理代数方程式の解が存在する必要十分条件と解を求めよ．
(1) $x \geqq a$ 　　(2) $a \vee x = b$ 　　(3) $a \cdot x \vee b = c$

# 第3章
# 論理関数の性質

　単調性，自己双対性，対称性，線形性など，論理関数に現れるいくつかの特徴的な性質が成り立つ条件を調べ，それらの性質に従って論理関数を分類することによって，少数の基本論理関数の結合で任意の論理関数を表現できる万能論理関数の一般理論を学ぶ．

## 3.1 ユネイト関数と単調関数

論理関数の間に包含関係を導入することによって，単調関数とそれに関連する概念を定義する．単調関数は NOT を用いず AND，OR 素子のみで実現できるので，論理回路の故障検出に応用できる．

**定義 3.1** 2つの $n$ 変数論理関数 $F(x_1, x_2, \ldots, x_n)$ と $G(x_1, x_2, \ldots, x_n)$ に関して，$\{0, 1\}^n$ の任意の要素 $(a_1, a_2, \ldots, a_n)$ に対して $F(a_1, a_2, \ldots, a_n) \leqq G(a_1, a_2, \ldots, a_n)$ が成り立つとき，$G$ は $F$ を**包含** (implication) するといい，$F(x_1, x_2, \ldots, x_n) \leqq G(x_1, x_2, \ldots, x_n)$ と書く． □

**例 3.1** 論理関数 $x \vee y$ は論理関数 $x \cdot y$ を包含する．すなわち，$x \cdot y \leqq x \vee y$ である． □

**定義 3.2** $n$ 変数論理関数 $F(x_1, x_2, \ldots, x_n)$ において変数 $x_i (i = 1, 2, \ldots, n)$ の値を 0 および 1 とした $n-1$ 変数論理関数をそれぞれ $F(x_1, \ldots, 0, \ldots, x_n)$ および $F(x_1, \ldots, 1, \ldots, x_n)$ で表し，

$$F(x_1, \ldots, 0, \ldots, x_n) \leqq F(x_1, \ldots, 1, \ldots, x_n)$$

が成り立つとき，$F$ は $x_i$ に関して**正** (positive) であるという．また，

$$F(x_1, \ldots, 1, \ldots, x_n) \leqq F(x_1, \ldots, 0, \ldots, x_n)$$

が成り立つとき，$F$ は $x_i$ に関して**負** (negative) であるという． □

> **定理 3.1** 論理関数 $F(x_1, x_2, \ldots, x_n)$ が変数 $x_i$ に関して正（負）であるための必要十分条件は $F$ が $\overline{x}_i$ ($x_i$) を含まない積和論理式で表現できることである．

**証明** 正の場合も負の場合も同様に証明できるので，正の場合のみを証明する．$F$ が $x_i$ に関して正ならば，$F(x_1, \ldots, 0, \ldots, x_n) \leqq F(x_1, \ldots, 1, \ldots, x_n)$．定理 1.3 (p. 18) の式 (1.20a) から，

$$F(x_1, \ldots, 0, \ldots, x_n) \vee F(x_1, \ldots, 1, \ldots, x_n) = F(x_1, \ldots, 1, \ldots, x_n) \quad (3.1)$$

が成立する．ブール展開により，$F(x_1, x_2, \ldots, x_n) = \overline{x}_i \cdot F(x_1, \ldots, 0, \ldots, x_n) \vee x_i \cdot F(x_1, \ldots, 1, \ldots, x_n)$．これに式 (3.1) を適用すると

$$F(x_1, x_2, \ldots, x_n) = \overline{x}_i \cdot F(x_1, \ldots, 0, \ldots, x_n) \vee x_i \cdot F(x_1, \ldots, 0, \ldots, x_n)$$
$$\vee x_i \cdot F(x_1, \ldots, 1, \ldots, x_n)$$
$$= F(x_1, \ldots, 0, \ldots, x_n) \vee x_i \cdot F(x_1, \ldots, 1, \ldots, x_n)$$

となり，$F$ は $\overline{x}_i$ を含まない．逆に，$F(x_1, x_2, \ldots, x_n)$ が $\overline{x}_i$ を含まない論理式で表現できるならば，

$$F(x_1, x_2, \ldots, x_n) = G_1 \vee x_i \cdot G_2 \tag{3.2}$$

と書ける．ただし，$G_1, G_2$ は $x_i$ には依存しない論理関数を表す．そこで，式 (3.2) の左辺の $x_i$ に 0 および 1 を代入すると，

$$F(x_1, \ldots, 0, \ldots, x_n) = G_1$$
$$F(x_1, \ldots, 1, \ldots, x_n) = G_1 \vee G_2$$

従って，$F(x_1, \ldots, 0, \ldots, x_n) \leqq F(x_1, \ldots, 1, \ldots, x_n)$ が成り立つ．すなわち，$F$ は $x_i$ に関して正である． □

**例 3.2** 論理関数 $x \cdot y \vee \overline{x} \cdot \overline{z} \vee y \cdot \overline{z}$ は $y$ に関して正であり，$z$ に関して負である． □

**定義 3.3** 論理関数 $F(x_1, x_2, \ldots, x_n)$ が，すべての変数に関して，正または負であるとき，$F$ を**ユネイト関数** (unate function) という． □

**定理 3.2** $F(x_1, x_2, \ldots, x_n)$ がユネイト関数であるための必要十分条件は $F$ がすべての変数 $x_i$ に関してそれぞれその肯定形 $x_i$ または否定形 $\overline{x}_i$ のどちらかしか含まない論理式で表現できることである．

**証明** 定理 3.1 と定義 3.3 から明らか． □

**例 3.3** $x \cdot y \vee x \cdot \overline{z} \vee y \cdot \overline{z}$ はユネイト関数である．しかし，$x \cdot y \vee \overline{x} \cdot \overline{z} \vee y \cdot \overline{z}$ はユネイト関数ではない． □

**例 3.4** 16 個ある 2 変数論理関数でユネイト関数でないのは，$x \oplus y$ と $x \oplus \overline{y}$ だけである．他の関数はすべてユネイト関数である． □

**例題 3.1** $F(x, y, z) = x \cdot y \vee \overline{x} \cdot z \vee \overline{z}$ がユネイト関数であることを示せ．
**解** 右辺の論理式に定理 1.2 (p. 17) の式 (1.12a) を繰り返し適用すると，$F(x, y, z) = x \cdot y \vee \overline{x} \cdot \overline{z} = x \cdot y \vee \overline{x} \cdot \overline{z} = y \vee \overline{x} \vee \overline{z}$ と書き直すことができるので，定理 3.2 から，$F(x, y, z)$ はユネイト関数である． □

ユネイト関数の特別な場合が**単調関数** (monotone function) である．

**定義 3.4** 論理関数 $F(x_1, x_2, \ldots, x_n)$ がすべての変数 $x_i$ に関して正であるとき，$F$ を**単調増大関数** (monotone increasing function) あるいは**正関数** (positive function) という． □

**例 3.5** $x \cdot y \vee y \cdot z \vee z \cdot x$ は単調増大関数である． □

> **定理 3.3** 単調増大関数の任意の変数に単調増大関数を代入して得られる関数は単調増大関数である．

**証明** 単調増大関数は変数 $x$ の否定形 $\bar{x}$ を含まない論理式で表現できる．その変数 $x$ に単調増大関数を代入して得られる関数もまた変数の否定形を含まない論理式で表現される． □

**定義 3.5** 論理関数 $F(x_1, x_2, \ldots, x_n)$ がすべての変数 $x_i$ に関して負であるとき，$F$ を**単調減少関数** (monotone decreasing function) あるいは**負関数** (negative function) という． □

**例 3.6** NAND 関数 $\overline{x \cdot y}$ や NOR 関数 $\overline{x \vee y}$ は単調減少関数である． □

$n$ 次元 2 値ベクトルの順序（大小）関係を定義しよう．

**定義 3.6** 2 つの $n$ 次元 2 値ベクトル $\boldsymbol{A} = (a_1, a_2, \ldots, a_n)$ と $\boldsymbol{B} = (b_1, b_2, \ldots, b_n)$ に関して，すべての $i = 1, 2, \ldots, n$ に対して $a_i \leqq b_i$ であるとき，$\boldsymbol{A} \leqq \boldsymbol{B}$ と定める． □

すると，次の重要な定理が成り立つ．

> **定理 3.4** $n$ 変数論理関数 $F(x_1, x_2, \ldots, x_n)$ が正（負）関数であるための必要十分条件は，$\boldsymbol{A} \leqq \boldsymbol{B}$（$\boldsymbol{B} \leqq \boldsymbol{A}$）を満たす任意の $n$ 次元 2 値ベクトル $\boldsymbol{A}$ と $\boldsymbol{B}$ に対して $F(\boldsymbol{A}) \leqq F(\boldsymbol{B})$ が成り立つことである．

**証明** 正関数の場合のみを証明する．負関数の場合も同様である．$F$ が正関数ならば，$x_1$ に関して正であるから，$a_1 \leqq b_1$ ならば

$$F(a_1, x_2, x_3, \ldots, x_n) \leqq F(b_1, x_2, x_3, \ldots, x_n) \tag{3.3}$$

## 3.1 ユネイト関数と単調関数

$F$ は $x_2$ に関しても正であるから，$a_2 \leqq b_2$ ならば，

$$F(a_1, a_2, x_3, \ldots, x_n) \leqq F(a_1, b_2, x_3, \ldots, x_n)$$

また，式 (3.3) における $x_2$ に値 $b_2$ を代入すると

$$F(a_1, b_2, x_3, \ldots, x_n) \leqq F(b_1, b_2, x_3, \ldots, x_n)$$

従って，

$$F(a_1, a_2, x_3, \ldots, x_n) \leqq F(b_1, b_2, x_3, \ldots, x_n)$$

変数 $x_3, \ldots, x_n$ に関してこの議論を繰り返すと，$(a_1, a_2, \ldots, a_n) \leqq (b_1, b_2, \ldots, b_n)$ ならば $F(a_1, a_2, \ldots, a_n) \leqq F(b_1, b_2, \ldots, b_n)$ が成り立つ．逆に，$(a_1, a_2, \ldots, a_n) \leqq (b_1, b_2, \ldots, b_n) \Rightarrow F(a_1, a_2, \ldots, a_n) \leqq F(b_1, b_2, \ldots, b_n)$ が成り立つならば，$(0, x_2, \ldots, x_n) \leqq (1, x_2, \ldots, x_n)$ であるから $F(0, x_2, \ldots, x_n) \leqq F(1, x_2, \ldots, x_n)$ が成り立つ．すなわち，$F$ は $x_1$ に関して正である．同様に，$F$ は $x_2, \ldots, x_n$ のすべてに関して正である．従って，$F$ は正関数である．□

**例 3.7** 図 3.1 のハッセ図の最小頂点 $(0, 0, 0)$ から上方へ向かって最大頂点 $(1, 1, 1)$ へ到達する経路をたどるとき，3 変数関数 $F(x, y, z)$ が正関数であるならば，経路上の頂点 $(x, y, z)$ に対する $F(x, y, z)$ の値は 0 から 1 へ変化することはあっても 1 から 0 へ変化することは決してない．例えば，正関数 $x \cdot y \vee y \cdot z \vee z \cdot x$ の値は $(0, 0, 0)$ から $(1, 1, 1)$ へ向かうとき，$0 \to 1$ 方向の変化しか起きない．□

正関数を実現する論理回路では，故障によって回路内部に $0 \to 1$ ($1 \to 0$) 方向の誤りが生じた場合，それが出力信号に伝播するとすれば必ず $0 \to 1$ ($1 \to 0$) 方向の誤りになることが保証されるので故障検出が容易になる．

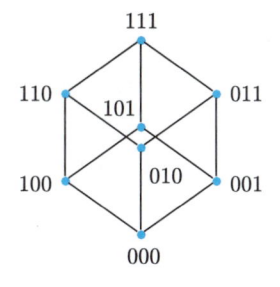

図 3.1 ハッセ図

## 3.2 双対関数

ブール代数では双対原理が成り立つので，双対な論理関数の概念が存在する．

**定義 3.7** $n$ 変数論理関数 $F(x_1, x_2, \ldots, x_n)$ に対して，
$$F_d(x_1, x_2, \ldots, x_n) = \overline{F(\overline{x}_1, \overline{x}_2, \ldots, \overline{x}_n)}$$
を $F(x_1, x_2, \ldots, x_n)$ の **双対関数** (dual function) という． □

すなわち，双対関数は元の関数 $F$ のすべての論理変数 $x_i$ に対して NOT 演算を施し，論理関数 $F$ の全体にも NOT 演算を施して得られる．

**例 3.8** AND 関数 $x \cdot y \cdot z$ と OR 関数 $x \vee y \vee z$ は互いに相手の双対関数である． □

**例 3.9** $F(x, y, z) = x \cdot y \vee \overline{x} \cdot z \vee y \cdot z$ の双対関数は
$$F_d(x, y, z) = \overline{(\overline{x} \cdot \overline{y} \vee x \cdot \overline{z} \vee \overline{y} \cdot \overline{z})} = (x \vee y) \cdot (\overline{x} \vee z) \cdot (y \vee z)$$
となる．この関数 $F(x, y, z)$ からその双対関数 $F_d(x, y, z)$ が得られる様子を真理値表で表 3.1 に示す．第 1 〜 3 列が入力変数の値の組 $(x, y, z)$，第 4 列が元の関数 $F(x, y, z) = x \cdot y \vee \overline{x} \cdot z \vee y \cdot z$ の値，第 5 列が変数に NOT 演算を施した関数 $F(\overline{x}, \overline{y}, \overline{z}) = \overline{x} \cdot \overline{y} \vee x \cdot \overline{z} \vee \overline{y} \cdot \overline{z}$ の値，第 6 列は双対関数 $F_d(x, y, z) = \overline{(\overline{x} \cdot \overline{y} \vee x \cdot \overline{z} \vee \overline{y} \cdot \overline{z})}$ の値を表している．第 5 列の値は第 4 列の値に対して $(0,1,1)$ と $(1,0,0)$ の境を対称軸として鏡像関係にある．また，第 6 列の値は第 5 列の値を反転したものであることに注意してほしい． □

複合関数の双対関数について考えよう．

**例 3.10** 5 変数論理関数 $G(y_1, y_2, x_1, x_2, x_3)$ の変数 $y_1$, $y_2$ がそれぞれ 3 変数論理関数 $y_1 = F_1(x_1, x_2, x_3)$, $y_2 = F_2(x_1, x_2, x_3)$ で表される場合，論理関数
$$H(x_1, x_2, x_3) = G(F_1(x_1, x_2, x_3), F_2(x_1, x_2, x_3), x_1, x_2, x_3)$$
を $G$, $F_1$, $F_2$ の **複合関数** (mixed function) という．この複合関数は，図 3.2 に示されるように，論理関数 $G$, $F_1$, $F_2$ を実現する部分回路を結合して得られる回路が実現する論理関数を表している．複合関数 $H(x_1, x_2, x_3)$ の双対関数を $H_d(x_1, x_2, x_3)$ で表すと

## 3.2 双対関数

$$\begin{aligned}
H_d(x_1, x_2, x_3) &= \overline{H(\overline{x}_1, \overline{x}_2, \overline{x}_3)} \\
&= \overline{\{G(F_1(\overline{x}_1, \overline{x}_2, \overline{x}_3), F_2(\overline{x}_1, \overline{x}_2, \overline{x}_3), \overline{x}_1, \overline{x}_2, \overline{x}_3)\}} \\
&= G_d(\overline{F_1(\overline{x}_1, \overline{x}_2, \overline{x}_3)}, \overline{F_2(\overline{x}_1, \overline{x}_2, \overline{x}_3)}, x_1, x_2, x_3) \\
&= G_d(F_{1d}(x_1, x_2, x_3), F_{2d}(x_1, x_2, x_3), x_1, x_2, x_3)
\end{aligned}$$

となる.すなわち,双対関数の複合関数になる. □

これを一般的に述べると次の定理になる.

> **定理 3.5** 複合関数の双対関数は,複合関数を構成するすべての部分関数の双対関数の複合関数である.

表 3.1 $F(x, y, z) = x \cdot y \vee \overline{x} \cdot z \vee y \cdot z$ の双対関数 $F_d(x, y, z)$

| $x$ | $y$ | $z$ | $F(x,y,z)$ | $F(\overline{x},\overline{y},\overline{z})$ | $F_d(x,y,z)$ |
|---|---|---|---|---|---|
| 0 | 0 | 0 | 0 | 1 | 0 |
| 0 | 0 | 1 | 1 | 1 | 0 |
| 0 | 1 | 0 | 0 | 0 | 1 |
| 0 | 1 | 1 | 1 | 0 | 1 |
| 1 | 0 | 0 | 0 | 1 | 0 |
| 1 | 0 | 1 | 0 | 0 | 1 |
| 1 | 1 | 0 | 1 | 1 | 0 |
| 1 | 1 | 1 | 1 | 0 | 1 |

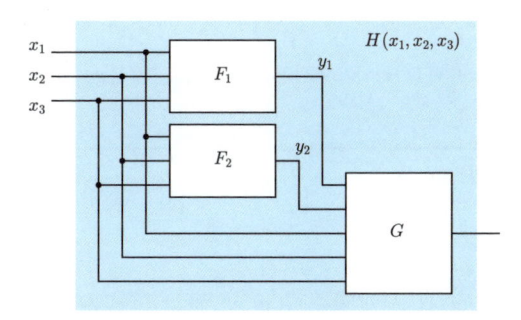

図 3.2 複合関数 $G(F_1(x_1, x_2, x_3), F_2(x_1, x_2, x_3), x_1, x_2, x_3)$

**例 3.11** $f = x \cdot y \vee w$ と $w = \overline{x} \cdot z \vee y \cdot z$ の複合関数 $h = x \cdot y \vee \overline{x} \cdot z \vee y \cdot z$ の双対関数は

$$f_d = (x \vee y) \cdot w_d, \qquad w_d = (\overline{x} \vee z) \cdot (y \vee z)$$

なので

$$h_d = (x \vee y) \cdot (\overline{x} \vee z) \cdot (y \vee z)$$

である. □

**定義 3.8** $F_d(x_1, x_2, \ldots, x_n) = F(x_1, x_2, \ldots, x_n)$ が成立するとき, すなわち双対関数が自分自身と一致するとき, $F(x_1, x_2, \ldots, x_n)$ を**自己双対関数** (self-dual function) という. □

**例 3.12** 多数決関数 $M(x, y, z) = x \cdot y \vee y \cdot z \vee z \cdot x$ の双対関数 $M_d(x, y, z)$ は

$$\begin{aligned} M_d(x, y, z) &= \overline{(\overline{x} \cdot \overline{y} \vee \overline{y} \cdot \overline{z} \vee \overline{z} \cdot \overline{x})} \\ &= (x \vee y) \cdot (y \vee z) \cdot (z \vee x) \\ &= x \cdot y \vee y \cdot z \vee z \cdot x = M(x, y, z) \end{aligned}$$

従って, $M(x, y, z)$ は自己双対関数である(多数決関数については定義 3.12 を参照). □

表 3.2 に示されるように自己双対関数の真理値表では, $(0, 1, 1)$ と $(1, 0, 0)$ の境を対称軸として鏡像関係にある $(x, y, z)$ に対する関数の値は互いに他の否定になっている.

> **定理 3.6** $F(x_1, x_2, \ldots, x_n)$ が自己双対関数であるための必要十分条件は,
> $$F(\overline{x}_1, \overline{x}_2, \ldots, \overline{x}_n) = \overline{F(x_1, x_2, \ldots, x_n)}$$
> が成り立つことである.

**証明** 定義 3.8 から明らか. □

自己双対関数の複合関数を考えよう.

**例 3.13** 5 変数の自己双対関数 $G(y_1, y_2, x_1, x_2, x_3)$ の変数 $y_1, y_2$ がそれぞれ 3 変数自己双対関数 $y_1 = F_1(x_1, x_2, x_3)$, $y_2 = F_2(x_1, x_2, x_3)$ で表されるとすると, 論理関数 $H(x_1, x_2, x_3) = G(F_1(x_1, x_2, x_3), F_2(x_1, x_2, x_3), x_1, x_2, x_3)$ の双対関数は,

## 3.2 双対関数

$$H_d(x_1, x_2, x_3) = \overline{H(\overline{x}_1, \overline{x}_2, \overline{x}_3)}$$
$$= \overline{G(F_1(\overline{x}_1, \overline{x}_2, \overline{x}_3), F_2(\overline{x}_1, \overline{x}_2, \overline{x}_3), \overline{x}_1, \overline{x}_2, \overline{x}_3)}$$
$$= G(\overline{F_1(\overline{x}_1, \overline{x}_2, \overline{x}_3)}, \overline{F_2(\overline{x}_1, \overline{x}_2, \overline{x}_3)}, x_1, x_2, x_3)$$
$$= G(F_1(x_1, x_2, x_3), F_2(x_1, x_2, x_3), x_1, x_2, x_3)$$
$$= H(x_1, x_2, x_3)$$

であるから，$H(x_1, x_2, x_3)$ は自己双対関数である． □

一般に，次が成り立つ．

> **定理 3.7** 自己双対関数の複合関数もまた自己双対関数である．

**例 3.14** 多数決関数 $M(x, y, z)$ の複合関数 $H(x, y, z, w) = M(M(x, y, z), y, w)$ は上記定理によれば自己双対関数である．実際，

$$M(M(x, y, z), y, w) = (x \cdot y \vee y \cdot z \vee z \cdot x) \cdot y \vee y \cdot w \vee (x \cdot y \vee y \cdot z \vee z \cdot x) \cdot w$$
$$= x \cdot y \vee y \cdot z \vee y \cdot w \vee z \cdot x \cdot w$$

であるから，

$$H_d(x, y, z, w) = \overline{(\overline{x} \cdot \overline{y} \vee \overline{y} \cdot \overline{z} \vee \overline{y} \cdot \overline{w} \vee \overline{z} \cdot \overline{x} \cdot \overline{w})}$$
$$= (x \vee y) \cdot (y \vee z) \cdot (y \vee w) \cdot (z \vee x \vee w)$$
$$= (y \vee x \cdot z \cdot w) \cdot (z \vee x \vee w)$$
$$= x \cdot y \vee y \cdot z \vee y \cdot w \vee z \cdot x \cdot w = H(x, y, z, w)$$

となり，自己双対関数であることを確認できる． □

表 3.2 自己双対関数の真理値表

| $x$ | $y$ | $z$ | $x \cdot y \vee y \cdot z \vee z \cdot x$ |
|---|---|---|---|
| 0 | 0 | 0 | 0 |
| 0 | 0 | 1 | 0 |
| 0 | 1 | 0 | 0 |
| 0 | 1 | 1 | 1 |
| 1 | 0 | 0 | 0 |
| 1 | 0 | 1 | 1 |
| 1 | 1 | 0 | 1 |
| 1 | 1 | 1 | 1 |

任意の論理関数に変数を 1 つ追加することによって自己双対関数を得ることができる.

> **定理 3.8** 任意の論理関数 $F(x_1, x_2, \ldots, x_n)$ が与えられたとき, $n+1$ 変数論理関数
> $$G(x_1, x_2, \ldots, x_n, x_{n+1}) = x_{n+1} \cdot F(x_1, x_2, \ldots, x_n) \vee \overline{x}_{n+1} \cdot F_d(x_1, x_2, \ldots, x_n)$$
> は自己双対関数である. ただし, 関数 $F_d$ は $F$ の双対関数を表す.

**証明**

$$\begin{aligned}
G_d(x_1, x_2, \ldots, x_n, x_{n+1}) &= \overline{G(\overline{x}_1, \overline{x}_2, \ldots, \overline{x}_n, \overline{x}_{n+1})} \\
&= \overline{\{\overline{x}_{n+1} \cdot F(\overline{x}_1, \overline{x}_2, \ldots, \overline{x}_n) \vee x_{n+1} \cdot F_d(\overline{x}_1, \overline{x}_2, \ldots, \overline{x}_n)\}} \\
&= \{x_{n+1} \vee \overline{F(\overline{x}_1, \overline{x}_2, \ldots, \overline{x}_n)}\} \cdot \{\overline{x}_{n+1} \vee \overline{F_d(\overline{x}_1, \overline{x}_2, \ldots, \overline{x}_n)}\} \\
&= \{x_{n+1} \vee F_d(x_1, x_2, \ldots, x_n)\} \cdot \{\overline{x}_{n+1} \vee F(x_1, x_2, \ldots, x_n)\} \\
&= x_{n+1} \cdot F(x_1, x_2, \ldots, x_n) \vee \overline{x}_{n+1} \cdot F_d(x_1, x_2, \ldots, x_n) \\
&= G(x_1, x_2, \ldots, x_n, x_{n+1}) \qquad \square
\end{aligned}$$

**例 3.15** OR 関数 $x \vee y$ が与えられたとき, その双対関数 $x \cdot y$ と第 3 の変数 $z$ を用いて得られる関数

$$\begin{aligned}
z \cdot (x \vee y) \vee \overline{z}(x \cdot y) &= z \cdot x \vee y \cdot z \vee \overline{z} \cdot x \cdot y \\
&= x \cdot y \vee y \cdot z \vee z \cdot x
\end{aligned}$$

は多数決関数 $M(x, y, z)$ であり, これは自己双対関数である. $\qquad \square$

定義 3.8 に対応して自己反双対関数が定義される.

**定義 3.9** 論理関数 $F(x_1, x_2, \ldots, x_n)$ に関して

$$F(\overline{x}_1, \overline{x}_2, \ldots, \overline{x}_n) = F(x_1, x_2, \ldots, x_n)$$

が成り立つとき, $F$ を **自己反双対関数** (self anti-dual function) という. $\qquad \square$

**例 3.16** $F(x, y) = x \oplus y$ とすると

$$F(\overline{x}, \overline{y}) = \overline{x} \oplus \overline{y} = (1 \oplus x) \oplus (1 \oplus y) = (1 \oplus 1) \oplus (x \oplus y) = x \oplus y = F(x, y)$$

であるから関数 $x \oplus y$ は自己反双対関数である. $\qquad \square$

## 3.3 その他の論理関数

### 3.3.1 対称関数

**定義 3.10** 論理関数 $F(x_1,\ldots,x_i,\ldots,x_j,\ldots,x_n)$ における任意の 2 つの変数 $x_i$ と $x_j$ を入れ替えて得られる関数 $F(x_1,\ldots,x_j,\ldots,x_i,\ldots,x_n)$ が元の関数に等しいとき，$F$ は $x_i$ と $x_j$ に関して**対称** (symmetric) であるという．どの 2 つの変数に関しても対称であるとき，$F$ を**対称関数** (symmetric function) という．　□

任意の対称論理関数はいくつかの基本となる対称関数の論理和で表現できる．

**例 3.17** 3 変数対称関数 $F(x,y,z)$ を構成する基本となる次の対称関数を考える．

$$S_0 = \overline{x}\cdot\overline{y}\cdot\overline{z}, \qquad S_1 = x\cdot\overline{y}\cdot\overline{z} \vee \overline{x}\cdot y\cdot\overline{z} \vee \overline{x}\cdot\overline{y}\cdot z$$
$$S_2 = x\cdot y\cdot\overline{z} \vee x\cdot\overline{y}\cdot z \vee \overline{x}\cdot y\cdot z, \qquad S_3 = x\cdot y\cdot z$$

4 つの関数 $S_0$, $S_1$, $S_2$, $S_3$ は，それぞれ，入力 $(x,y,z)$ の内で値が 1 となる変数の個数が，ちょうど 0，1，2，3 のときのみに関数値が 1 となり，どの 2 つの入力変数を入れ替えても関数は変化しないので対称関数である．任意の 3 変数対称関数 $F(x,y,z)$ はこの 4 つの関数を用いて

$$F(x,y,z) = a_0 \cdot S_0 \vee a_1 \cdot S_1 \vee a_2 \cdot S_2 \vee a_3 \cdot S_3 \tag{3.4}$$

と一意的に表せる．ただし，$i = 0,1,2,3$ に対して $a_i \in \{0,1\}$ である．入力 $(x,y,z)$ の内の $i$ 個の変数が値 1 となるときに関数 $F$ の値が 1 になるならば，$a_i = 1$ であり，そうでないならば $a_i = 0$ である．すなわち，この表現は積和標準形になっている．この 4 つの関数 $S_0$, $S_1$, $S_2$, $S_3$ を 3 変数の**基本対称関数** (elementary symmetric function) という．　□

式 (3.4) は $n$ 変数対称関数の場合に容易に拡張できる．

> **定理 3.9** 任意の $n$ 変数対称関数 $F(x_1,x_2,\ldots,x_n)$ は $n+1$ 個の基本対称関数 $S_0, S_1, \ldots, S_n$ の内のいくつかの論理和で一意的に表現できる．

**例 3.18** 多数決関数 $M(x,y,z) = x\cdot y \vee y\cdot z \vee z\cdot x$ は任意の 2 つの変数を入れ替えても変わらないので対称関数である．値が 1 となる入力変数の個数

が 2 および 3 のときに $M(x,y,z)$ の値は 1 になるので，

$$M(x,y,z) = a_2 \cdot S_2 \vee a_3 \cdot S_3$$
$$= x \cdot y \cdot \overline{z} \vee x \cdot \overline{y} \cdot z \vee \overline{x} \cdot y \cdot z \vee x \cdot y \cdot z$$

と，積和標準形で一意的に表現できる． □

式 (3.4) において，基本対称関数の組合せの数，すなわちパターン $(a_0, a_1, a_2, a_3)$ の数は $2^4 = 16$ 通りあるので，3 変数対称関数は 16 個存在する．これは次のように $n$ 変数の場合に一般化できる．

> **定理 3.10** $n$ 変数対称関数は $2^{n+1}$ 個存在する．

**例 3.19** 2 変数の対称関数は $2^3 = 8$ 個存在し，それらは，$0$，$\overline{x} \cdot \overline{y}$，$x \cdot \overline{y} \vee \overline{x} \cdot y$，$\overline{x} \vee \overline{y}$，$x \cdot y$，$x \cdot y \vee \overline{x} \cdot \overline{y}$，$x \vee y$，$1$ の 8 個である． □

### 3.3.2 しきい値関数

**定義 3.11** 重み（実定数）$w_1, w_2, \ldots, w_n$ としきい値（実定数）$T$ が存在し，
$$w_1 \cdot x_1 + w_2 \cdot x_2 + \cdots + w_n \cdot x_n \geq T \text{ ならば，} F(x_1, x_2, \ldots, x_n) = 1$$
$$w_1 \cdot x_1 + w_2 \cdot x_2 + \cdots + w_n \cdot x_n < T \text{ ならば，} F(x_1, x_2, \ldots, x_n) = 0$$
と定義される $n$ 変数論理関数 $F(x_1, x_2, \ldots, x_n)$ を**しきい値関数** (threshold function) という． □

**例 3.20** 3 変数のしきい値関数 $F(x_1, x_2, x_3)$ において重みを $w_1 = w_2 = 1$，$w_3 = 2$ と定める場合，表 3.3 に示すように，しきい値 $T$ の値によって異なる論理関数が得られる．表 3.3 から明らかなように，

$$T = 0.5 \text{ の場合, } F(x_1, x_2, x_3) = x_1 \vee x_2 \vee x_3$$
$$T = 1.5 \text{ の場合, } F(x_1, x_2, x_3) = x_1 \cdot x_2 \vee x_3$$
$$T = 2.5 \text{ の場合, } F(x_1, x_2, x_3) = x_1 \cdot x_3 \vee x_2 \cdot x_3$$
$$T = 3.5 \text{ の場合, } F(x_1, x_2, x_3) = x_1 \cdot x_2 \cdot x_3$$

となる． □

重みとしきい値として負数を用いると，否定を含む論理関数が得られる．

## 3.3 その他の論理関数

**例 3.21** 2変数しきい値関数において，

$w_1 = w_2 = -1, \ T = -0.5$ の場合，$F(x_1, x_2) = \overline{(x_1 \vee x_2)}$

$w_1 = w_2 = -1, \ T = -1.5$ の場合，$F(x_1, x_2) = \overline{(x_1 \cdot x_2)}$

$w_1 = -1, \ w_2 = 1, \ T = 0.5$ の場合，$F(x_1, x_2) = \overline{x}_1 \cdot x_2$ □

**定理 3.11** しきい値関数はユネイト関数である．

**証明** 任意の $i$ に関して，$w_i = 0$ ならばしきい値関数 $F(x_1, x_2, \ldots, x_n)$ は変数 $x_i$ に依存しないので，$w_i \neq 0$ の場合だけ考えればよい．

$w_i > 0$ ならば，$F(x_1, \ldots, 0, \ldots, x_n) \leqq F(x_1, \ldots, 1, \ldots, x_n)$ であるから $x_i$ に関して正

$w_i < 0$ ならば，$F(x_1, \ldots, 0, \ldots, x_n) \geqq F(x_1, \ldots, 1, \ldots, x_n)$ であるから $x_i$ に関して負

従って，$F(x_1, x_2, \ldots, x_n)$ はユネイト関数である． □

この定理の逆は一般には必ずしも成立しない．ただし3変数以下の場合には，ユネイト関数はすべてしきい値関数である．

**例 3.22** 16個ある2変数論理関数でユネイト関数でないのは，$x \oplus y$ と $x \oplus \overline{y}$ だけである．従って，他の関数はすべてしきい値関数である． □

**例題 3.2** 4変数関数 $F(x_1, x_2, x_3, x_4) = x_1 \cdot x_2 \vee x_3 \cdot x_4$ は単調関数であり，従ってユネイト関数である．$F(x_1, x_2, x_3, x_4)$ はしきい値関数ではないことを示せ．

表 3.3 しきい値関数（$w_1 = w_2 = 1, \ w_3 = 2$ の場合）

| $x_1$ | $x_2$ | $x_3$ | $w_1 \cdot x_1 + w_2 \cdot x_2 + w_n \cdot x_n$ $w_1 = w_2 = 1, \ w_3 = 2$ | $F(x_1, x_2, x_3)$ $T = 0.5$ | $F(x_1, x_2, x_3)$ $T = 1.5$ | $F(x_1, x_2, x_3)$ $T = 2.5$ | $F(x_1, x_2, x_3)$ $T = 3.5$ |
|---|---|---|---|---|---|---|---|
| 0 | 0 | 0 | 0 | 0 | 0 | 0 | 0 |
| 0 | 0 | 1 | 2 | 1 | 1 | 0 | 0 |
| 0 | 1 | 0 | 1 | 1 | 0 | 0 | 0 |
| 0 | 1 | 1 | 3 | 1 | 1 | 1 | 0 |
| 1 | 0 | 0 | 1 | 1 | 0 | 0 | 0 |
| 1 | 0 | 1 | 3 | 1 | 1 | 1 | 0 |
| 1 | 1 | 0 | 2 | 1 | 1 | 0 | 0 |
| 1 | 1 | 1 | 4 | 1 | 1 | 1 | 1 |

**解** $F(x_1, x_2, x_3, x_4)$ がしきい値関数ならば，定義 3.11 に定められた重み $w_1$, $w_2$, $w_3$, $w_4$ としきい値 $T$ が存在するはずである．そして $F(1,1,0,0) = 1$ であるから $w_1 + w_2 \geqq T$，また $F(0,0,1,1) = 1$ であるから $w_3 + w_4 \geqq T$ である．従って，

$$w_1 + w_2 + w_3 + w_4 \geqq 2T$$

でなければならない．一方，$F(1,0,1,0) = 0$ であるから $w_1 + w_3 < T$，また $F(0,1,0,1) = 0$ であるから $w_2 + w_4 < T$ である．従って，

$$w_1 + w_3 + w_2 + w_4 < 2T$$

でなければならない．しかし，この両方を満たす $w_1$, $w_2$, $w_3$, $w_4$ と $T$ は存在しない． □

しきい値関数の特別な場合を定義する．

**定義 3.12** $n$ 変数のしきい値関数 $F(x_1, x_2, \ldots, x_n)$ の内で，特に $w_1 = w_2 = \cdots = w_n = 1$, $T = k+1$, $n = 2k+1$ の場合を**多数決関数** (majority function) という． □

多数決関数は，その名の通り，値 1 をとる変数の数が値 0 をとるものより多い場合に関数値が 1 になる．

**例 3.23** 3 変数関数 $M(x, y, z) = x \cdot y \vee y \cdot z \vee z \cdot x$ は多数決関数である．この 3 変数多数決関数は自己双対関数，対称関数，かつ単調増大関数である． □

3 変数多数決関数 $M(x, y, z)$ はいくつかの面白い性質がある．

> **定理 3.12**
> $M(x,y,z) = x \cdot y \vee y \cdot z \vee z \cdot x = (x \vee y) \cdot (y \vee z) \cdot (z \vee x) = x \cdot y \oplus y \cdot z \oplus z \cdot x$,
> $M(x,y,1) = x \vee y$, $\quad M(x,y,0) = x \cdot y$,
> $M(x,0,1) = x$, $\quad M(x,y,x) = x$

従って，定数 0, 1 の使用を許すならば，任意の論理関数は 3 変数多数決関数と否定を用いて表現することができる．

**例 3.24** $x \vee y \cdot \overline{z} = M(x, y \cdot \overline{z}, 1) = M(x, M(y, \overline{z}, 0), 1)$ □

自己双対関数に限れば，定数 0, 1 を用いることなく，3 変数多数決関数と否定のみで表現できる．

## 3.3 その他の論理関数

> **定理 3.13** 任意の自己双対関数は 3 変数多数決関数と否定のみで表現できる.

**証明** $n$ 変数の自己双対関数を $F(x_1, x_2, \ldots, x_n)$ とする. $F$ において $x_n = 1$ とした $n-1$ 変数関数を $F_n(x_1, x_2, \ldots, x_{n-1})$ とする. すなわち,

$$F_n(x_1, x_2, \ldots, x_{n-1}) = F(x_1, x_2, \ldots, x_{n-1}, 1)$$

例 3.24 のように, $F_n(x_1, x_2, \ldots, x_{n-1})$ を定数 0, 1 を用いて 3 変数多数決関数と否定で表現した式において, 定数 1 の代わりに $x_n$ を, 定数 0 の代わりに $\overline{x}_n$ をおいた関数を $G(x_1, x_2, \ldots, x_n)$ とすると, 定義から,

$$G(x_1, x_2, \ldots, x_{n-1}, 1) = F_n(x_1, x_2, \ldots, x_{n-1}) = F(x_1, x_2, \ldots, x_{n-1}, 1) \quad (3.5)$$

ところで, $G(x_1, x_2, \ldots, x_n)$ は自己双対関数である 3 変数多数決関数の複合関数であるから, やはり自己双対関数である. 従って,

$$\overline{G(x_1, x_2, \ldots, x_{n-1}, 1)} = G(\overline{x}_1, \overline{x}_2, \ldots, \overline{x}_{n-1}, 0)$$

が成り立つ. また, $F(x_1, x_2, \ldots, x_n)$ は自己双対関数なので

$$\overline{F(x_1, x_2, \ldots, x_{n-1}, 1)} = F(\overline{x}_1, \overline{x}_2, \ldots, \overline{x}_{n-1}, 0)$$

従って,

$$G(\overline{x}_1, \overline{x}_2, \ldots, \overline{x}_{n-1}, 0) = F(\overline{x}_1, \overline{x}_2, \ldots, \overline{x}_{n-1}, 0)$$

が成り立つ. この等式は $\overline{x}_i$ を $x_i$ に置き換えても成り立つので,

$$G(x_1, x_2, \ldots, x_{n-1}, 0) = F(x_1, x_2, \ldots, x_{n-1}, 0) \quad (3.6)$$

結局, 式 (3.5) と式 (3.6) から

$$G(x_1, x_2, \ldots, x_n) = F(x_1, x_2, \ldots, x_n)$$

であるが, $G(x_1, x_2, \ldots, x_n)$ は, 定数を使わずに 3 変数多数決関数と否定のみで表現された関数なので, $F(x_1, x_2, \ldots, x_n)$ も同じである. □

**例 3.25** $F(x, y, z) = x \oplus y \oplus z$ は自己双対関数である. $z = 1$ とおくと

$$F(x, y, 1) = x \oplus y \oplus 1 = x \cdot y \vee \overline{x} \cdot \overline{y}$$

これを 3 変数多数決関数 $M(x, y, z)$ と否定で表すと,

$$F(x, y, 1) = M(x \cdot y, \overline{x} \cdot \overline{y}, 1) = M(M(x, y, 0), M(\overline{x}, \overline{y}, 0), 1)$$

ここで, 定数 0 を $\overline{z}$ に, 定数 1 を $z$ に置換すると,

$$F(x, y, z) = M(M(x, y, \overline{z}), M(\overline{x}, \overline{y}, \overline{z}), z)$$

と表すことができる. □

### 3.3.3 線形関数

リード・マラー標準形に展開した論理式において，論理変数に関して 2 次以上の項，すなわち積項を持たない論理関数が存在する．

**定義 3.13** $n$ 変数論理関数 $F(x_1, x_2, \ldots, x_n)$ が

$$F(x_1, x_2, \ldots, x_n) = a_0 \oplus a_1 \cdot x_1 \oplus a_2 \cdot x_2 \oplus \cdots \oplus a_n \cdot x_n$$

（ただし，$a_i$ は定数 0 または 1）

と表されるとき，$F$ を**線形関数** (linear function) という．

**定理 3.14** $n$ 変数の線形関数は $2^{n+1}$ 個存在する．

**例 3.26** 2 変数の線形関数 $F(x, y)$ は $2^3 = 8$ 個存在し，それらは $0$, $1$, $x$, $1 \oplus x \, (= \overline{x})$, $y$, $1 \oplus y \, (= \overline{y})$, $x \oplus y$, $1 \oplus x \oplus y \, (= \overline{x} \oplus y = x \oplus \overline{y})$ である．

**定理 3.15** 線形関数の任意の変数に線形関数を代入して得られる関数もまた線形関数である．

**証明** 線形関数 $F(x_1, x_2, \ldots, x_n) = a_0 \oplus a_1 \cdot x_1 \oplus \cdots \oplus a_i \cdot x_i \oplus \cdots \oplus a_n \cdot x_n$ の変数 $x_1$ に線形関数 $G(x_1, x_2, \ldots, x_n) = b_0 \oplus b_1 \cdot x_1 \oplus b_2 \cdot x_2 \oplus \cdots \oplus b_n \cdot x_n$ を代入して得られる関数は

$$H(x_1, x_2, \ldots, G, \ldots, x_n)$$
$$= a_0 \oplus a_1 \cdot x_1 \oplus \cdots \oplus a_i \cdot (b_0 \oplus b_1 \cdot x_1 \oplus b_2 \cdot x_2 \oplus \cdots \oplus b_n \cdot x_n) \oplus \cdots \oplus a_n \cdot x_n$$
$$= (a_0 \oplus a_i \cdot b_0) \oplus (a_1 \oplus a_i \cdot b_1) \cdot x_1 \oplus \cdots \oplus a_i \cdot b_i \cdot x_i \oplus \cdots \oplus (a_n \oplus a_i \cdot b_n) \cdot x_n$$

となり，2 次の積項は生じないので，線形関数である．

**定理 3.16** 線形関数は自己双対関数か自己反双対関数のいずれかである．

**証明** $\overline{x}_i = 1 \oplus x_i$ に留意すると

$$F(\overline{x}_1, \overline{x}_2, \ldots, \overline{x}_n) = a_0 \oplus a_1 \cdot \overline{x}_1 \oplus a_2 \cdot \overline{x}_2 \oplus \cdots \oplus a_n \cdot \overline{x}_n$$
$$= a_0 \oplus a_1 \cdot (1 \oplus x_1) \oplus a_2 \cdot (1 \oplus x_2) \oplus \cdots \oplus a_n \cdot (1 \oplus x_n)$$
$$= a_0 \oplus a_1 \cdot x_1 \oplus a_2 \cdot x_2 \oplus \cdots \oplus a_n \cdot x_n \oplus (a_1 \oplus a_2 \oplus \cdots \oplus a_n)$$
$$= F(x_1, x_2, \ldots, x_n) \oplus (a_1 \oplus a_2 \oplus \cdots \oplus a_n)$$

である．従って，$a_1 \oplus a_2 \oplus \cdots \oplus a_n = 1$ ならば

$$F(\overline{x}_1, \overline{x}_2, \ldots, \overline{x}_n) = \overline{F}(x_1, x_2, \ldots, x_n)$$

であるから，自己双対関数，また $a_1 \oplus a_2 \oplus \cdots \oplus a_n = 0$ ならば
$$F(\overline{x}_1, \overline{x}_2, \ldots, \overline{x}_n) = F(x_1, x_2, \ldots, x_n)$$
であるから，自己反双対関数である． □

**定義 3.14** $n$ 変数論理関数 $F(x_1, x_2, \ldots, x_i, \ldots, x_n)$ の任意の変数 $x_i (i = 1, 2, \ldots, n)$ に対して，$F(x_1, x_2, \ldots, 1, \ldots, x_n) \oplus F(x_1, x_2, \ldots, 0, \ldots, x_n)$ を $F$ の $x_i$ に関する**ブール微分** (Boolean difference) といい，$\frac{\partial F(x_1, x_2, \ldots, x_n)}{\partial x_i}$ で表す． □

すなわち，$\frac{\partial F(x_1, x_2, \ldots, x_n)}{\partial x_i} = 0$ ならば，関数 $F(x_1, x_2, \ldots, x_n)$ は変数 $x_i$ に無関係であることを示し，$\frac{\partial F(x_1, x_2, \ldots, x_n)}{\partial x_i} = 1$ ならば，変数 $x_i$ の値の変化に応じて関数 $F(x_1, x_2, \ldots, x_n)$ の値が変化することを示す．

> **定理 3.17** 論理関数 $F(x_1, x_2, \ldots, x_n)$ が線形関数であるための必要十分条件は，すべての変数 $x_i$ に関して $\frac{\partial F(x_1, x_2, \ldots, x_n)}{\partial x_i} = a_i$ が成り立つことである．ただし，$a_i$ は定数 0 または 1 である．

図 3.3 に種々の関数の関係と例を示す．

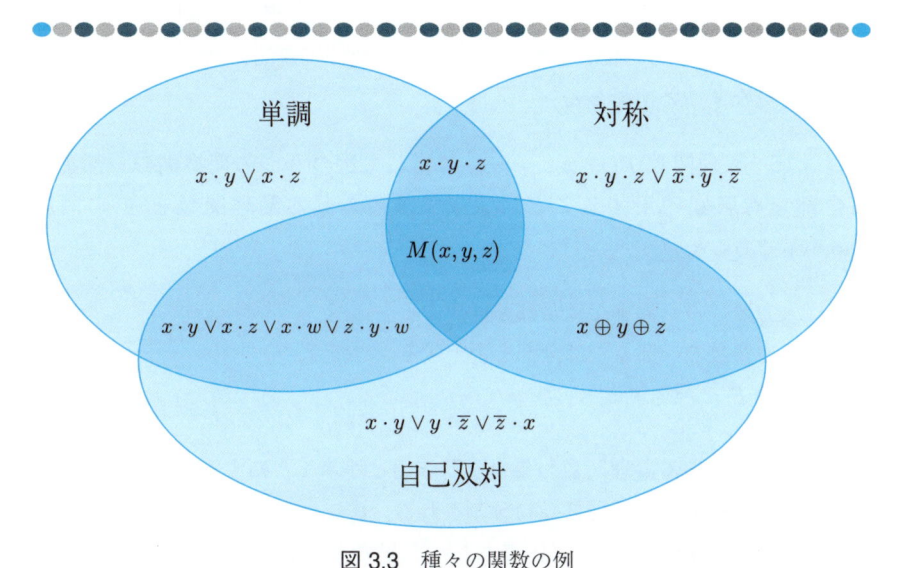

図 3.3 種々の関数の例

## 3.4 論理関数の同族性

論理関数 $F(x_1, x_2, \ldots, x_n)$ を回路として実現する場合，入力変数 $x_1$, $x_2, \ldots, x_n$ の順序は重要ではなく，変数同士を互いに入れ替えることは可能である場合が多い．また，入力や出力としてその肯定変数と否定変数のどちらでも都合のよい方を利用できる論理素子もある．その場合は，形式的には異なるが実質的には同じ論理機能を果たす複数の論理関数は同族に属するとみなすと便利である．同族を代表する論理関数を実現する最適回路を求めておけば，他の関数を実現する回路は簡単な変換で求めることができる．

$n$ 変数論理関数の個数は「2 の $2^n$ 乗」である．例えば，2 変数論理関数は全部で 16 ($= 2^4$) 個ある．表 3.4 にそのすべての論理関数を示す．

見かけ上は 16 個ある 2 変数関数のうち，$F_0$ と $F_{15}$ は定数関数であり，$F_3$, $F_5$, $F_{10}$, $F_{12}$ は 1 変数関数であるから，実質的な 2 変数関数は残りの 10 個である．これらのうち，例えば $F_{11}$ の $x \vee \bar{y}$ は変数を入れ替えれば $F_{13}$ の $\bar{x} \vee y$ と実質的に同じ関数と見なせる．また，これら $F_{11}$ と $F_{13}$ は入力変数の否定形を用いれば，$F_7$ や $F_{14}$ とも実質的に同じ関数と見なせる．さらに，これら 4 つの関数の値を否定すると，ド・モルガンの定理を適用して，$F_1$, $F_2$, $F_4$, $F_8$ に変換できるので，これらの 8 つの関数は実質的に同じ関数，すなわち同族と見なすことができる．

**定義 3.15** 論理関数 $F(x_1, x_2, \ldots, x_n)$ に対して次の 3 つの変換則の一部または全部を有限回適用することによって求められる論理関数を $F$ の**同族** (family) であるという．

(1) 入力変数の一部または全部を置換する
(2) 入力変数の一部または全部を否定する
(3) 関数 $F$ を否定する

互いに同族である論理関数の集合を同族類と呼ぶことにすると，$n$ 変数論理関数の集合はいくつかの同族類に分割される．すなわち，同じ同族類に属する任意の 2 つの関数は互いに同族であり，上記の変換則を適用すれば，互いに他の関数に変換される．

## 3.4 論理関数の同族性

**例 3.27** 表 3.4 に示された 16 個の 2 変数論理関数は，変換則 (1) による同族性で分類すると 12 個の同族類に分割される．また，変換則 (1)+(2) による同族性で分類すると，6 個の同族類に分割される．さらに，変換則 (1)+(2)+(3) による同族性では，4 個の同族類に分割される．これらの同族類を代表する関数を表 3.5 に示す． □

表 3.4　2 変数論理関数

| 入力 $(x,y)$ | $x$ | 0 1 0 1 |
| --- | --- | --- |
| | $y$ | 0 0 1 1 |
| 関数 $F_i(x,y)$ | $F_0:$ 0 | 0 0 0 0 |
| | $F_1:$ $\bar{x}\cdot\bar{y}$ | 1 0 0 0 |
| | $F_2:$ $x\cdot\bar{y}$ | 0 1 0 0 |
| | $F_3:$ $\bar{y}$ | 1 1 0 0 |
| | $F_4:$ $\bar{x}\cdot y$ | 0 0 1 0 |
| | $F_5:$ $\bar{x}$ | 1 0 1 0 |
| | $F_6:$ $x\oplus y$ | 0 1 1 0 |
| | $F_7:$ $\bar{x}\vee\bar{y}$ | 1 1 1 0 |
| | $F_8:$ $x\cdot y$ | 0 0 0 1 |
| | $F_9:$ $\bar{x}\oplus y$ | 1 0 0 1 |
| | $F_{10}:$ $x$ | 0 1 0 1 |
| | $F_{11}:$ $x\vee\bar{y}$ | 1 1 0 1 |
| | $F_{12}:$ $y$ | 0 0 1 1 |
| | $F_{13}:$ $\bar{x}\vee y$ | 1 0 1 1 |
| | $F_{14}:$ $x\vee y$ | 0 1 1 1 |
| | $F_{15}:$ 1 | 1 1 1 1 |

表 3.5　2 変数論理関数の同族類

| 変数の個数 | 16 個の関数 $F_0 \sim F_{15}$ | 変換則 (1) 同族類とその代表関数 | 変換則 (1), (2) 同族類とその代表関数 | 変換則 (1), (2), (3) 同族類とその代表関数 |
|---|---|---|---|---|
| 0 | $F_0:\ 0$ | $F_0:\ 0$ | $F_0:\ 0$ | $F_0:\ 0$ |
| | $F_{15}:\ 1$ | $F_{15}:\ 1$ | $F_{15}:\ 1$ | |
| 1 | $F_{10}:\ x$ | $F_{10}:\ x$ | $F_{10}:\ x$ | $F_{10}:\ x$ |
| | $F_{12}:\ y$ | | | |
| | $F_5:\ \overline{x}$ | $F_5:\ \overline{x}$ | | |
| | $F_3:\ \overline{y}$ | | | |
| 2 | $F_8:\ x \cdot y$ | $F_8:\ x \cdot y$ | $F_8:\ x \cdot y$ | $F_8:\ x \cdot y$ |
| | $F_2:\ x \cdot \overline{y}$ | $F_2:\ x \cdot \overline{y}$ | | |
| | $F_4:\ \overline{x} \cdot y$ | | | |
| | $F_1:\ \overline{x} \cdot \overline{y}$ | $F_1:\ \overline{x} \cdot \overline{y}$ | | |
| | $F_{14}:\ x \vee y$ | $F_{14}:\ x \vee y$ | $F_{14}:\ x \vee y$ | |
| | $F_{11}:\ x \vee \overline{y}$ | $F_{11}:\ x \vee \overline{y}$ | | |
| | $F_{13}:\ \overline{x} \vee y$ | | | |
| | $F_7:\ \overline{x} \vee \overline{y}$ | $F_7:\ \overline{x} \vee \overline{y}$ | | |
| | $F_6:\ x \oplus y$ | $F_6:\ x \oplus y$ | $F_6:\ x \oplus y$ | $F_6:\ x \oplus y$ |
| | $F_9:\ \overline{x} \oplus y$ | $F_6:\ \overline{x} \oplus y$ | | |

## 3.5 万能論理関数

どのような基本論理関数を用意しておけば，それらの結合で任意の論理関数を表現できるのだろうか？ この問いに対する解の一般理論が以下である．

**定義 3.16** 任意の論理関数が，論理関数集合 $\Sigma = \{F_1, F_2, \ldots, F_n\}$ の要素だけの複合関数として合成可能であるとき，$\Sigma$ は**万能** (universal) であるという．万能な集合 $\Sigma$ からどの要素を取り除いても万能ではなくなるとき，$\Sigma$ は極小であるという．
参考文献：伊吹，苗村，野崎「万能論理関数系の一般論」電気通信学会誌第 46 巻 7 号 pp. 934-940（1963 年 7 月） □

**例 3.28** AND, OR, NOT の関数集合 $\{x \cdot y, x \vee y, \overline{x}\}$ は万能である．しかし，極小ではない．$\{x \cdot y, \overline{x}\}$ および $\{x \vee y, \overline{x}\}$ は極小な万能集合である．$\{x \cdot y, x \vee y\}$ は万能ではない． □

万能ではない関数集合として極大な 5 種の関数集合を定義する．

**定義 3.17** 論理関数 $F(x_1, x_2, \ldots, x_n)$ の集合として，以下を定義する．

$M_1$ : $F(1, 1, \ldots, 1) = 1$ を満たす関数全体の集合
$M_2$ : $F(0, 0, \ldots, 0) = 0$ を満たす関数全体の集合
$M_3$ : 自己双対関数全体の集合
$M_4$ : 線形関数全体の集合
$M_5$ : 単調増大関数全体の集合 □

万能性に関する定理は以下のように述べられる．

**定理 3.18** 論理関数の集合 $\Sigma$ が万能であるための必要十分条件は，$i = 1, 2, 3, 4, 5$ のすべてについて $\Sigma$ がどの $M_i$ にも含まれないことである．

これを証明するために，いくつかの補題を準備する．

## 第3章 論理関数の性質

> **補題 3.1** 関数集合 $\Sigma$ が $M_1$ に含まれないならば，$\Sigma$ は NOT 関数または常に 0 を出力する関数（0 関数と呼ぶ）を合成する．

**証明** 仮定から $\Sigma$ に含まれて $M_1$ には含まれない関数 $F(x_1, x_2, \ldots, x_n)$ が存在し，$F(1, 1, \ldots, 1) = 0$ である．ここで，$x_1 = x_2 = \cdots = x_n = x$ とおくと，$F(0, 0, \ldots, 0) = 1$ ならば，$F(x, x, \ldots, x) = \bar{x}$ となる．すなわち $\Sigma$ は NOT 関数合成をする．また $F(0, 0, \ldots, 0) = 0$ ならば $F(x, x, \ldots, x) = 0$ となり，0 関数を合成する． □

**例 3.29** 関数 $F(x, y) = \bar{x} \vee \bar{y}$，$G(x, y) = x \cdot \bar{y}$ はどちらも $M_1$ に含まれない．$F(0, 0) = 1$ であるから $F(x, x) = \bar{x}$ となり，NOT 関数になる．また $G(0, 0) = 0$ であるから $G(x, x) = 0$，すなわち 0 関数になる． □

> **補題 3.2** 関数集合 $\Sigma$ が $M_2$ に含まれないならば，$\Sigma$ は NOT 関数または常に 1 を出力する関数（1 関数と呼ぶ）を合成する．

**証明** 補題 3.1 の双対であるから成り立つ． □

**例 3.30** $F(x, y) = \bar{x} \cdot \bar{y}, G(x, y) = x \vee \bar{y}$ はどちらも $M_2$ に含まれない．$F(1, 1) = 0$ であるから $F(x, x) = \bar{x}$ を合成できる．また $G(1, 1) = 1$ より $G(x, x) = 1$ を合成する． □

> **補題 3.3** 関数集合 $\Sigma$ が NOT 関数を合成し，$M_3$ に含まれないならば，$\Sigma$ は 0 関数，1 関数を合成する．

**証明** 仮定から $\Sigma$ に含まれて $M_3$ には含まれない関数 $F(x_1, x_2, \ldots, x_n)$ が存在し，$F$ は自己双対ではない．従って，$F(\boldsymbol{A}) = F(\overline{\boldsymbol{A}}) = b$ となるベクトル $\boldsymbol{A} = (a_1, a_2, \ldots, a_n)$ が存在する．ここで，$b$ は定数 0 または 1 である．そこで，$F(x_1, x_2, \ldots, x_n)$ の変数 $x_i$ に対して，$a_i = 1$ のとき $x_i = x$，$a_i = 0$ のとき $x_i = \bar{x}$ を代入すれば，$F(x, x, \ldots, x) = b$ となり，0 関数または 1 関数のどちらかを合成できる．NOT を用いてもう一方の定数が合成される． □

**例 3.31** $F(x, y) = x \vee y$ は自己双対関数ではないのでベクトル $\boldsymbol{A} = (1, 0)$ が存在して，$F(1, 0) = F(0, 1) = 1$．従って，$F(x, \bar{x}) = 1$ となり 1 関数を合成できる． □

## 3.5 万能論理関数

> **補題 3.4** 関数集合 $\Sigma$ が 0 関数，1 関数を合成し，$M_5$ に含まれないならば，$\Sigma$ は NOT 関数を合成する．

**証明** 仮定から $\Sigma$ に含まれて $M_5$ には含まれない関数 $F(x_1, x_2, \ldots, x_n)$ が存在し，$F$ は単調増大関数ではない．すなわち，ある変数 $x_s$ に関してブール展開した $F(x_1, \ldots, x_s, \ldots, x_n) = x_s \cdot F(x_1, \ldots, x_{s-1}, 1, x_{s+1}, \ldots, x_n) \vee \overline{x}_s \cdot F(x_1, \ldots, x_{s-1}, 0, x_{s+1}, \ldots, x_n)$ において $n-1$ 個の変数 $x_i$ の値のある組合せ $(a_1, \ldots, a_{s-1}, a_{s+1}, \ldots, a_n)$ が存在して

$$F(a_1, \ldots, a_{s-1}, 1, a_{s+1}, \ldots, a_n) = 0$$
$$F(a_1, \ldots, a_{s-1}, 0, a_{s+1}, \ldots, a_n) = 1$$

となる．従って，定数 0，1 を用いて $(a_1, \ldots, a_{s-1}, a_{s+1}, \ldots, a_n)$ を代入すれば，

$$F(a_1, \ldots, a_{s-1}, x_s, a_{s+1}, \ldots, a_n) = \overline{x}_s$$

が実現できる． □

**例 3.32** $F(x, y, z) = x \vee \overline{y} \cdot z$ は単調増大関数ではないので，$F(0, 1, 1) = 0$，$F(0, 0, 1) = 1$ とする値の組合せが存在する．従って，$F(0, y, 1) = \overline{y}$ が実現される． □

> **補題 3.5** 関数集合 $\Sigma$ が NOT 関数，0 関数，1 関数を合成し，$M_4$ に含まれないならば，$\Sigma$ は万能である．

**証明** 仮定から $\Sigma$ に含まれて $M_4$ には含まれない関数 $F(x_1, x_2, \ldots, x_n)$ が存在し，$F$ は線形関数ではない．すなわち，$F$ をリード・マラー標準形に展開したとき，2 次以上の積項が少なくとも 1 つは存在するので，そのうちの最低次の積項を一般性を失うことなく，$x_1, x_2, \ldots, x_s (s \geqq 2)$ とする．そこで，$x_3, \ldots, x_s$ に 1 を，$x_{s+1}, \ldots, x_n$ に 0 を代入して得られる 2 変数関数 $G(x_1, x_2) = F(x_1, x_2, 1, \ldots, 1, 0, \ldots, 0)$ を考えると，

$$G(x_1, x_2) = a_0 \oplus a_1 \cdot x_1 \oplus a_2 \cdot x_2 \oplus x_1 \cdot x_2$$

と展開できる．$\Sigma$ の合成する NOT 関数を用いて，$x_1$ に，$a_2$ が 0 なら $x_1$ を，$a_2$ が 1 なら $\overline{x}_1$ を，つまり $a_2 \oplus x_1$ を代入し，同様に $x_2$ に $a_1 \oplus x_2$ を代入して得られる関数 $H(x_1, x_2) = G(a_2 \oplus x_1, a_1 \oplus x_2)$ は

$$\begin{aligned} H(x_1, x_2) &= a_0 \oplus a_1 \cdot (a_2 \oplus x_1) \oplus a_2 \cdot (a_1 \oplus x_2) \oplus (a_2 \oplus x_1) \cdot (a_1 \oplus x_2) \\ &= a_0 \oplus a_1 \cdot a_2 \oplus x_1 \cdot x_2 \\ &= b_0 \oplus x_1 \cdot x_2 \end{aligned}$$

となる．ただし，$b_0 = a_0 \oplus a_1 \cdot a_2$ である．従って，$b_0 = 1$ ならば，$H(x_1, x_2) = \overline{(x_1 \cdot x_2)}$ であり NAND 関数になるので，NOT を用いて AND が得られる．$b_0 = 0$ ならば，$H(x_1, x_2) = x_1 \cdot x_2$ であり AND 関数になる．また，AND と NOT を用いて OR 関数を合成できる．ゆえに，$\Sigma$ は万能である． □

**例 3.33** $F(x, y, z, w) = 1 \oplus x \oplus y \oplus w \oplus x \cdot y \cdot z \oplus x \cdot y \cdot z \cdot w$ は線形関数ではない．最低次の積項 $x \cdot y \cdot z$ に着目すると $G(x, y) = F(x, y, 1, 0) = 1 \oplus x \oplus y \oplus x \cdot y$ となるから，$H(x, y) = x \cdot y$，すなわち，AND 関数が得られる． □

> **補題 3.6** $i = 1, 2, 3, 4, 5$ のすべてについて，$M_i$ が合成するすべての論理関数は $M_i$ に含まれる．

**証明** $F(x_1, x_2, \ldots, x_n)$ と $G(y_1, y_2, \ldots, y_m)$ を $M_1$ の要素とし，$F$ の変数 $x_i$ に $G$ を代入して得られる関数を $H = F(x_1, x_2, \ldots, G(y_1, y_2, \ldots, y_m), \ldots, x_n)$ とすると，$H(1, 1, \ldots, 1) = 1$ となり，$H$ も $M_1$ の要素である．$M_2$ についても同様．$M_3$, $M_4$, $M_5$ についてはそれぞれ定理 3.7, 3.15, 3.3 から明らか． □

**定理 3.18 の十分条件の証明** $\Sigma$ がどの $M_i$ にも含まれないとする．補題 3.1 と 3.2 から，$\Sigma$ は NOT 関数を合成するか，または 0 関数，1 関数を合成する．NOT 関数を合成する場合には，補題 3.3 から $\Sigma$ は 0 関数と 1 関数も合成する．0 関数，1 関数を合成する場合には，$\Sigma$ は補題 3.4 から NOT 関数を合成する．従って，補題 3.5 から $\Sigma$ は万能である． □

**定理 3.18 の必要条件の証明** $\Sigma$ がある $M_i$ に含まれるとすると，補題 3.6 から，$\Sigma$ が合成するすべての論理関数は $M_i$ に含まれる．ところが，NOR 関数 $F(x_1, x_2, \ldots, x_n) = \overline{(x_1 \vee x_2 \vee \cdots \vee x_n)}$ は $M_1 \sim M_5$ のどれにも含まれないから，$\Sigma$ は NOR 関数を合成できない．従って，万能ではない． □

**例 3.34** 表 3.6 にいくつかの 2 変数関数 $F(x, y)$ と $M_1 \sim M_5$ の包含関係を示す．関数 $F_j$ が関数集合 $M_i$ に含まれないとき，その交差点に×印が付いている．この表において $M_1$ から $M_5$ まですべてに×印が付くような関数の集合が万能集合である．例えば，$\{F_1\}$, $\{F_7\}$, $\{F_5, F_8\}$, $\{F_5, F_{14}\}$, $\{F_2, F_{11}\}$, $\{F_6, F_{11}\}$, $\{F_2, F_{15}\}$, $\{F_0, F_{11}\}$ などは極小な万能集合である． □

## 3.5 万能論理関数

表 3.6

|  | $M_1$ | $M_2$ | $M_3$ | $M_4$ | $M_5$ |
|---|---|---|---|---|---|
| $F_0:\ 0$ | × |  | × |  |  |
| $F_{15}:\ 1$ |  | × | × |  |  |
| $F_5:\ \overline{x}$ | × | × |  |  | × |
| $F_8:\ x \cdot y$ |  |  | × | × |  |
| $F_2:\ x \cdot \overline{y}$ | × |  | × | × | × |
| $F_1:\ \overline{x} \cdot \overline{y}$ | × | × | × | × | × |
| $F_{14}:\ x \vee y$ |  |  | × | × |  |
| $F_{11}:\ x \vee \overline{y}$ |  | × | × | × |  |
| $F_7:\ \overline{x} \vee \overline{y}$ | × | × | × | × | × |
| $F_6:\ x \oplus y$ | × |  | × |  | × |

---

### コラム　VLSI の微細化

　VLSI 微細化の程度を表す尺度してトランジスタを形成する際の最小線幅（ピッチ幅の約半分）が用いられ，その寸法が VLSI プロセス技術の世代を表す．半導体産業界と研究者の予測によれば，最小線幅は 2008 年には約 60 nm（ナノメートル）であるが，2015 年には 25 nm，2022 年には約 11 nm になるという．髪の毛の直径が 0.1 mm，細胞の直径が 10 μm（マイクロメートル），大腸菌の大きさが 1 μm，ウイルスの直径が 100 nm，タンパク質の大きさは 10 nm 程度，DNA の直径が 2 nm であることを考えれば，人工物であるトランジスタのサイズがいかに微細なものであり，驚くべきものであるかが分かる．

## 演習問題

**3.1** 真に 3 変数の単調関数をすべて求め，論理式で表せ．

**3.2** 3 変数論理関数 $F(x,y,z) = x \oplus y \oplus z$ を多数決関数と否定のみを使って表せ．

**3.3** 真に 3 変数の自己双対関数をすべて求め，論理式で表せ．

**3.4** $F(x,y,z)$ と $G(a,b,c)$ が自己双対関数であるとき，5 変数関数 $F(x,y,G(a,b,c))$ も自己双対関数であることを示せ．

**3.5** 真に 3 変数の対称関数をすべて求め，論理式で表せ．

**3.6** 4 変数以下の論理関数で，単調，自己双対，非対称，の 3 条件を満たす論理関数を 1 つ挙げよ．また，それが 3 条件を満たすことを説明せよ．

**3.7** 論理関数 $F(x,y,z_1,\ldots,z_n) = x \cdot y \vee x \cdot G(z_1,\ldots,z_n) \vee y \cdot H(z_1,\ldots,z_n)$ が自己双対であるとき，関数 $G(z_1,\ldots,z_n)$ と $H(z_1,\ldots,z_n)$ はどのような関係にあるか述べよ．

**3.8** 「ユネイト関数はしきい値関数である」という命題は正しいか？ 正しければ証明を，正しくなければ反例を示せ．

**3.9** 多数決関数 $M(x,y,z) = x \cdot y \vee y \cdot z \vee z \cdot x$ は，自己双対関数かつ単調増大関数かつ，対称関数であることを示せ．

**3.10** 次の等式を証明せよ．
(1) $M(x,y,z) = (x \vee y) \cdot (y \vee z) \cdot (z \vee x) = x \cdot y \oplus y \cdot z \oplus z \cdot x$
(2) $M(x,y,1) = x \vee y$ (3) $M(x,y,0) = x \cdot y$
(4) $M(x,0,1) = x$ (5) $M(x,y,x) = x$

**3.11** しきい値関数の双対関数はしきい値関数になることを証明せよ．

**3.12** しきい値 $T = 3$ のしきい値関数 $F(x_5,x_4,x_3,x_2,x_1)$ が自己双対関数となることを示せ．

**3.13** 定理 3.17 を証明せよ．

**3.14** 論理関数 $x \cdot \bar{y} \vee \bar{z}$ は単独で万能関数集合を形成することを示せ．また，$x \cdot \bar{y} \vee \bar{z}$ を実現する論理素子だけを用いて AND, OR, NOT 素子を合成せよ．

**3.15** 16 個の 2 変数論理関数について，定義 3.17 の $M_1 \sim M_5$ を示せ．

# 第4章
# 論理合成

> ディジタルシステムの論理的動作仕様が論理関数として与えられたとき，与えられた基本論理素子の組を用いて，最も性能が高く最もコストの低い最適な構成の論理回路を実現する方法，すなわち論理合成の基礎を学ぶ．

## 4.1 AND-OR 2 段形式

2.1 節で述べたように，論理回路の入出力関係は論理関数で表現される．逆の見方をすると，論理関数は論理回路の動作仕様を定めていることになる．このとき，論理回路は論理関数を実現しているという．

一般に論理回路は，いくつかの種類の基本的な論理回路を用いて，それらを適当に組み合わせた相互の接続によって合成される．この基本的な論理回路を**基本論理素子**（あるいは単に基本素子），**基本論理ゲート**（あるいは単に基本ゲート）などという．どんな論理回路でも合成できるためには，基本素子を表現する論理関数の組は万能論理関数集合を形成しなければならない．通常，基本素子としては，AND 素子，OR 素子，NOT 素子の組，あるいは NAND 素子のみ，あるいは双対的に NOR 素子のみが用いられる．基本素子は実際にはトランジスタによる電子回路として実現されるが，ここではその中身には立ち入らず，理想的に基本論理関数を実現しているものと考える．

AND 素子，OR 素子，NOT 素子を基本素子とする組合せ回路は論理関数の論理式表現と 1 対 1 に対応する．同じ論理関数は幾通りもの論理式で表現できるので，結果として幾通りもの論理回路で実現される．

**例 4.1** 図 4.1(a) の論理回路は論理式 $f = x \cdot y \vee z \cdot (\bar{x} \vee y)$ を実現している．一方，同図 (b) の論理回路は論理式 $f = x \cdot y \vee \bar{x} \cdot z$ を実現している．2 つの論理式はいずれも同図 (c) の真理値表で表される論理関数から得られる．言い換えれば，2 つの論理回路は同じ論理関数を実現している．明らかに図 4.1(b) の回路のほうが，同図 (a) より少ないゲート数と少ないゲート段数で合成されているので経済的かつ高速であり，優れていると言える．  □

論理回路の合成問題は，与えられた基本素子の組を用いて，最も性能が高く最もコストの低い論理回路を合成することである．ある論理関数を実現する論理回路は無数に存在するので，LSI による実現を前提にする場合，所要チップ面積，最大経路遅延，電力消費，クロック分配，タイミング制約，ファンイン／ファンアウト制限など，様々な設計制約を考慮して最適な回路を選択する必要があるが，近似的には，ゲート数（ファンイン制限付き）とゲート段数が論理合成の最適化尺度になり得る．

## 4.1 AND-OR 2 段形式

**注釈** 論理ゲートの入力信号線数をファンイン (fan in)，出力信号線数をファンアウト (fan out) という．論理ゲートを節点，ゲート間接続を有向枝とする有向グラフで論理回路を表現すると，節点への流入枝と流出枝が扇形に見えることから，こう呼ばれる．

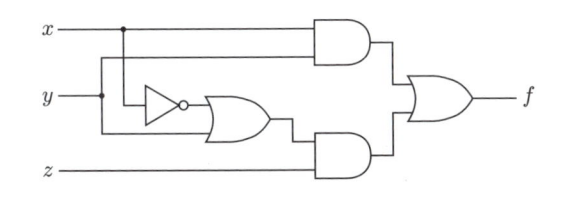

(a) $x \cdot y \vee z \cdot (\bar{x} \vee y)$ を実現する論理回路

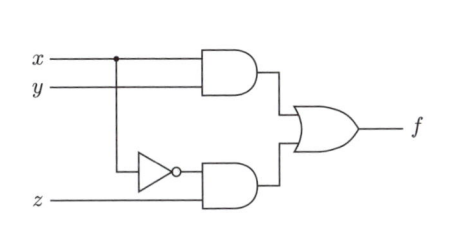

(b) $x \cdot y \vee \bar{x} \cdot z$ を実現する論理回路

(c) 真理値表

| $x$ | $y$ | $z$ | $f$ |
|---|---|---|---|
| 0 | 0 | 0 | 0 |
| 0 | 0 | 1 | 1 |
| 0 | 1 | 0 | 0 |
| 0 | 1 | 1 | 1 |
| 1 | 0 | 0 | 0 |
| 1 | 0 | 1 | 0 |
| 1 | 1 | 0 | 1 |
| 1 | 1 | 1 | 1 |

図 4.1 同じ論理関数を実現する異なる論理回路

図 4.2 に示されるように，積和形論理式に対応して，いくつかの AND 素子と 1 つの OR 素子を用いた構成で実現された論理回路を積和 2 段形式，あるいは AND-OR 2 段形式という（正確には，否定変数に対応する NOT 素子まで含めて NOT-AND-OR 3 段形式というべきかもしれないが，積和形論理式との対応を強調したほうが分かりやすいので，通常は 2 段形式という）．AND, OR, NOT のみを用いて論理回路を構成する場合には，各素子の遅延が同じだとすると，この AND-OR 2 段形式が最も高速な論理回路構成になる．

任意の論理式は，ブール代数の公理，定理を用いて AND-OR 形式に変換できる．

**例題 4.1** 和積形式の論理式 $f = (x \vee \overline{y}) \cdot (\overline{y} \vee z) \cdot (x \vee z)$ を積和形式に変換せよ．

**解** 分配律，べき等律，吸収律を用いると

$$f = (x \vee \overline{y}) \cdot (\overline{y} \vee z) \cdot (x \vee z) = (x \vee \overline{y}) \cdot (x \cdot \overline{y} \vee z) = x \cdot \overline{y} \vee x \cdot z \vee \overline{y} \cdot z$$

と積和形式に変換される． □

図 4.2 の AND-OR 2 段形式は図 4.3 に示すような NAND-NAND 形式に変換できる．これは，ド・モルガン律を用いて

$$f = x \cdot \overline{y} \vee \overline{x} \cdot y = \overline{\overline{(x \cdot \overline{y})} \cdot \overline{(\overline{x} \cdot y)}}$$

と変換できることから明らかだろう．同様に，OR-AND 2 段形式は NOR-NOR 形式に変換できる．

実際に論理回路を LSI で実現する場合の基本素子としてはトランジスタの増幅機能を伴う NAND 素子，または NOR 素子が基本になるので，論理設計では AND-OR 形式として扱っても実際の LSI 論理回路としては NAND-NAND 形式あるいはその双対の NOR-NOR 形式として実現することが多い．しかし，次節以降で述べるような論理式の簡単化を考える場合には AND-OR 2 段形式が直観的で分かりやすいので，実際の LSI では NAND-NAND 形式で実現される回路であっても論理設計段階では AND-OR 形式のまま扱うことが多く，それで差し支えない．

典型的な AND-OR 2 段形式の論理回路としては，デコーダ，エンコーダ，

## 4.1 AND-OR 2 段形式

マルチプレクサ，セレクタなどのいわゆるランダム論理といわれる機能回路がある．メモリ構造の論理 LSI もあり，例えば，**PLA** (Programmable Logic Array) は AND-OR 2 段形式の規則的な構造を持つ LSI である．また **ROM** (Read-Only Memory) も AND-OR 2 段形式の LSI と見なすことができる．

論理合成の主要な課題は，与えられた論理関数をできるだけ少ない数の素子による信号通過段数の小さな論理回路で実現することである．積和形論理式の場合には，信号通過段数は最小の 3 段 (NOT-AND-OR) であるから，素子数最小化，すなわち，第 1 に積項の数を最小化すること，第 2 に各積項に含まれる変数の数を最小化することである．この条件を満たす積和論理式を**最小積和形式**と呼ぶ．

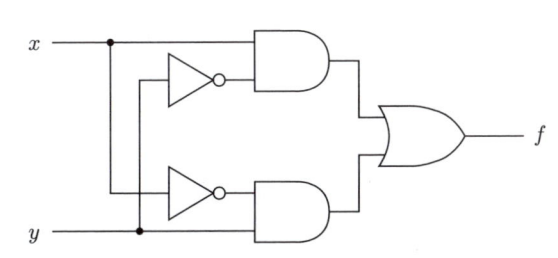

図 4.2 AND-OR 2 段形式 $f = x \cdot \overline{y} \vee \overline{x} \cdot y$ を実現する論理回路

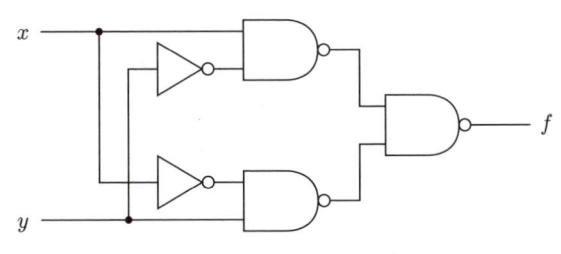

図 4.3 NAND-NAND 形式 $f = \overline{\overline{(x \cdot \overline{y})} \cdot \overline{(\overline{x} \cdot y)}}$ を実現する論理回路

## 4.2 カルノー図による論理式簡単化

カルノー図 (Karnaugh map) は，積和 2 段形式の論理関数を直観的に見やすく表現するために真理値表を変形したものである．そのため真理値表と全く同じ情報を持つ．

例えば，表 2.2 (p. 39) の真理値表で示された 4 変数の論理関数をカルノー図で表したものが図 4.4(a) または同図 (b) である．4 変数論理関数の入力 $(d_3, d_2, d_1, d_0)$ が取り得る $(0,0,0,0)$ から $(1,1,1,1)$ までの 16 通りの組合せに対応する関数 $f$ の値 0，1 または $*$ (Don't care) を，真理値表では 16 行 1 列に並べて表すが，カルノー図では 4 行 4 列に配列された 16 個の升目で表す．図 4.4(a) において，左端の縦軸に沿った 2 ビットの 2 進数は $(d_3, d_2)$ の値を表し，上端の横軸に沿った 2 ビットの 2 進数は $(d_1, d_0)$ の値を表す．入力組合せ $(d_3, d_2, d_1, d_0)$ に対応する升目の中に関数 $f(d_3, d_2, d_1, d_0)$ の値が記入される．例えば，最左上端の升目は $(d_3, d_2, d_1, d_0) = (0,0,0,0)$ を表し，それに対応する関数 f の値 0 が記入される．最右下端の升目に記入されている $*$ は入力組合せ $(d_3, d_2, d_1, d_0) = (1,0,1,0)$ に対する関数 f の値が Don't care であることを表している．図 4.4(b) も同じであるが，縦軸，横軸において 2 ビット数の代わりに 4 変数 $d_3$, $d_2$, $d_1$, $d_0$ がそれぞれ値 1 をとる領域を示したものである．

注目すべきは，左端縦軸 $(d_3, d_2)$ と上端横軸 $(d_1, d_0)$ の値の配置の仕方にある．すなわち，縦方向あるいは横方向に隣接している任意の 2 つの升目に対応する 2 つの入力組合せ $(d_3, d_2, d_1, d_0)$ のハミング距離は 1，すなわち 1 ビットだけ異なるような升目の配置になっている．この場合，各行において最左列の升目と最右列の升目は隣接していると解釈する．同様に，各列の最上行の升目と最下行の升目は隣接していると解釈する．このような升目の配置と解釈によって，カルノー図は積和形論理関数の表現と簡単化のための強力な道具になる．

**例 4.2** 図 4.5 に積和形論理式 $f = \overline{x}_1 \cdot x_2 \cdot \overline{x}_3 \cdot \overline{x}_4 \vee x_1 \cdot x_3 \cdot x_4 \vee \overline{x}_2 \cdot x_3$ を表すカルノー図を示す．ここで，1 の升目を 2 のべき乗個含む青色の囲みはそれぞれが論理式の積項を表す．例えば，積項 $x_1 \cdot x_3 \cdot x_4$ は，$x_1 = 1$，$x_3 = 1$，$x_4 = 1$ のときに $f$ が 1 になる 2 つの升目を含む囲みによって表される．同様に，$\overline{x}_2 \cdot x_3$ は 4 つの升目を含む囲み，$\overline{x}_1 \cdot x_2 \cdot \overline{x}_3 \cdot \overline{x}_4$ は 1 つの升目のみを含む

囲みで表される．一般には，$n$ 変数関数のカルノー図において $k(\leqq n)$ 変数の積項は $2^{n-k}$ 個の升目を含む囲みで表される． □

2 変数および 3 変数論理関数のカルノー図も同様な考え方で作られる．図 4.6 はそれらの例を示したもので，同図 (a) は $f = \overline{x}_1 \cdot x_2$ を表す 2 変数関数用のカルノー図，同図 (b) は $f = x_2 \vee x_1 \cdot x_3$ を表す 3 変数関数用のカルノー図である．

カルノー図を用いると，直観的な方法で，積和形論理式を最小化できる．そ

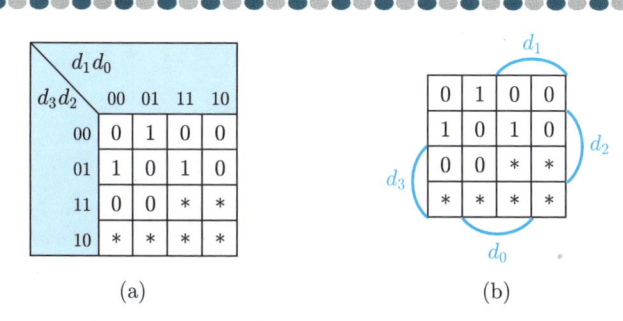

図 4.4 表 2.2 の真理値表を変形したカルノー図（4 変数論理関数）

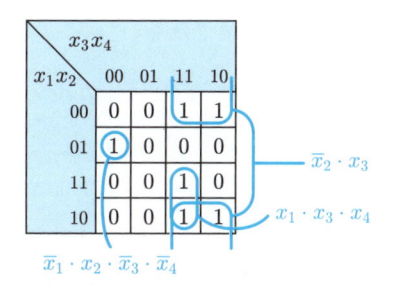

図 4.5 積和形論理式 $f = \overline{x}_1 \cdot x_2 \cdot \overline{x}_3 \cdot \overline{x}_4 \vee x_1 \cdot x_3 \cdot x_4 \vee \overline{x}_2 \cdot x_3$ を表すカルノー図

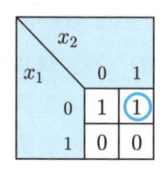

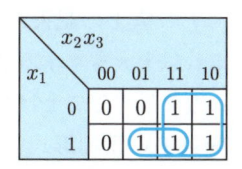

(a) 2 変数関数 $f = \overline{x}_1 \cdot x_2$　(b) 3 変数関数 $f = x_2 \vee x_1 \cdot x_3$

図 4.6 2 変数および 3 変数論理関数を表すカルノー図

のための重要な概念を定義する.

**定義 4.1** 論理関数 $f$ と論理積 $p$ に関して, $p \leqq f$ が成り立つならば, $p$ を $f$ の**含意項** (implicant) という.

順序関係「$p \leqq f$」は論理学的には「$p = 1$ であることは $f = 1$ であることを含意 (imply) する」ということを表すことからこう呼ばれる.

**例 4.3** 図 4.7(a), (b), (c) に示すように, 積項 $x_3$, $x_1 \cdot \overline{x}_2$, $\overline{x}_2 \cdot x_3$, $x_1 \cdot \overline{x}_2 \cdot \overline{x}_3$ などはいずれも含意項であるが, 積項 $\overline{x}_1 \cdot x_2$ あるいは $\overline{x}_1 \cdot \overline{x}_2 \cdot \overline{x}_3$ は含意項ではない.

**定義 4.2** 論理関数 $f$ の含意項 $p$ に関して, $p$ を構成する変数のどの 1 つを除去して得られる積項ももはや $f$ の含意項にはならないならば, $p$ を $f$ の**主項** (prime implicant) という.

**例 4.4** 論理関数 $f = x_1 \cdot x_2 \vee \overline{x}_2 \cdot \overline{x}_3 \vee x_1 \cdot x_2 \cdot \overline{x}_3 \vee x_1 \cdot \overline{x}_2 \cdot \overline{x}_3$ が与えられたとき, その含意項 $\overline{x}_2 \cdot \overline{x}_3$, $x_1 \cdot x_2$, $x_1 \cdot \overline{x}_3$ はいずれも主項である. しかし, 含意項 $x_1 \cdot \overline{x}_2 \cdot \overline{x}_3$ や $x_1 \cdot x_2 \cdot \overline{x}_3$ は主項ではない.

少なくとも 4 変数までの論理関数であれば, カルノー図を用いて, そのすべての主項を簡単に見いだすことができる.

**例 4.5** 図 4.8 で与えられる論理関数 $f$ を考えよう. 同図 (b) のように, $f$ の値 1 の記入された升目だけをちょうど 2 のべき乗個含むできるだけ大きな囲みを作れば, それらがすべて主項になる. ここではそのような囲みは 3 つあり, それぞれ, 主項 $\overline{x}_1 \cdot x_3$, $x_2 \cdot x_3$, $\overline{x}_1 \cdot x_2 \cdot x_4$ に対応する. これらの 3 つの囲みはどれも, $f$ の値 1 の記入された升目だけを 2 のべき乗個含むという条件のもとで, これ以上大きくすることはできない. 言い換えれば, 主項を構成する変数はどれも除外することはできない, ということを直観的に確認できる. また, 論理関数 $f$ の積和形式で表すにはこの 3 つの主項が必要かつ十分であることも直観的に分かる. 従って, この論理関数 $f$ の最小の積和形式は

$$f = \overline{x}_1 \cdot x_3 \vee x_2 \cdot x_3 \vee \overline{x}_1 \cdot x_2 \cdot x_4$$

と書くことができる.

## 4.2 カルノー図による論理式簡単化

> **定理 4.1** 論理関数 $f$ の最小積和形論理式は $f$ の主項のみの和で構成される．

従って，積和形論理式 $f$ を最小化するには，「できるだけ少ない主項で $f=1$ の升目を覆う」方針で $f$ を構成すればよい．ただし，$f=*$(Don't care) の升目は 1 または 0 のどちらか都合よく解釈すればよい．さらに論理関数に対する最小積和形論理式が一意的であるとは限らないことに注意を要する．例えば，図 4.9 で与えられる関数は (a)，(b) に示す 2 つの最小形が得られる．

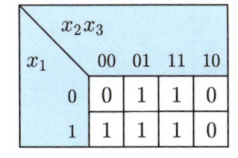

(a) 論理関数 $x_1 \cdot \bar{x}_2 \vee x_3$

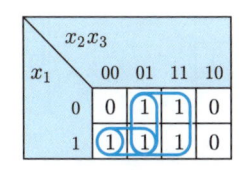

(b) 含意項
$x_3,\ x_1 \cdot \bar{x}_2,\ \bar{x}_2 \cdot x_3,\ x_1 \cdot \bar{x}_2 \cdot \bar{x}_3$

(c) 非含意項
$\bar{x}_1 \cdot x_2,\ \bar{x}_1 \cdot \bar{x}_2 \cdot \bar{x}_3$

図 4.7 論理関数の含意項

(a) $\bar{x}_1 \cdot x_3 \vee \bar{x}_2 \cdot x_3 \vee \bar{x}_1 \cdot x_2 \cdot x_4$

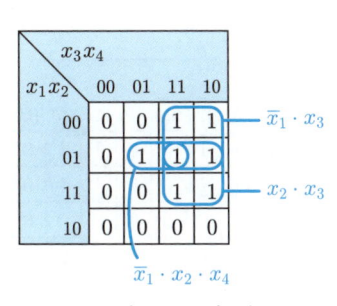

(b) $f$ のすべての主項
$\bar{x}_1 \cdot x_3$
$x_2 \cdot x_3$
$\bar{x}_1 \cdot x_2 \cdot x_4$

図 4.8 4 変数論理関数 $f$

カルノー図は 4 変数までの論理関数の積和表現に便利であるが, 5 変数, 6 変数のカルノー図でも便利な場合がある. 5 変数のカルノー図は, 図 4.10(a) に示されるように, 2 つの 4 変数カルノー図を互いに鏡面対称の位置に配置することによって得られる. また, 6 変数のカルノー図は, 図 4.10(b) に示されるように, 2 つの 5 変数カルノー図を鏡面対称形に配置することによって得られる. 5 変数および 6 変数のカルノー図では, それぞれ中心線を鏡面として互いに対称の位置にある升目は隣接していると解釈して主項に対応する囲みを形成する場合があることに注意を要する.

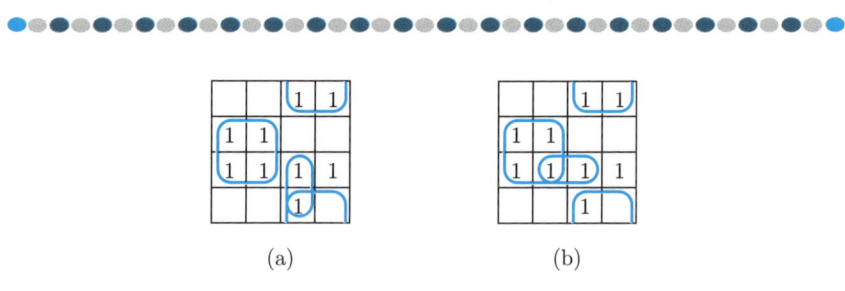

●●●●●●●●●●●●●●●●●●●●●●●●●●●●●●●●

図 4.9  2 つの最小積和形式を持つ論理関数

(a) 5 変数     (b) 6 変数

図 4.10  多変数論理関数のカルノー図

●●●●●●●●●●●●●●●●●●●●●●●●●●●●●●●●

## ■ 4.3 クワイン・マクラスキー法

クワイン (W. V. Quine) とマクラスキー (E. J. McCluskey) によって互いに独立に発表された**クワイン・マクラスキー法** (Quine-McCluskey method) は，論理回路の最小積和形式を得るためのカルノー図による直観的な手順をコンピュータ処理に適したアルゴリズムとしたものである．

論理関数 $f$ が与えられたとき，クワイン・マクラスキー法は次の 2 段階からなる．

**段階 1** $f$ のすべての主項を生成する．

**段階 2** $f$ の積和形式に必要な最も少ない主項の組を見いだす．

まず，段階 1 において主項を求める基本的な原理は，ブール代数における「任意の論理積 $P$ に対して，$x \cdot P \vee \bar{x} \cdot P = (x \vee \bar{x}) \cdot P = P$ が成り立つ」という性質を利用することである．すなわち，$f$ が 1 つの変数においてのみ互いに異なる 2 つの含意項 $x \cdot P$ と $\bar{x} \cdot P$ を含むならば，2 つの含意項 $x \cdot P$ と $\bar{x} \cdot P$ を 1 つの含意項 $P$ に置き換える．この操作によって，2 つの含意項から変数 $x$ が除去され，1 つの含意項に併合される．この操作を繰り返し，他と併合できる含意項がなくなれば，最後に残った含意項はすべて主項である．

従って段階 1 では，以下の手順ですべての主項が求められる．

**手順 1** $f = 1$ または $f = *$ (Don't care) であるすべての極小項の集合（第 1 次集合）を求め，極小項を構成する肯定変数の数（以下では，これを重みと呼ぶことにする）で分割をする．$k = 1$ とする．

**手順 2** 第 $k$ 次集合に対する分割における各グループについて，その各要素を重みが 1 だけ異なる次のグループ（隣りのグループ）の各要素と比較し，置き換え「$x \cdot P \vee \bar{x} \cdot P = P$」ができる場合には，両要素 $x \cdot P$ と $\bar{x} \cdot P$ に印を付け，$P$ を第 $(k+1)$ 次集合の要素とする．これを第 $k$ 次集合のすべての要素に対して行う．第 $(k+1)$ 次集合を重みで分割をする．

**手順 3** $k = k+1$ として手順 2 を繰り返す．印を付される要素がなくなれば手順を終了．各集合で印を付されていない要素が主項であり，また，これ以外には $f$ の主項は存在しない．

次に段階 2 では，段階 1 で得られた主項の内，$f = 1$ に対応するすべての極小項を覆う最小数の主項の集合（最小被覆集合）を見いだすために，横軸方向

に $f = 1$ となる極小項を配置し，縦軸方向に $f$ のすべての主項を配置した表（最小被覆表）において，各行（主項）ごとに，それが被覆する列（極小項）との交差点に × を記入する．このとき，$f = 1$ に対応する各極小項は少なくとも 1 つの主項に被覆されるので，どの列にも少なくとも 1 つの × が存在する．一般には，主項数，最小項数が非常に大きく，最小被覆集合を求めるために必要な記憶領域，計算時間は変数の数 $n$ に対して指数関数的に増大する．そこで，まず，この被覆表のサイズを以下の規則を適用して縮小させる．

**規則 1** ただ 1 つの × しか含まない列があるならば，その × を含む行はその列（極小項）を被覆するただ 1 つの行（主項）であるから，$f$ の積和論理式になくてはならない**必須主項** (essential implicant) である．従って，この必須主項は解となる集合の要素に加え，この行を削除する．また，この行に覆われるすべての列は今後考慮する必要がないので削除する．

**規則 2** 行 $A$ が被覆する列は必ず行 $B$ によって被覆されるならば，主項としての $A$ の役割は $B$ に含まれてしまい，$A$ を今後考慮する必要はないので削除する．

**規則 3** 列 $C$ を被覆する行はどれも必ず列 $D$ を被覆するならば，被覆対象となる極小項としての $D$ の役割は $C$ で代替されるので，$D$ を削除する．

**規則 4** 規則 1〜3 を繰り返し適用し，それ以上の簡約化ができなければ終了．

**[例題] 4.2** クワイン・マクラスキー法を用いて，図 4.11 に示す真理値表で表される 4 変数論理関数 $f(x_1, x_2, x_3, x_4)$ の最も簡単な積和形論理式を求めよ．

**解**

**段階 1** 図 4.11 から，主項を求める手順 1 で，第 1 次集合は

$$\{\overline{1} \cdot \overline{2} \cdot \overline{3} \cdot \overline{4},\ \overline{1} \cdot \overline{2} \cdot \overline{3} \cdot 4,\ \overline{1} \cdot \overline{2} \cdot 3 \cdot \overline{4},\ \overline{1} \cdot \overline{2} \cdot 3 \cdot 4,\ \overline{1} \cdot 2 \cdot \overline{3} \cdot 4,$$
$$1 \cdot \overline{2} \cdot \overline{3} \cdot \overline{4},\ 1 \cdot \overline{2} \cdot \overline{3} \cdot 4,\ 1 \cdot \overline{2} \cdot 3 \cdot 4,\ 1 \cdot 2 \cdot \overline{3} \cdot 4,\ 1 \cdot 2 \cdot 3 \cdot 4\}$$

である．ここで，表記を簡単にするため，例えば，極小項 $\overline{x}_1 \cdot \overline{x}_2 \cdot x_3 \cdot \overline{x}_4$ は添え字のみを用いて，$\overline{1} \cdot \overline{2} \cdot 3 \cdot \overline{4}$ と表記している．以下でも同様に表記する．この第 1 次集合に対して重みによる分割を行い，重みの順にグループを並べる．

$$\{\overline{1} \cdot \overline{2} \cdot \overline{3} \cdot \overline{4}\ /\ \overline{1} \cdot \overline{2} \cdot \overline{3} \cdot 4,\ \overline{1} \cdot \overline{2} \cdot 3 \cdot \overline{4},\ 1 \cdot \overline{2} \cdot \overline{3} \cdot \overline{4}$$
$$/\ \overline{1} \cdot \overline{2} \cdot 3 \cdot 4,\ \overline{1} \cdot 2 \cdot \overline{3} \cdot 4,\ 1 \cdot \overline{2} \cdot \overline{3} \cdot 4\ /\ 1 \cdot \overline{2} \cdot 3 \cdot 4,\ 1 \cdot 2 \cdot \overline{3} \cdot 4\ /\ 1 \cdot 2 \cdot 3 \cdot 4\}$$

手順 2 では，まず重み 0 のグループのただ 1 つの要素 $\overline{1} \cdot \overline{2} \cdot \overline{3} \cdot \overline{4}$ を，（隣りの）

4.3 クワイン・マクラスキー法

重み 1 のグループの各要素と比較すると，

$$\overline{1}\cdot\overline{2}\cdot\overline{3}\cdot\overline{4} \vee \overline{1}\cdot\overline{2}\cdot\overline{3}\cdot 4 = \overline{1}\cdot\overline{2}\cdot\overline{3}$$
$$\overline{1}\cdot\overline{2}\cdot\overline{3}\cdot\overline{4} \vee \overline{1}\cdot\overline{2}\cdot 3\cdot\overline{4} = \overline{1}\cdot\overline{2}\cdot\overline{4}$$
$$\overline{1}\cdot\overline{2}\cdot\overline{3}\cdot\overline{4} \vee 1\cdot\overline{2}\cdot\overline{3}\cdot\overline{4} = \overline{2}\cdot\overline{3}\cdot\overline{4}$$

であるから，左辺の要素に印を付け，$\overline{1}\cdot\overline{2}\cdot\overline{3}$，$\overline{1}\cdot\overline{2}\cdot\overline{4}$，$\overline{2}\cdot\overline{3}\cdot\overline{4}$ を第 2 次集合の要素とする（ここでは，要素へつけられる印を下線で示している）．次に重み 1 のグループの最初の要素 $\overline{1}\cdot\overline{2}\cdot\overline{3}\cdot 4$ を重み 2 のグループの各要素と比較すると，

$$\underline{\overline{1}\cdot\overline{2}\cdot\overline{3}\cdot 4} \vee \overline{1}\cdot\overline{2}\cdot 3\cdot 4 = \overline{1}\cdot\overline{2}\cdot 4$$
$$\underline{\overline{1}\cdot\overline{2}\cdot\overline{3}\cdot 4} \vee \overline{1}\cdot 2\cdot\overline{3}\cdot 4 = \overline{1}\cdot\overline{3}\cdot 4$$

であるから，$\overline{1}\cdot\overline{2}\cdot 4$ と $\overline{1}\cdot\overline{3}\cdot 4$ を第 2 次集合に加える．$\overline{1}\cdot\overline{2}\cdot\overline{3}\cdot 4$ には印がすでに付いているので，新たに $\overline{1}\cdot\overline{2}\cdot 3\cdot 4$ と $\overline{1}\cdot 2\cdot\overline{3}\cdot 4$ に印を付ける．以下同様にす

| $x_1$ | $x_2$ | $x_3$ | $x_4$ | $f$ |
|---|---|---|---|---|
| 0 | 0 | 0 | 0 | 1 |
| 0 | 0 | 0 | 1 | 1 |
| 0 | 0 | 1 | 0 | 1 |
| 0 | 0 | 1 | 1 | * |
| 0 | 1 | 0 | 0 | 0 |
| 0 | 1 | 0 | 1 | 1 |
| 0 | 1 | 1 | 0 | 0 |
| 0 | 1 | 1 | 1 | 0 |
| 1 | 0 | 0 | 0 | 1 |
| 1 | 0 | 0 | 1 | 0 |
| 1 | 0 | 1 | 0 | * |
| 1 | 0 | 1 | 1 | 1 |
| 1 | 1 | 0 | 0 | 0 |
| 1 | 1 | 0 | 1 | 1 |
| 1 | 1 | 1 | 0 | 0 |
| 1 | 1 | 1 | 1 | 1 |

| $x_1x_2 \backslash x_3x_4$ | 00 | 01 | 11 | 10 |
|---|---|---|---|---|
| 00 | 1 | 1 | * | 1 |
| 01 | 0 | 1 | 0 | 0 |
| 11 | 0 | 1 | 1 | 0 |
| 10 | 1 | 0 | 1 | * |

(a) 真理値表　　　　(b) カルノー図

図 4.11　4 変数論理関数 $f(x_1, x_2, x_3, x_4)$

ると，第1次集合のすべての要素に印が付され，第2次集合の分割が以下のように得られる．

$\{\overline{1}\cdot\overline{2}\cdot\overline{3},\ \overline{1}\cdot\overline{2}\cdot\overline{4},\ \overline{2}\cdot\overline{3}\cdot\overline{4}\ /\ \overline{1}\cdot\overline{2}\cdot 4,\ \overline{1}\cdot\overline{3}\cdot 4,\ \overline{1}\cdot 2\cdot\overline{3},\ \overline{2}\cdot 3\cdot\overline{4},\ 1\cdot\overline{2}\cdot\overline{4}$
$/\ \overline{2}\cdot 3\cdot 4,\ 2\cdot\overline{3}\cdot 4,\ 1\cdot\overline{2}\cdot 3\ /\ 1\cdot 3\cdot 4,\ 1\cdot 2\cdot 4\}$

手順3に従って，手順2を繰り返すと，第3次集合が得られ，新たな印の付く要素はない．その結果，最終的に各集合は以下のようになる．

第1次集合　$\{\underline{\overline{1}\cdot\overline{2}\cdot\overline{3}\cdot\overline{4}}\ /\ \underline{\overline{1}\cdot\overline{2}\cdot\overline{3}\cdot 4},\ \underline{\overline{1}\cdot\overline{2}\cdot 3\cdot\overline{4}},\ \underline{1\cdot\overline{2}\cdot\overline{3}\cdot\overline{4}}\ /\ \underline{\overline{1}\cdot\overline{2}\cdot 3\cdot 4},$
　　　　　　$\underline{\overline{1}\cdot 2\cdot\overline{3}\cdot 4},\ \underline{1\cdot\overline{2}\cdot 3\cdot\overline{4}}\ /\ \underline{1\cdot\overline{2}\cdot 3\cdot 4},\ \underline{1\cdot 2\cdot\overline{3}\cdot 4}\ /\ \underline{1\cdot 2\cdot 3\cdot 4}\}$

第2次集合　$\{\underline{\overline{1}\cdot\overline{2}\cdot\overline{3}},\ \underline{\overline{1}\cdot\overline{2}\cdot\overline{4}},\ \underline{\overline{2}\cdot\overline{3}\cdot\overline{4}}\ /\ \underline{\overline{1}\cdot\overline{2}\cdot 4},\ \overline{1}\cdot\overline{3}\cdot 4,\ \underline{\overline{1}\cdot 2\cdot\overline{3}},\ \underline{\overline{2}\cdot 3\cdot\overline{4}},$
　　　　　　$\underline{1\cdot\overline{2}\cdot\overline{4}}\ /\ \underline{\overline{2}\cdot 3\cdot 4},\ 2\cdot\overline{3}\cdot 4,\ \underline{1\cdot\overline{2}\cdot 3}\ /\ 1\cdot 3\cdot 4,\ 1\cdot 2\cdot 4\}$

第3次集合　$\{\overline{1}\cdot\overline{2},\ \overline{2}\cdot\overline{4}\ /\ \overline{2}\cdot 3\}$

各集合で印の付されていない要素が主項であるから，$f$ の主項，$\overline{1}\cdot\overline{3}\cdot 4$, $2\cdot\overline{3}\cdot 4$, $1\cdot 3\cdot 4$, $1\cdot 2\cdot 4$, $\overline{1}\cdot\overline{2}$, $\overline{2}\cdot\overline{4}$, $\overline{2}\cdot 3$ が得られる．

**段階2**　段階1で得られた主項を最左端の各行に配し，図4.11の真理値表で $f=1$ となる極小項を最上端の各列に配すると，以下の最小被覆表が得られる．

|  | $\overline{1}\cdot\overline{2}\cdot\overline{3}\cdot\overline{4}$ | $\overline{1}\cdot\overline{2}\cdot\overline{3}\cdot 4$ | $\overline{1}\cdot\overline{2}\cdot 3\cdot\overline{4}$ | $\overline{1}\cdot 2\cdot\overline{3}\cdot 4$ |
|---|---|---|---|---|
| $\overline{1}\cdot\overline{3}\cdot 4$ |  | × |  | × |
| $2\cdot\overline{3}\cdot 4$ |  |  |  | × |
| $1\cdot 3\cdot 4$ |  |  |  |  |
| $1\cdot 2\cdot 4$ |  |  |  |  |
| $\overline{1}\cdot\overline{2}$ | × | × | × |  |
| $\overline{2}\cdot\overline{4}$ | × |  | × |  |
| $\overline{2}\cdot 3$ |  |  | × |  |

|  | $1\cdot\overline{2}\cdot\overline{3}\cdot\overline{4}$ | $1\cdot\overline{2}\cdot\overline{3}\cdot 4$ | $1\cdot 2\cdot\overline{3}\cdot 4$ | $1\cdot 2\cdot 3\cdot 4$ |  |
|---|---|---|---|---|---|
|  |  |  |  |  | $\overline{1}\cdot\overline{3}\cdot 4$ |
|  |  | × |  |  | $2\cdot\overline{3}\cdot 4$ |
|  |  | × |  | × | $1\cdot 3\cdot 4$ |
|  |  |  | × | × | $1\cdot 2\cdot 4$ |
|  |  |  |  |  | $\overline{1}\cdot\overline{2}$ |
|  | × |  |  |  | $\overline{2}\cdot\overline{4}$ |
|  |  | × |  |  | $\overline{2}\cdot 3$ |

規則1を適用すると，列 $1\cdot\overline{2}\cdot\overline{3}\cdot\overline{4}$ はただ1つの × しか含まないので，これを被覆する行 $\overline{2}\cdot\overline{4}$ は必須主項である．そこで，主項 $\overline{2}\cdot\overline{4}$ を解集合の要素とする．

## 4.3 クワイン・マクラスキー法

その上で，行 $\overline{2}\cdot\overline{4}$ とそれに被覆される列 $\overline{1}\cdot\overline{2}\cdot\overline{3}\cdot 4$, $\overline{1}\cdot\overline{2}\cdot 3\cdot\overline{4}$, $1\cdot\overline{2}\cdot 3\cdot\overline{4}$ を削除すると，最小被覆表は次のように縮小される．

|  | $\overline{1}\cdot\overline{2}\cdot\overline{3}\cdot 4$ | $\overline{1}\cdot 2\cdot\overline{3}\cdot 4$ | $1\cdot\overline{2}\cdot 3\cdot 4$ | $1\cdot 2\cdot\overline{3}\cdot 4$ | $1\cdot 2\cdot 3\cdot 4$ |
|---|---|---|---|---|---|
| $\overline{1}\cdot\overline{3}\cdot 4$ | × | × |  |  |  |
| $2\cdot\overline{3}\cdot 4$ |  | × |  | × |  |
| $1\cdot 3\cdot 4$ |  |  | × |  | × |
| $1\cdot 2\cdot 4$ |  |  |  | × | × |
| $\overline{1}\cdot\overline{2}$ | × |  |  |  |  |
| $\overline{2}\cdot 3$ |  |  | × |  |  |

規則 2 を適用すると，行 $\overline{1}\cdot\overline{2}$ は行 $\overline{1}\cdot\overline{3}\cdot 4$ に含まれ，行 $\overline{2}\cdot 3$ は行 $1\cdot 3\cdot 4$ に含まれるので，それぞれ削除され，最小被覆表は次のように縮小される．

|  | $\overline{1}\cdot\overline{2}\cdot\overline{3}\cdot 4$ | $\overline{1}\cdot 2\cdot\overline{3}\cdot 4$ | $1\cdot\overline{2}\cdot 3\cdot 4$ | $1\cdot 2\cdot\overline{3}\cdot 4$ | $1\cdot 2\cdot 3\cdot 4$ |
|---|---|---|---|---|---|
| $\overline{1}\cdot\overline{3}\cdot 4$ | × | × |  |  |  |
| $2\cdot\overline{3}\cdot 4$ |  | × |  | × |  |
| $1\cdot 3\cdot 4$ |  |  | × |  | × |
| $1\cdot 2\cdot 4$ |  |  |  | × | × |

規則 3 を適用すると，列 $\overline{1}\cdot 2\cdot\overline{3}\cdot 4$ は列 $\overline{1}\cdot\overline{2}\cdot\overline{3}\cdot 4$ に代替され，列 $1\cdot 2\cdot 3\cdot 4$ は列 $1\cdot\overline{2}\cdot 3\cdot 4$ に代替されるので，それぞれ削除され，最小被覆表はさらに縮小される．

|  | $\overline{1}\cdot\overline{2}\cdot\overline{3}\cdot 4$ | $1\cdot\overline{2}\cdot 3\cdot 4$ | $1\cdot 2\cdot\overline{3}\cdot 4$ |
|---|---|---|---|
| $\overline{1}\cdot\overline{3}\cdot 4$ | × |  |  |
| $2\cdot\overline{3}\cdot 4$ |  |  | × |
| $1\cdot 3\cdot 4$ |  | × |  |
| $1\cdot 2\cdot 4$ |  |  | × |

再び，規則 1 を適用すると，行 $\overline{1}\cdot\overline{3}\cdot 4$ と行 $1\cdot 3\cdot 4$ は必須主項になるから解集合の要素とする．

|  | $1\cdot 2\cdot\overline{3}\cdot 4$ |
|---|---|
| $2\cdot\overline{3}\cdot 4$ | × |
| $1\cdot 2\cdot 4$ | × |

これ以上簡約化できないので，簡約手続きは終了．解集合は $\{\overline{2}\cdot\overline{4}, \overline{1}\cdot\overline{3}\cdot 4, 1\cdot 3\cdot 4, 2\cdot\overline{3}\cdot 4\}$ と $\{\overline{2}\cdot\overline{4}, \overline{1}\cdot\overline{3}\cdot 4, 1\cdot 3\cdot 4, 1\cdot 2\cdot 4\}$ の 2 通り得られる．従って，

最簡積和形式は，$f = \overline{x}_2 \cdot \overline{x}_4 \vee \overline{x}_1 \cdot \overline{x}_3 \cdot x_4 \vee x_1 \cdot x_3 \cdot x_4 \vee x_2 \cdot \overline{x}_3 \cdot x_4$ または $f = \overline{x}_2 \cdot \overline{x}_4 \vee \overline{x}_1 \cdot \overline{x}_3 \cdot x_4 \vee x_1 \cdot x_3 \cdot x_4 \vee x_1 \cdot x_2 \cdot x_4$ である．図 4.12(a)，(b) にそれぞれに対応するカルノー図を示す． □

上記に述べた簡約化規則を繰り返して適用しても被覆表のすべての列を除去できない場合（簡約化した表の各列が 2 個以上の × を含む場合）には，この簡約化された被覆表から最小被覆集合を求める方法として，分枝限定法やペトリックの方法などが知られている．

**分枝限定法** 分枝限定法 (branch and bound) では，次の分枝操作と限定操作を繰り返し行う．

分枝 (a) 被覆表から行を 1 つ選び，これを $A$ とする．
　　(b) $A$ が最終解に含まれると仮定して段階 2 の手続きを行う．
　　(c) $A$ が最終解に含まれないと仮定して段階 2 の手続きを行う．
　　(d) (a)，(b) のうちコストの小さい方を解とする．

限定 (a) 得られた解のコストが最小被覆のコストの下界に等しければ探索中止．
　　(b) すでに得られている最良解に比べて改善の見込みがなければ探索中止．

**例 4.6** 表 4.1 に示す最小被覆表では各列が 2 個以上の × を含む．そこで第 1 行の主項 $A$ を選ぶ．主項 $A$ が最終解に含まれると仮定すると，主項 $A$ およびそれに被覆される極小項 $m_1$，$m_2$，$m_4$ を除去して，

|   | $m_3$ | $m_5$ |
|---|---|---|
| $B$ | × |   |
| $C$ | × |   |
| $D$ |   | × |
| $E$ | × | × |
| $F$ |   | × |

段階 2 の規則 2 を適用すると，行 $B$，$C$，$D$，$F$ はすべて $E$ に含まれるので

|   | $m_3$ | $m_5$ |
|---|---|---|
| $E$ | × | × |

となり，解集合は $\{A, E\}$ になる．

## 4.3 クワイン・マクラスキー法

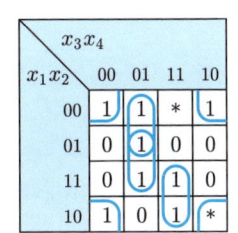

(a)  $f = \bar{x}_2 \cdot \bar{x}_4 \vee \bar{x}_1 \cdot \bar{x}_3 \cdot x_4 \vee x_1 \cdot x_3 \cdot x_4 \vee x_2 \cdot \bar{x}_3 \cdot x_4$

(b)  $f = \bar{x}_2 \cdot \bar{x}_4 \vee \bar{x}_1 \cdot \bar{x}_3 \cdot x_4 \vee x_1 \cdot x_3 \cdot x_4 \vee x_1 \cdot x_2 \cdot x_4$

図 4.12

表 4.1 最小被覆表

|   | $m_1$ | $m_2$ | $m_3$ | $m_4$ | $m_5$ |
|---|---|---|---|---|---|
| $A$ | × | × |   | × |   |
| $B$ |   | × | × |   |   |
| $C$ | × |   | × |   |   |
| $D$ |   |   |   | × | × |
| $E$ |   |   | × |   | × |
| $F$ |   | × |   |   | × |

一方，主項 $A$ が最終解に含まれないと仮定すると，被覆表は次のようになる.

|   | $m_1$ | $m_2$ | $m_3$ | $m_4$ | $m_5$ |
|---|---|---|---|---|---|
| $B$ |  | × | × |  |  |
| $C$ | × |  | × |  |  |
| $D$ |  |  |  | × | × |
| $E$ |  |  | × |  | × |
| $F$ |  | × |  |  | × |

段階 2 の規則 1 を適用すると，$C, D$ は必須主項なので，これらに被覆される $m_1, m_3, m_4, m_5$ を除去する．そうすると，残る $m_2$ を被覆するのは $B$ または $F$ であるから，解集合は $\{B,C,D\}$ または $\{C,D,F\}$ になる．結局コストの小さい方を選ぶと最小被覆集合として解 $\{A,E\}$ が得られる． □

**ペトリックの方法** ペトリックの方法 (Pertrik's method) は以下のように行う．表 4.1 に示す最小被覆表が与えられたとき，例えば第 1 列 ($m_1$) を被覆するために行 $A$ または $C$ が解集合に含まれねばならない．また，第 2 列 ($m_2$) を被覆するためには行 $A$ または $B$ または $F$ が必要である．以下同様に，$m_1$ から $m_5$ までのすべての極小項が，それぞれ，$A$ から $F$ までのいずれかの主項に被覆されるための条件は和積論理式

$$(A \lor C) \cdot (A \lor B \lor F) \cdot (B \lor C \lor E) \cdot (A \lor D) \cdot (D \lor E \lor F) = 1$$

が満たされることである．この和積論式を分配律を用いて展開し，吸収律を適用すると，積和形式

$$A \cdot E \lor A \cdot B \cdot D \lor A \cdot B \cdot F \lor B \cdot C \cdot D \lor C \cdot D \cdot F = 1$$

に変形される．左辺の各積項がそれぞれ解集合に対応するので，最小被覆集合として $\{A,E\}$ が得られる．実際，表 4.1 から，主項 $A$ と $E$ ですべての極小項 $m_1 \sim m_5$ を被覆できることが分かる．

## 4.4 3段 NAND 形式

4.1 節に述べたように，AND-OR 形式はド・モルガン律を用いると NAND-NAND 形式にそのまま変換できる．例えば，

$$f = x \cdot \overline{y} \vee \overline{x} \cdot y = \overline{((x \cdot \overline{y}) \cdot (\overline{x} \cdot y))}$$

であるから，図 4.13 に示すように，AND-OR と NAND-NAND が対応する．ここで，NOT-AND-OR 形式における NOT は 1 入力の否定素子としてしか使われていないが，NAND-NAND-NAND 形式における初段の NAND は多入力素子として使用できる可能性があり，その場合には，NOT-AND-OR よりもゲート数が少なくなる可能性がある．**3段 NAND 形式**は，論理関数を実現するのに必要な最少段数構成である 3 段形式を崩さないまま NOT-AND-OR 形式における NOT 素子を他入力 NAND 素子として一般化したものである．

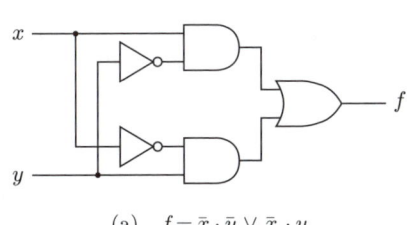

(a) $f = \overline{x} \cdot \overline{y} \vee \overline{x} \cdot y$

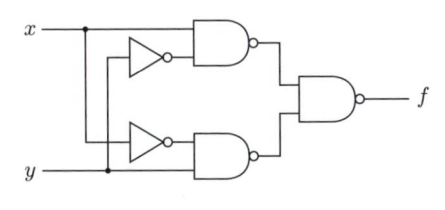

(b) $f = \overline{((\overline{x} \cdot \overline{y}) \cdot (\overline{x} \cdot y))}$

図 4.13

図 4.14 に，3 段 NAND 形式の例を示す．この回路に対応する論理式表現は，

$$F = a \cdot \overline{(b \cdot c)} \vee b \cdot e \cdot \overline{(f \cdot g)} \vee d \cdot \overline{(b \cdot c)} \cdot \overline{(f \cdot g)} \vee b \cdot f$$

と書ける．入力変数はすべて肯定形であることに注意してほしい．

この例から分かるように，3 段 NAND 形式に対応した論理式の積項表現の一般形は $H \cdot \bar{t}_1 \cdot \bar{t}_2 \cdot \cdots \cdot \bar{t}_m = H \cdot T$ と書ける．ここで，$H$ は肯定変数のみの論理積，$\bar{t}_1, \bar{t}_2, \ldots, \bar{t}_m$ は初段 NAND の出力を表す．$T$ は初段 NAND の出力の論理積を表す．従って，$H \cdot T$ が積和形式における論理積に相当する．図 4.14 の論理回路の場合，各積項は，$a \cdot \overline{(b \cdot c)}$, $b \cdot e \cdot \overline{(f \cdot g)}$, $d \cdot \overline{(b \cdot c)} \cdot \overline{(f \cdot g)}$, $b \cdot f$ であり，いずれもこの一般形で表現できる．

与えられた論理関数 $f$ に対して，$H \cdot T \leqq f$ を満たす積項 $H \cdot T$ を**許容項** (permissible implicant) と呼ぶことにすると次の 2 つの定理が成り立つ．

> **定理 4.2** 2 つの許容項 $H \cdot T_1$ と $H \cdot T_2$ に対して，$H \cdot T = H \cdot T_1 \vee H \cdot T_2$ なる許容項 $H \cdot T$ が存在する．

**証明** 一般性を失うことなく，$t_1$, $t_2$, $t_3$, $t_4$ はそれぞれ肯定変数のみの論理積とし，$T_1 = \bar{t}_1 \cdot \bar{t}_2$，$T_2 = \bar{t}_3 \cdot \bar{t}_4$ とすると，

$$\begin{aligned} H \cdot T_1 \vee H \cdot T_2 &= H \cdot (\bar{t}_1 \cdot \bar{t}_2 \vee \bar{t}_3 \cdot \bar{t}_4) = H \cdot (\bar{t}_1 \cdot \bar{t}_2 \vee \bar{t}_3) \cdot (\bar{t}_1 \cdot \bar{t}_2 \vee \bar{t}_4) \\ &= H \cdot (\bar{t}_1 \vee \bar{t}_3) \cdot (\bar{t}_2 \vee \bar{t}_3) \cdot (\bar{t}_1 \vee \bar{t}_4) \cdot (\bar{t}_2 \vee \bar{t}_4) \\ &= H \cdot \overline{(t_1 \cdot t_3)} \cdot \overline{(t_2 \cdot t_3)} \cdot \overline{(t_1 \cdot t_4)} \cdot \overline{(t_2 \cdot t_4)} \end{aligned}$$

となるので，$T = \overline{(t_1 \cdot t_3)} \cdot \overline{(t_2 \cdot t_3)} \cdot \overline{(t_1 \cdot t_4)} \cdot \overline{(t_2 \cdot t_4)}$ とおくと，$H \cdot T \, (= H \cdot T_1 \vee H \cdot T_2)$ は許容項である． □

> **定理 4.3** 任意の変数 $a$ に対して，$a \cdot H \cdot \bar{t}_1 \cdot \bar{t}_2 \cdot \cdots \cdot \bar{t}_i \cdot \cdots \cdot \bar{t}_m = a \cdot \bar{t}_1 \cdot \bar{t}_2 \cdot \cdots \cdot \overline{(a \cdot t_1)} \cdot \cdots \cdot \bar{t}_m$ である．

**証明**

$$\begin{aligned} \text{右辺} &= a \cdot H \cdot \bar{t}_1 \cdot \bar{t}_2 \cdot \cdots \cdot \overline{(a \cdot t_i)} \cdot \cdots \cdot \bar{t}_m = a \cdot H \cdot \bar{t}_1 \cdot \bar{t}_2 \cdot \cdots \cdot (\bar{a} \vee \bar{t}_i) \cdot \cdots \cdot \bar{t}_m \\ &= a \cdot H \cdot \bar{t}_1 \cdot \bar{t}_2 \cdot \cdots \cdot \bar{a} \cdot \cdots \cdot \bar{t}_m \vee a \cdot H \cdot \bar{t}_1 \cdot \bar{t}_2 \cdot \cdots \cdot \bar{t}_i \cdot \cdots \cdot \bar{t}_m \\ &= 0 \vee a \cdot H \cdot \bar{t}_1 \cdot \bar{t}_2 \cdot \cdots \cdot \bar{t}_i \cdot \cdots \cdot \bar{t}_m = a \cdot H \cdot \bar{t}_1 \cdot \bar{t}_2 \cdot \cdots \cdot \bar{t}_i \cdot \cdots \cdot \bar{t}_m = \text{左辺} \quad \square \end{aligned}$$

## 4.4　3段 NAND 形式

この2つの定理を用いると，クワイン-マクラスキー法で簡約化された積和形式をさらに簡約化された3段 NAND 形式に変換できる．

**例 4.7**　図 4.13(b) の回路に定理 4.2 を適用すると，$x \cdot \overline{y} = x \cdot \overline{(x \cdot y)}$，$\overline{x} \cdot y = \overline{(x \cdot y)} \cdot y$ が成り立つので，図 4.15 に示す3段 NAND 形式が得られる．　□

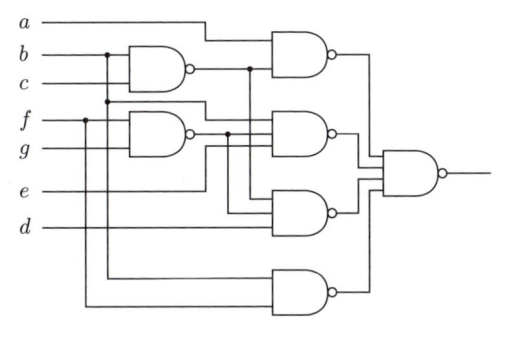

図 4.14　3段 NAND 形式の例

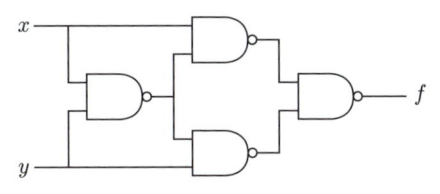

図 4.15　図 4.13(b) の3段 NAND 形式

## 4.5 2線式論理

2値論理のディジタル回路では，1本の信号線の値が1ビットの情報を担う．従って，論理値1，0の表現以外には，回路実現に有用なタイミング情報や誤り検出用の冗長情報を同時に表現する余地はない．これに対して **2線式論理** (dual-rail logic) では，1ビットの情報 $x$ を2本の信号線 $(x_1, x_0)$ を用いて，

$$x = 1 \Leftrightarrow (x_1, x_0) = (1, 0), \quad x = 0 \Leftrightarrow (x_1, x_0) = (0, 1)$$

と対応させて表現する．

2線式論理における基本素子のAND，OR，NOTは図4.16のように実現される．入力変数を $a$, $b$，出力変数を $f$ とするAND関数は，2線式信号を用いて

$$a = (a_1, a_0), \quad b = (b_1, b_0), \quad f = (f_1, f_0)$$

と表現することによって，$f_1 = a_1 \cdot b_1$, $f_0 = a_0 \vee b_0$ で実現される．OR関数は，双対的に，$f_1 = a_1 \vee b_1$, $f_0 = a_0 \cdot b_0$ で実現される．NOT関数は，単に，$(a_1, a_0)$ の信号線を入れ替えるだけで，演算は不要である．従って，2線式論理回路のハードウェア量は，単純な2重化の回路規模より小さく，かつゲート段数も少なくなる．

**例 4.8** 図4.17に2線式論理で実現した全加算器を示す．$S = (S_1, S_0)$ は和出力，$D = (D_1, D_0)$ は上位への桁上げ出力，$A = (A_1, A_0)$ と $B = (B_1, B_0)$ は1ビットのオペランド，$C = (C_1, C_0)$ は下位からの桁上げ入力，をそれぞれ表す．NANDゲートとAND，ORゲートの回路規模と遅延が同じだとすると，第6章の図6.3(a)に示す積和形式の全加算器が12個のAND，OR，NOT素子で遅延段数3段，同図(b)の半加算器2段構成の全加算器が9個のNANDゲートで遅延段数6段に対して，2線式論理では，16個のAND，OR素子で遅延段数は4段である． □

図4.17の2線式全加算器の2線式入力 $A$, $B$, $C$ の初期状態をすべて $(0, 0)$ とすると，2線式出力 $S$, $D$ の状態も $(0, 0)$ になる．入力変化が生じ，すべての入力状態が $(0, 1)$ または $(1, 0)$ に変化し，全加算器の演算処理が完了すると，出力 $S$, $D$ の状態が演算結果に従って $(0, 1)$ または $(1, 0)$ に変化する．従って，この出力変化自体が全加算器の計算完了のタイミングを示すの

で，$S_1 \vee S_0$ および $D_1 \vee D_0$ の $0 \to 1$ 変化を検知すればクロックを用いなくても結果をレジスタに格納することができる．これが第 7 章で述べる非同期式データ転送の原理である．

2 線式論理を用いると組合せ回路が実現する関数はすべて単調関数になるので，$0 \to 1$ または $1 \to 0$ のどちらか一方向にしか誤らない単方向性誤りを自身で検出する**セルフチェッキング論理回路** (self-checking logic circuit) を構成できる．

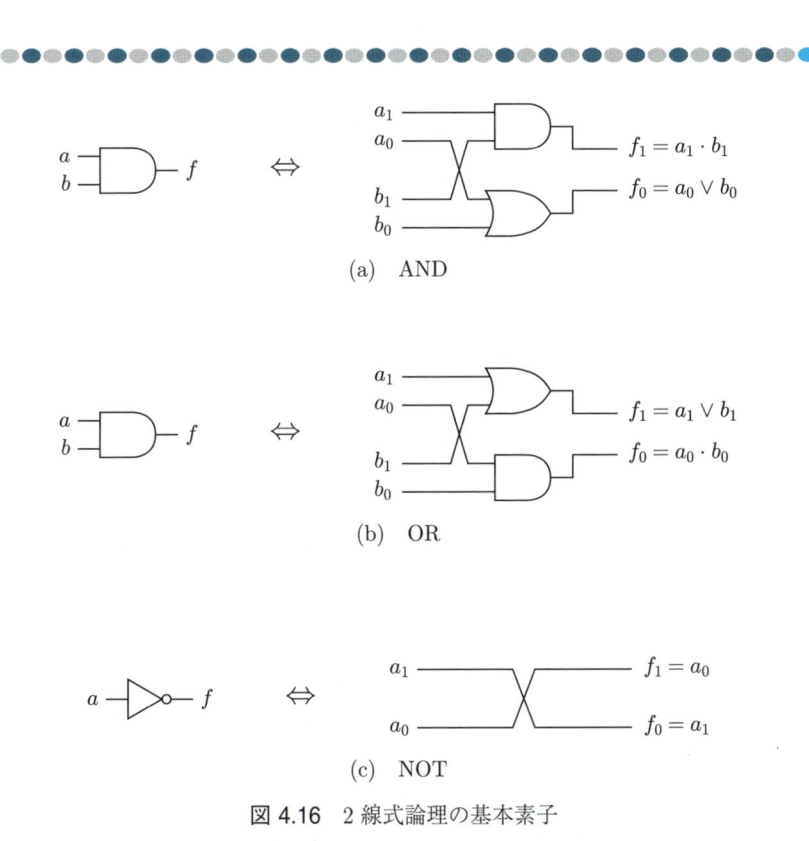

(a)　AND

(b)　OR

(c)　NOT

図 4.16　2 線式論理の基本素子

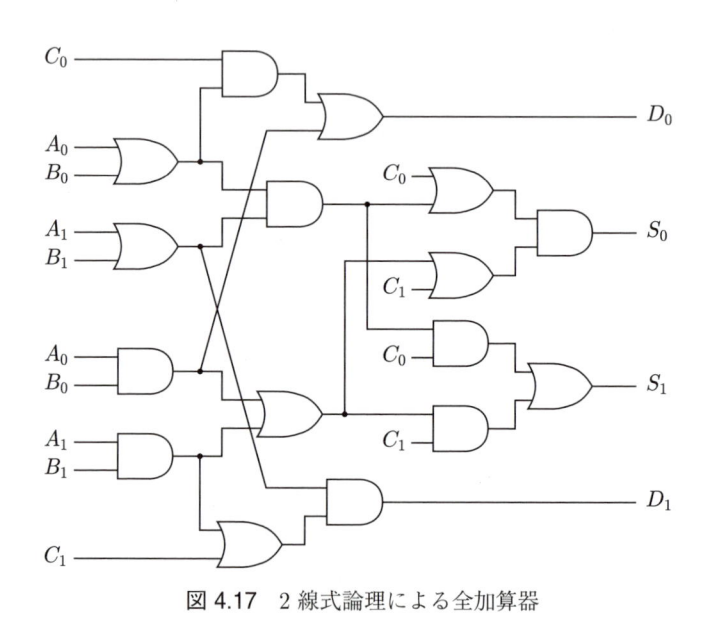

図 4.17　2 線式論理による全加算器

## 演習問題

**注** 以下では，4 変数論理関数を極小項の 10 進表現で表す．例えば，図 4.11 に示した真理値表の 10 進表現は $(0, 1, 2, 3*, 5, 8, 10*, 11, 13, 15)$ である．ただし，$*$ は Don't care を表す．

**4.1** PLA，ROM を調べ，それが AND-OR 2 段形式であることを確認せよ．

**4.2** 積項 $\overline{x}_1 \cdot \overline{x}_2$ あるいは $\overline{x}_1 \cdot \overline{x}_2 \cdot \overline{x}_3$ は論理関数 $x_1 \cdot \overline{x}_2 \vee x_3$ の含意項でないことを示せ．

**4.3** 論理関数 $f = x_1 \cdot x_2 \vee \overline{x}_2 \cdot \overline{x}_3 \vee x_1 \cdot x_2 \cdot \overline{x}_3 \vee x_1 \cdot \overline{x}_2 \cdot \overline{x}_3$ の含意項 $x_1 \cdot \overline{x}_2 \cdot \overline{x}_3$ と $x_1 \cdot x_2 \cdot \overline{x}_3$ が主項ではないことを示せ．

**4.4** 論理関数 $f$ の最小積和形論理式は $f$ の主項のみの論理和で構成されることを示せ．

**4.5** 次の 4 変数論理関数を (a) クワイン・マクラスキー法を使って積和形式，(b) カルノー図を使って積和形式，(c) カルノー図を使って和積形式，の論理回路で実現せよ．
(1) 極小項の 10 進表現が $(4, 5, 8, 9, 10, 12, 13)$
(2) 極小項の 10 進表現が $(0, 1, 2, 4, 8, 10, 11, 12*, 13*)$
(3) 極小項の 10 進表現が $(0, 1, 3, 4, 5, 7, 9, 10, 11, 14, 15)$
(4) 極小項の 10 進表現が $(0, 1, 5*, 7, 8, 10, 14)$

**4.6** 等式 $x \cdot y \cdot F_d(x, y, z) = (x \vee y) \cdot F(x, y, z)$ を満足するすべての論理関数 $F(x, y, z)$ を最も簡単な積和形式で示せ．ただし，$F_d(x, y, z)$ は $F(x, y, z)$ の双対関数を表す．

**4.7** 2 ビットの 2 進数 $(a_1, a_0)$ と $(b_1, b_0)$ を比較し，$(a_1, a_0) < (b_1, b_0)$ のときだけ 1 を出力する論理回路を設計し，その設計過程と積和形式の回路を示せ．

**4.8** 次の 4 変数論理関数を 3 段 NAND 形式で実現せよ．
(1) 極小項の 10 進表現が $(6, 8, 9, 10, 12, 13)$
(2) 極小項の 10 進表現が $(4, 5, 6, 9, 12, 13, 15)$

**4.9** 2 線式論理を用いると組合せ回路が実現する関数はすべて単調関数になることを説明せよ．

**4.10** BCD 加算器の出力 $(C_4, S_3, S_2, S_1, S_0)$ から「+6 補正」を判定する信号 $D$ を生成する論理関数（第 6 章の表 6.4 (p. 159) に示された真理値表）を実現する論理回路を最小積和形式で実現せよ．

## コラム　低消費電力化

　論理回路の合成における重要な尺度の1つは消費電力である．実際，情報社会において自然環境を保全しつつ，産業技術力を強化し，安心・安全な生活環境を実現するための最重要テーマの1つが「超低消費電力化」である．
　なぜ超低消費電力化なのか．それには少なくとも2つの理由がある．
　第1は，国全体の政策課題としてのエネルギー消費抑制の視点である．近い将来に我が国の総電力需要の内で情報通信機器の消費電力量が占める割合は，おおよそ10〜30%程度になると予測されている．地球規模でネットワークの情報通信量は爆発的に増大しており，至る所に埋め込まれた情報通信機器の消費電力量が占める割合は今後さらに高くなると考えられる．我が国にとって，ネットワーク情報通信機器の戦略的かつ総合的な低消費電力化は必須課題であると同時に，国際的にも我が国が貢献できる科学技術分野である．
　第2は，産業技術の国際競争力強化の視点である．マイクロプロセッサを始めとする最先端LSIシステムは，その電力消費／発熱問題のためにすでに高性能化の限界に達しており，低消費電力化は，情報機器自体の高性能化，高品質化に直接貢献する．特にモバイル／組込み機器，携帯端末などでは，バッテリー寿命が重要な要求仕様の1つであり，そのまま製品の品質に直結する．加えて，低消費電力化によって新しい機能を付加する余地を与え，新応用分野，新産業分野の開拓を通じた産業技術の国際競争力強化に結びつく可能性が高い．

# 第5章
# 順序回路

過去の入力履歴を内部状態として記憶する論理回路は順序回路と呼ばれ，実用的には自動機械や情報機器の制御を実現する．この順序回路の構成と実現方法を学ぶとともに，等価性の概念を用いた順序回路の内部状態数最小化の方法を学ぶ．

## 5.1 オートマトン，状態機械，順序回路

オートマトン (automaton) とはギリシャ語を語源とする「自動機械」を意味し，

(1) 外部から情報を入力する．
(2) 内部に「状態」を保持する．
(3) 外部へ情報を出力する．
(4) 外部からの入力と「現在の内部状態」によって「次の内部状態」が決まる．
(5) 外部からの入力と「現在の内部状態」によって外部への出力が決まる．

という特徴を持つシステムの抽象モデルである．実用的には，様々なディジタル装置，その内部の制御回路やデータ保持回路（メモリ，レジスタなど），プログラムなどの振る舞いを表すモデルとして，その設計や動作解析に用いられる．過去の入力履歴を内部状態として保持していることに特徴があることから**状態機械** (state machine)，あるいは内部状態の数が有限であることから**有限状態機械** (finite-state machine) とも呼ぶ．

**順序回路** (sequential circuit) は，オートマトン，状態機械あるいは有限状態機械を実現する論理回路である．組合せ論理回路の出力は与えられた入力に対して一意的に定まるため，時刻とは無関係に論理関数で表現されるのに対して，順序回路の出力は，現在の入力だけでなく，過去の入力履歴を反映した内部状態にも依存する．従って，同じ入力が与えられてもその時刻に内部状態が異なれば，すなわち，過去の入力履歴が異なれば，出力は同じとは限らない．

順序回路の入力を $x$，内部状態を $q$，次の時刻の内部状態 $q'$，出力を $z$ とすると，$q'$ と $z$ は，それぞれ $x$ と $q$ によって一意的に定まる．従って，

$$q' = \delta(x, q), \quad z = \omega(x, q)$$

と表すことができる．すなわち，状態 $q$ にある順序回路が入力 $x$ を受けると，自身の状態を $q$ から $q'$ へ遷移させ，出力 $z$ を出す．ここで，$\delta$ は状態遷移関数，$\omega$ は出力関数と呼ばれる．

図 5.1 に示すように，順序回路は，状態遷移関数 $\delta$ と出力関数 $\omega$ を実現する組合せ論理回路と内部状態を保持する記憶素子（フリップフロップ）$\Delta$ で

構成される．状態遷移関数 $\delta$ で定められる次の時刻の状態 $q'$ は，記憶素子 $\Delta$ に保持され，次の時刻には現在の状態として，状態遷移関数 $\delta$ と出力関数 $\omega$ の入力側へフィードバックされる．

　実際の順序回路の状態遷移は，**クロック** (clock) と呼ばれるパルス信号に同期して進行する．これを**同期式** (synchronous) 順序回路と呼ぶ．クロックを使わない**非同期式** (asynchronous) 順序回路もある．本章では，特に断らない限り同期式順序回路のみを扱うが，第 7 章ではデータパスを含めた VLSI システムの非同期式タイミング方式について述べる．

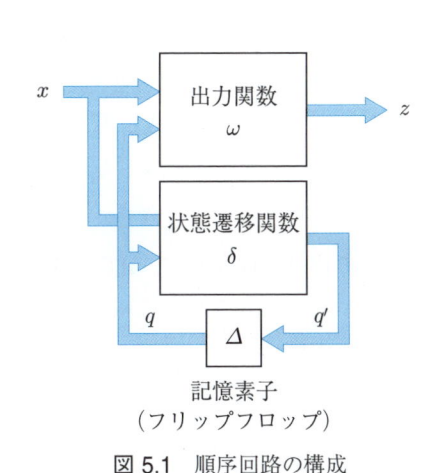

図 5.1　順序回路の構成

## 5.2 順序回路の表現

### 5.2.1 形式的定義

順序回路は形式的には，以下の 5 項の組 $(X, Q, Z, \delta, \omega)$ で定義される．

$X$ : 入力の集合
$Q$ : 状態の集合
$Z$ : 出力の集合
$\delta$ : $X \times Q \to Q$ ; 状態遷移関数
$\omega$ : $X \times Q \to Z$ ; 出力関数

出力関数の形に関して，この定義のように $\omega : X \times Q \to Z$ の形を持つ順序回路は**ミーリー型** (Mealy-type) と呼ばれる．これに対して，出力関数が入力 $X$ に無関係に，$\omega : Q \to Z$ の形を持つ順序回路は**ムーア型** (Moore-type) と呼ばれる．任意の順序回路はミーリー型またはムーア型のどちらの形式でも表現できるが，ムーア型の場合には出力を内部状態だけで区別するため，一般にミーリー型より内部状態数が多くなる．

**例 5.1** 順序回路の例として，150 円のコーヒー販売機の制御回路を考える．使用できるのは 100 円硬貨と 50 円硬貨だけで，必要なら釣り銭を出す．入力は 2 つの変数 $x_1$, $x_2$ を用いて，$x_1 = 1$ が 50 硬貨投入を，$x_2 = 1$ が 100 円硬貨投入をそれぞれ表すことにする．出力も 2 つの変数 $z_1$, $z_2$ が必要で，$z_1 = 1$ のときコーヒーが，$z_2 = 2$ のとき釣り銭が出るものとしよう．

上記の形式的定義に従うと，この順序回路は，ミーリー型では以下のように表現される．

$X = \{$硬貨投入なし (00)，50 円硬貨投入 (10)，100 円硬貨投入 (01)$\}$
$Q = \{$投入のない状態 $(q_0)$，50 円投入された状態 $(q_1)$，100 円投入された状態 $(q_2)\}$
$Z = \{$何も出さない (00)，コーヒーだけを出す (10)，コーヒーと釣り銭を出す (11)$\}$
$\delta :$ $\delta(00, q_0) = q_0,$ $\delta(10, q_0) = q_1,$ $\delta(01, q_0) = q_2,$
$\delta(00, q_1) = q_1,$ $\delta(10, q_1) = q_2,$ $\delta(01, q_1) = q_0,$
$\delta(00, q_2) = q_2,$ $\delta(10, q_2) = q_0,$ $\delta(01, q_2) = q_0$

$\omega$ : $\omega(00, q_0) = 00,$   $\omega(10, q_0) = 00,$   $\omega(01, q_0) = 00,$
$\omega(00, q_1) = 00,$   $\omega(10, q_1) = 00,$   $\omega(01, q_1) = 10,$
$\omega(00, q_2) = 00,$   $\omega(10, q_2) = 10,$   $\omega(01, q_2) = 11$

ここで，状態 $q_0$ は初期状態であり，硬貨の投入を待っている状態を表す．状態 $q_1$ は 50 円硬貨が投入されたことを記憶する状態である．状態 $q_2$ は 50 円硬貨 2 回または 100 円硬貨 1 回の投入によって合計 100 円が投入されたことを記憶する．合計で 150 円以上投入されたら，その金額に応じてコーヒーだけ，あるいはコーヒーと釣り銭を出力し，初期状態へ戻る．  □

状態遷移関数 $\delta$ と出力関数 $\omega$ は次に述べる状態遷移図と呼ぶ有向グラフを用いると直観的に表現することができ，分かりやすい．

### 5.2.2 状態遷移図

図 5.2 に例 5.1 のコーヒー販売機の動作を表現するミーリー型の**状態遷移図** (state transition diagram) を示す．3 つの内部状態 $q_0$, $q_1$, $q_2$ を表す節点の間を状態遷移を表す有向枝で結び，入力／出力のラベルが付される．例えば，状態 $q_0$ から $q_1$ への枝に付された 10/00 は，「順序回路が状態 $q_0$（投入のない状態）にあるときに入力 10（50 円硬貨投入）が加わると出力 00（何も出さない）を出して状態 $q_1$（50 円投入された状態）へ遷移する」こと，すなわち，$\delta(10, q_0) = q_1$ と $\omega(10, q_0) = 00$ を表している．また，状態 $q_1$ から自分へ戻る自己ループが枝に付された 00/00 は「状態 $q_1$（50 円投入された状態）で入力 00（硬貨投入なし）が続く限り，出力 00（何も出さない）を出し続けて状態 $q_1$ に留まる」ことを表している．

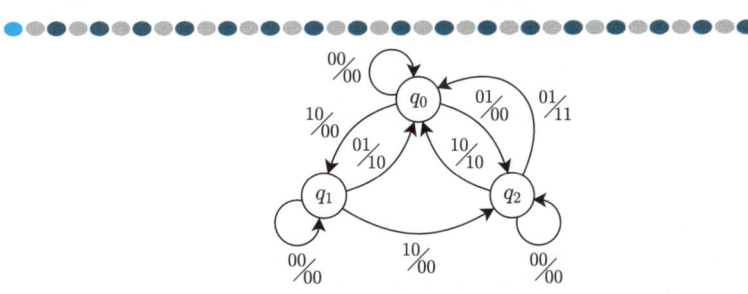

図 5.2　状態遷移図（ミーリー型）

同じコーヒー販売機の動作をムーア型で表す場合には，入力集合 $X$ と出力集合 $Z$ は共通だが，出力関数が内部状態だけに依存するため，内部状態数はミーリー型の場合より増える．

**例 5.2** 図 5.3 はムーア型で表した状態遷移図である．図 5.2 と比較すると，出力が枝ではなく節点に付されていることと，それに伴って硬貨の投入を待つ内部状態が 2 つあることがミーリー型とは異なる．状態 $q_0$ は合計で 150 円投入されたら出力 10（コーヒーだけを出す）を出した後に次の硬貨投入を待つ第 1 の状態である．状態 $q_3$ は合計で 200 円投入されたら出力 11（コーヒーと釣り銭を出す）を出してから次の硬貨投入を待つ第 2 の状態である．残りの 2 つの状態はミーリー型と同じ意味を持つ．すなわち，状態 $q_1$ は 50 円硬貨が投入されたことを記憶する状態であり，状態 $q_2$ は 50 円硬貨 2 回または 100 円硬貨 1 回の投入によって合計 100 円が投入されたことを記憶する状態である．ある内部状態から別の内部状態への状態遷移を表す有向枝にはその状態遷移を引き起こす入力のみがラベルとして付される．

図 5.3 では，各内部状態は出力に一意的に対応するが，その解釈には注意を要する．例えば，状態 $q_0$ の節点には $q_0/10$ というラベルが付されているが，これは「状態 $q_1$ から入力 01 で状態 $q_0$ へ遷移してきた場合（50 円投入済の状態で 100 円硬貨が投入された場合）または状態 $q_2$ から入力 10 で状態 $q_0$ へ遷移してきた場合（100 円投入済の状態で 50 円硬貨が投入された場合）には出力 10（コーヒーだけを出す）を出して，以後は入力 00（硬貨投入なし）が続く限り状態 $q_0$ に留まり，次の新規の硬貨投入を待ち続ける」ということを意味している．つまり，「状態 $q_0$ で入力 00 がならば出力 00」であることは明示されていない．状態 $q_3$ に関しても同様である．これは実際には，「状態 $q_0$ ($q_3$) へ遷移した直後に出力 10 (11) を出したらその後は出力 00 を継続する」ように出力論理回路を設計することによって解決できる．

もし，この出力変化を状態遷移図に明示したい場合には，さらにもう 1 つ内部状態を追加し，図 5.4 のように表現すればよい．状態 $q_0$ は硬貨の入力を待つ初期状態である．状態 $q_3$ と $q_4$ はそれぞれ，出力 11（コーヒーと釣り銭）あるいは出力 10（コーヒーだけ）を出したら次の時刻に無条件で初期状態 $q_0$ へ遷移する状態である．＊印はそのような無条件の状態遷移を表している．  □

状態遷移図は，状態の数が少ない場合には直観的で分かりやすく便利であるが，状態数が多い場合や計算機処理には，次の状態遷移表のほうが便利である．

### 5.2.3 状態遷移表

表 5.1 は，図 5.2 に示したミーリー型の状態遷移図を表の形式で表した**状態遷移表** (state transition table) である．(a) の表 $\delta$ は状態遷移関数を，(b) の表 $\omega$ は出力関数を表している．(c) は，$\delta$ と $\omega$ を合わせた状態遷移表である．いずれの場合も最左列は 3 つの状態 $q_0$, $q_1$, $q_2$ を表す．また，最上行は 3 つの入力 00, 10, 01 を表す．

表 5.1(a) において，例えば，行 $q_1$ と列 10 の交差する要素は $q_2$ であるが，これは販売機が状態 $q_1$（50 円投入された状態）にあるとき入力 10（50 円硬

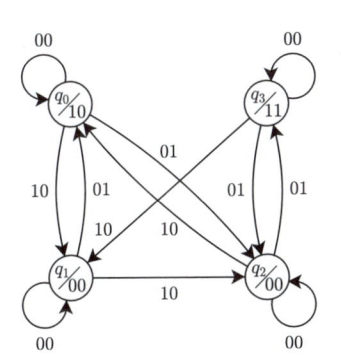

図 5.3 状態遷移図（ムーア型：その 1）

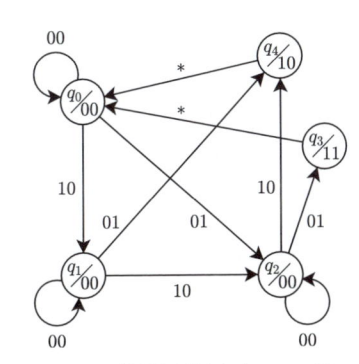

図 5.4 状態遷移図（ムーア型：その 2）

表 5.1 状態遷移表（ミーリー型）

(a) $\delta$

| 状態 | 入力 $x_1 x_2$ |||
|---|---|---|---|
| | 00 | 10 | 01 |
| $q_0$ | $q_0$ | $q_1$ | $q_2$ |
| $q_1$ | $q_1$ | $q_2$ | $q_0$ |
| $q_2$ | $q_2$ | $q_0$ | $q_0$ |

(b) $\omega$

| 状態 | 入力 $x_1 x_2$ |||
|---|---|---|---|
| | 00 | 10 | 01 |
| $q_0$ | 00 | 00 | 00 |
| $q_1$ | 00 | 00 | 10 |
| $q_2$ | 00 | 10 | 11 |

(c) $\delta/\omega$

| 状態 | 入力 $x_1 x_2$ |||
|---|---|---|---|
| | 00 | 10 | 01 |
| $q_0$ | $q_0$/00 | $q_1$/00 | $q_2$/00 |
| $q_1$ | $q_1$/00 | $q_2$/00 | $q_0$/10 |
| $q_2$ | $q_2$/00 | $q_0$/10 | $q_0$/11 |

貨投入）が入ると状態 $q_2$（100 円投入された状態）に遷移することを表している．すなわち，$\delta(10, q_1) = q_2$ を表している．

また表 (b) において，同じく状態 $q_1$ にあるとき入力 10 が入ると出力 00（何も出さない）が生じることを表している．すなわち $\omega(10, q_1) = 00$ を表している．

表 5.2 は，図 5.3 に示したムーア型の第 1 状態遷移図に対応する状態遷移表である．出力関数 $\omega$ は入力によらず内部状態のみに対応して定められる．

また，表 5.3 は，図 5.4 に示したムーア型による第 2 のタイプの状態遷移図に対応する状態遷移表である．状態 $q_3$ および $q_4$ の次に遷移すべき状態は入力によらず無条件に状態 $q_0$ である．

なお，表 5.1〜5.3 の状態遷移表ではいずれも，すべての状態 $q$ とすべての入力 $x$ の組合せに対して，状態遷移関数 $\delta(x, q)$ および出力関数 $\omega(x, q)$ が定義されている．このような順序回路を**完全定義** (completely specified) **順序回路**という．ある特定の状態 $q$ と入力 $x$ の組合せに対して $\delta(x, q)$ または $\omega(x, q)$ が定義されていない場合，**不完全定義** (incompletely specified) **順序回路**という．現実の設計場面で与えられる動作仕様は，不完全定義順序回路として与えられることが多い．

表 5.2　状態遷移表（ムーア型：その 1）

| 状態 | 入力 $x_1, x_2$ 00 | 10 | 01 | 出力 $\omega$ |
|---|---|---|---|---|
| $q_0$ | $q_0$ | $q_1$ | $q_2$ | 10 |
| $q_1$ | $q_1$ | $q_2$ | $q_0$ | 00 |
| $q_2$ | $q_2$ | $q_0$ | $q_3$ | 00 |
| $q_3$ | $q_3$ | $q_1$ | $q_2$ | 11 |

表 5.3　状態遷移表（ムーア型：その 2）

| 状態 | 入力 $x_1, x_2$ 00 | 10 | 01 | 出力 $\omega$ |
|---|---|---|---|---|
| $q_0$ | $q_0$ | $q_1$ | $q_2$ | 00 |
| $q_1$ | $q_1$ | $q_2$ | $q_4$ | 00 |
| $q_2$ | $q_2$ | $q_4$ | $q_3$ | 00 |
| $q_3$ | $q_0$ | $q_0$ | $q_0$ | 11 |
| $q_4$ | $q_0$ | $q_0$ | $q_0$ | 10 |

## 5.3 フリップフロップ

図 5.1 に示したように，順序回路は，状態遷移関数 $\delta$ を実現する組合せ回路（状態変数回路と呼ぶ），出力変数関数 $\omega$ を実現する組合せ回路（出力変数回路と呼ぶ），および，内部状態を保持する記憶素子（**フリップフロップ** (flip-flop)）で構成される．フリップフロップは，2 つの内部状態を持つ最小の順序回路であり，この 2 つの内部状態の間の遷移を外部からの論理信号によって駆動することによって情報の最小単位である 1 ビット，すなわち，1 か 0 かを記憶する．この 2 つの内部状態に対応して，通常，フリップフロップは 2 つの互いに相補的な出力端子 $Q$, $\overline{Q}$ を持つ．

フリップフロップの基本回路は，図 5.5(a) に示すように，2 つの NOR 素子の出力を互いに他の入力へフィードバックさせる構造を持ち，これが「2 つの内部状態」あるいは「1 ビットの記憶」を実現する基本原理である．このフィードバック構造をもつ NOR 素子のペアを **NOR ラッチ** (NOR latch) と呼ぶ．双対性から図 5.5(b) のように **NAND ラッチ** (NAND latch) を用いることもできる．

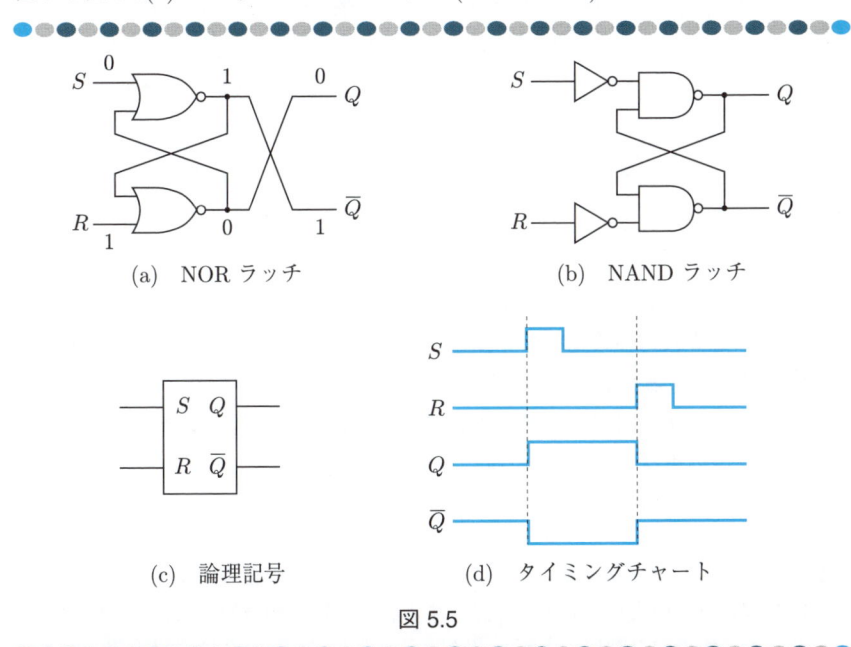

(a) NOR ラッチ

(b) NAND ラッチ

(c) 論理記号

(d) タイミングチャート

図 5.5

2つの入力 $S$（セット），$R$（リセット）の意味と信号の極性を合致させるために同図 (a) の NOR ラッチの場合には出力を交差させた相補出力端子を $Q, \overline{Q}$ とし，同図 (b) の NAND ラッチの場合には入力 $S, R$ を NOT 反転させている．これらのフリップフロップの動作は以下のようになる．

(1) $S=1, R=0$ ならば，$Q=1, \overline{Q}=0$ である．
(2) $S=0, R=1$ ならば，$Q=0, \overline{Q}=1$ である．
(3) $S=0, R=0$ ならば，出力 $(Q,\overline{Q})$ は前の状態を保持する．
(4) $S=1, R=1$ は，相補出力が定義されないため，禁止入力である．この禁止入力を生成することは設計ミスになる．

以下では，図 5.5(a)，(b) の NOR ラッチ，NAND ラッチを同図 (c) に示す論理記号を用いて表す．

図 5.5(d) はこのフリップフロップの動作をタイミングチャートで表している．初期状態が $(Q,\overline{Q})=(0,1)$ のとき，入力 $S$ に $0 \to 1$ 変化が生じると，状態 $(Q,\overline{Q})$ は $(1,0)$ に遷移し，$S$ が 0 に戻った後も同じ状態が保持される．入力 $R$ に $0 \to 1$ 変化が生じると状態 $(Q,\overline{Q})$ は $(0,1)$ に遷移し，次に $S$ が 1 にならない限り同じ状態が保持される．すなわち，入力が状態遷移を生じる方向に変化しない限り現在の内部状態がそのまま記憶される．入力変化が生じるとその結果として状態遷移が起こり，これらの動作はクロックとは無関係に生じるので，この NOR ラッチあるいは NAND ラッチは非同期式セットリセット型フリップフロップ（$SRFF$）と呼ばれる．

この NOR ラッチまたは NAND ラッチを基本構造として，2 つの状態間遷移を起こさせる入力の論理的な駆動条件によって，フリップフロップは大きく 4 種類に分けられる．以下では，特に断らない限り，入力変化，状態遷移，出力変化がクロックに同期したタイミングのみで起きる同期式フリップフロップを考える．この場合，フリップフロップへの入力が安定しているときに十分幅の短いクロックパルスが入ることを前提にしている．

**補足** 実際には，フリップフロップへの入力とクロックの相対的なタイミングがこの前提を満たさない場合にも正しく動作するように電子回路的な工夫が必要であるが，ここでは論理的な動作の考察が目的であるから，クロックは理想的なものと仮

定し，電子回路の詳細は他書に譲る．後述するマスタースレーブ型フリップフロップはそのような電子回路的工夫の1つである．

**$SR$ 型フリップフロップ：$SRFF$**　セット入力 $S$ とリセット入力 $R$ と呼ぶ2つの入力を持ち，セット入力 $S$ が1になると出力 $Q$ が $0 \to 1$ 変化を起こし，リセット入力 $R$ が1になると出力 $Q$ が $1 \to 0$ 変化を生じさせるフリップフロップは **$SR$ 型フリップフロップ** (**$SRFF$** と略す) と呼ばれる．入力 $S$ と $R$ が同時に1になることはその意味に照らして矛盾であるから禁止される．つまり $S = R = 1$ となるような入力を供給することは設計誤りである．

図 5.6(a) に上述の非同期式 $SRFF$ を基にした同期式 $SRFF$ の論理回路図，同図 (b) に同期式 $SRFF$ の典型的な動作を説明するタイミングチャートを示す．状態遷移はクロックに同期して起きる．

図 5.7(a) は $SRFF$ の論理機能を，状態遷移を起こすために必要な入力駆動条件によって示した表である．すなわち，$SRFF$ の時刻 $n$ における出力（＝内部状態）を $Q_n$ とし，次の時刻 $n+1$ における出力を $Q_{n+1}$ で表すことにすると，入力 $S$, $R$ がどのような値の組合せのときに状態遷移 $Q_n \to Q_{n+1}$ が起きるかをを示している．例えば，現在の状態が0のときに次の状態が1になる入力条件，すなわち状態遷移 $Q_n \to Q_{n+1}$ が $0 \to 1$ になるための入力条件は $(S, R) = (1, 0)$ である．また，現在の状態が0のときに次の状態も0のまま保

(a) 回路構成　　　　(b) タイミングチャート

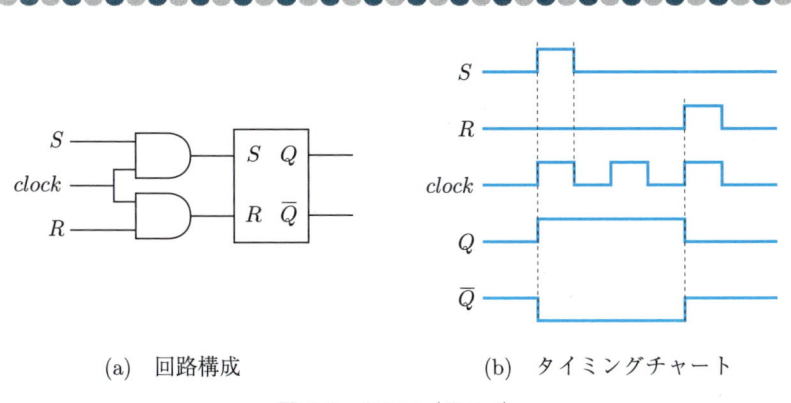

図 5.6　$SRFF$（その1）

持される入力条件は $(S,R) = (0,0)$ であっても $(S,R) = (0,1)$ であってもよいので，$(S,R) = (0,*)$ と表記される．ここで記号 $*$ は 0 でも 1 でもよい Don't care を意味している．なお，同図 (a) には $S = R = 1$ となる入力条件は存在しないことに注意して欲しい．

図 5.7(a) の入力駆動条件から同図 (b) に示すカルノー図を描くことによって，SRFF の現在の状態 $Q_n$ と入力 $S$, $R$ から次の状態 $Q_{n+1}$ を定める状態遷移関数の論理式が得られる．このカルノー図では，$(S,R) = (1,1)$ が禁止入力であり，実際に入力されることはないので，対応する 2 つの升目に Don't care の記号が記入されている．このカルノー図から，状態遷移論理式が次のように得られる．

$$Q_{n+1} = S \vee Q_n \cdot \overline{R} \quad (ただし\ S \cdot R = 0)$$

**$D$ 型フリップフロップ：DFF** クロック入力以外に 1 つの入力 $D$ を持ち，$D$ が 1 のときは次の時刻の出力 $Q_{n+1}$ は 1 になり，$D$ が 0 のときは次の時刻の出力が 0 になるフリップフロップは **$D$ 型フリップフロップ（DFF と略す）** と呼ばれる．現在の時刻の $D$ の値を次の時刻のタイミングで $Q$ に反映する遅延 (delay) 機能がその名の由来である．

図 5.8(a) に非同期式 SRFF の論理記号を用いた DFF の回路構成，同図 (b) に DFF の典型的な動作のタイミングチャートを示す．入力 $D$ の変化が次に来るクロックのタイミングに同期して出力 $Q$ の変化に反映されることが分かる．

図 5.9(a) に DFF の入力駆動条件，同図 (b) に DFF の状態遷移関数のカルノー図を示す．このカルノー図から，DFF の状態遷移論理式は次のように得られる．

$$Q_{n+1} = D$$

**$T$ 型フリップフロップ：TFF** クロック以外に 1 つの入力 $T$ を持ち，$T$ が 0 である限り現在の出力が次の時刻でも保存され，$T$ が 1 のときは現在の出力が次の時刻で反転する特性を持つフリップフロップは **$T$ 型フリップフロップ（TFF と略す）** と呼ばれる．入力 $T$ が 1 になるたびに出力 $Q$ が反転するトグル (toggle) スイッチ機能にその名が由来する．

## 5.3 フリップフロップ

| $Q_n \to Q_{n+1}$ | $S$ | $R$ |
|---|---|---|
| 0　　　0 | 0 | * |
| 0　　　1 | 1 | 0 |
| 1　　　0 | 0 | 1 |
| 1　　　1 | * | 0 |

(a) 入力駆動条件

カルノー図 ($SR$ / $Q_n$):

|  | 00 | 01 | 11 | 10 |
|---|---|---|---|---|
| 0 | 0 | 0 | * | 1 |
| 1 | 1 | 0 | * | 1 |

(b) 状態遷移関数のカルノー図

図 5.7　$SRFF$（その 2）

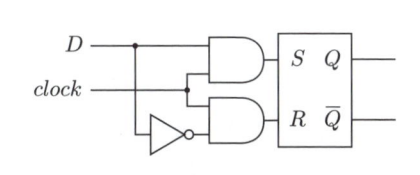

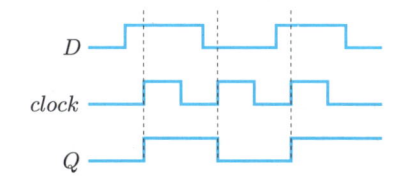

(a) 回路構成　　　(b) タイミングチャート

図 5.8　$DFF$（その 1）

| $Q_n \to Q_{n+1}$ | $D$ |
|---|---|
| 0　　　0 | 0 |
| 0　　　1 | 1 |
| 1　　　0 | 0 |
| 1　　　1 | 1 |

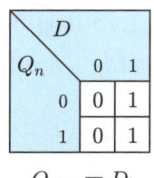

(a) 入力駆動条件

カルノー図 ($D$ / $Q_n$):

|  | 0 | 1 |
|---|---|---|
| 0 | 0 | 1 |
| 1 | 0 | 1 |

$Q_{n+1} = D$

(b) 状態遷移関数のカルノー図

図 5.9　$DFF$（その 2）

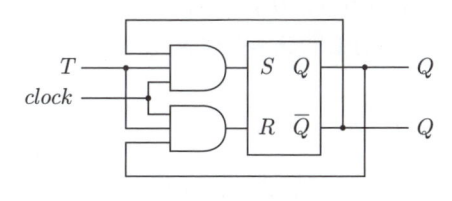

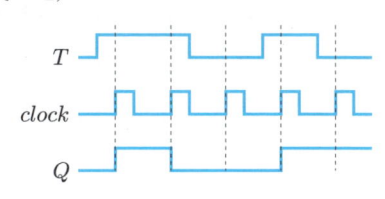

(a) 回路構成　　　(b) タイミングチャート

図 5.10　$TFF$（その 1）

図 5.10(a) に非同期式 SRFF の論理記号を用いた TFF の回路構成，同図 (b) に TFF の典型的な動作のタイミングチャートを示す．入力 T が 1 のときは，クロックのタイミングで出力 Q が反転し，T が 0 である限り出力 Q は保存されることが分かる．

図 5.11(a) に TFF の入力駆動条件，同図 (b) に TFF の状態遷移関数のカルノー図を示す．このカルノー図から，TFF の状態遷移論理式は次のように得られる．

$$Q_{n+1} = T \cdot \overline{Q}_n \vee \overline{T} \cdot Q_n$$

**JK 型フリップフロップ：JKFF**　2 つの入力端子 J，K を持ち，SRFF と TFF の機能を併せ持つフリップフロップは **JK 型フリップフロップ**（**JKFF** と略す）と呼ばれる．入力 J と入力 K は，それぞれ，SRFF におけるセット入力 S とリセット入力 R に対応して SRFF と同様な機能を果たすが，SRFF と異なる点は $J = K = 1$ となることが許される点である．$J = K = 1$ になると TFF において $T = 1$ と同じ機能，すなわち，クロックのタイミングで出力 Q を反転させる機能を果たす．JKFF を用いると論理回路が簡単になるため，論理ゲート IC が普及した 1960 年代にはコンピュータ回路の設計に多用されたが，なぜ JK 型と呼ばれるのか理由はよく分からない．

図 5.12(a) に非同期式 SRFF の論理記号を用いた JKFF の回路構成，同図 (b) に JKFF の典型的な動作のタイミングチャートを示す．入力 J がセット入力，入力 K がリセット入力の機能を果たし，$J = K = 1$ のときは出力 Q が反転するトグルスイッチになっていることが分かる．

図 5.13(a) に JKFF の入力駆動条件，同図 (b) に JKFF の状態遷移関数のカルノー図を示す．このカルノー図から，JKFF の状態遷移論理式は次のように得られる．

$$Q_{n+1} = J \cdot \overline{Q}_n \vee \overline{K} \cdot Q_n$$

これまで，理想的なクロック，すなわちフリップフロップへの入力が安定しているときに十分短い幅のクロックパルスが入力して状態遷移が瞬間的に起きると仮定してきた．しかし，実際には，フリップフロップを構成する論理ゲートには遅延があり，クロックパルスも一定の幅を持つので，フリップフロップ

## 5.3 フリップフロップ

| $Q_n \to Q_{n+1}$ | | $T$ |
|---|---|---|
| 0 | 0 | 0 |
| 0 | 1 | 1 |
| 1 | 0 | 1 |
| 1 | 1 | 0 |

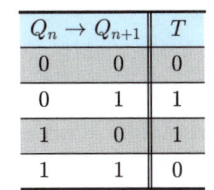

| $T$ $Q_n$ | 0 | 1 |
|---|---|---|
| 0 | 0 | 1 |
| 1 | 1 | 0 |

$Q_{n+1} = T\overline{Q}_n \vee \overline{T}Q_n$

(a) 入力駆動条件  (b) 状態遷移関数のカルノー図

図 5.11　$T$FF（その 2）

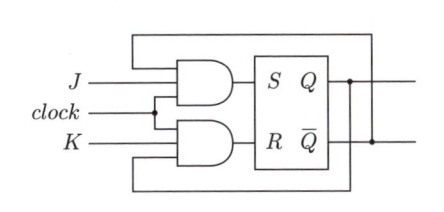

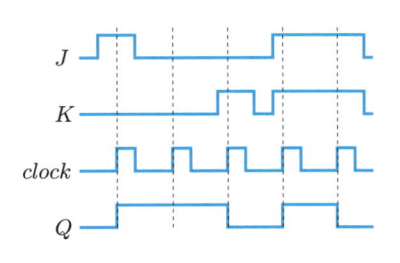

(a) 回路構成  (b) タイミングチャート

図 5.12　$JK$FF（その 1）

| $Q_n \to Q_{n+1}$ | | $J$ | $K$ |
|---|---|---|---|
| 0 | 0 | 0 | * |
| 0 | 1 | 1 | * |
| 1 | 0 | * | 1 |
| 1 | 1 | * | 0 |

| $JK$ $Q_n$ | 00 | 01 | 11 | 10 |
|---|---|---|---|---|
| 0 | 0 | 0 | 0 | 1 |
| 1 | 1 | 0 | 0 | 1 |

$Q_{n+1} = J\overline{Q}_n \vee \overline{K}Q_n$

(a) 入力駆動条件  (b) 状態遷移関数のカルノー図

図 5.13　$JK$FF（その 2）

の出力変化が入力側にフィードバックされ，想定する状態遷移とは異なる誤動作を起こす場合がある．

**例 5.3** 図 5.6(a) に示したような NAND ラッチだけによる単純な構成の SRFF では，状態遷移に際して以下に示すような信号変化が起こりえるため，誤動作の起きる可能性がある．

図 5.14(a) に示すように，$Q=0$，$S=1$，$R=0$ の状態でクロックパルスが入力すると，出力 $Q$ に $0 \to 1$ 変化が起きるが，NAND ラッチの状態遷移が完了する前に $Q$ の $0 \to 1$ 変化が入力 $S$ にフィードバックすると $S$ の $1 \to 0$ 変化のために $Q$ が再び 0 に戻ってしまい，所望の状態遷移ができなくなる．

一方，図 5.14(b) に示すように，同じく $Q=0$，$S=1$，$R=0$ の状態でクロックパルスが入力し出力 $Q$ に $0 \to 1$ 変化が起きる場合，NAND ラッチの状態遷移が完了する前に $Q$ の $0 \to 1$ 変化が入力 $R$ にフィードバックすると $\overline{Q}=1$ になり，その直後にクロックパルスが消えると望んだ状態遷移が完了せず，誤動作が生じる． □

このようにフリップフロップ出力が状態遷移完了前に入力側へフィードバックすることによる誤動作を防ぐために，実際に用いられる各種フリップフロップの回路構成には種々の工夫がなされているが，その代表的なものはマスタースレーブ型回路とエッジトリガー型回路である．

**マスタースレーブ型** 図 5.15(a)〜(d) に，それぞれ，マスタースレーブ (master-slave) 型の SRFF，DFF，TFF，JKFF の回路構成を示す．いずれも図 5.5(c) の NOR（NAND）ラッチを 2 段カスケード（縦続）接続した構成において，クロックパルスの立ち上がりで 1 段目のラッチ（マスター）が入力情報に応じた状態遷移を行い，クロックパルスの立ち下がりでマスターラッチと同じ状態遷移を 2 段目のラッチ（スレーブ）が実現する．この 2 段階動作によって入力変化のタイミングと出力変化のタイミングが切り離され，予期せぬフィードバックによる誤動作を防ぐことができる．

**例 5.4** 図 5.15(a) に示すマスタースレーブ型 SRFF は以下のように動作する．まず，クロックの立ち上がり（$0 \to 1$ 変化）で，入力 $S$，$R$ の値に応じた状態遷移が 1 段目のマスターラッチで起きる．次に，クロックの立ち下がり

## 5.3 フリップフロップ

（1 → 0 変化）で，マスターラッチの状態 $Q$ がそのまま 2 段目のスレーブラッチにコピーされ，出力変化に反映される．出力変化は入力側へフィードバックされて入力情報に変化を与え得るが，すでにその時点では，クロックパルスは消失しているため，フリップフロップの状態遷移には影響がない． □

(a) 出力 $Q$ から入力 $S$ へのフィードバック

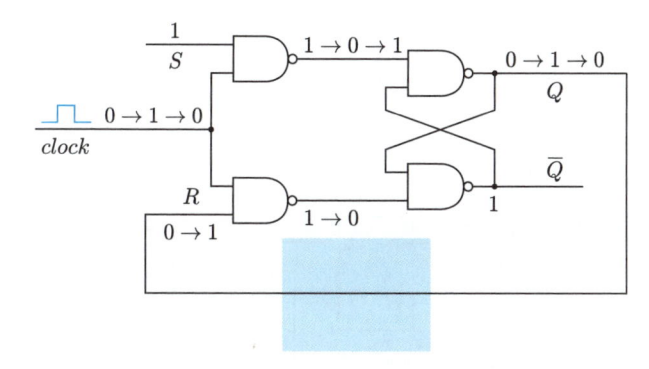

(b) 出力 $Q$ から入力 $R$ へのフィードバック

図 5.14　簡単な構成の $SR$FF における誤動作

(a) $SR$ FF

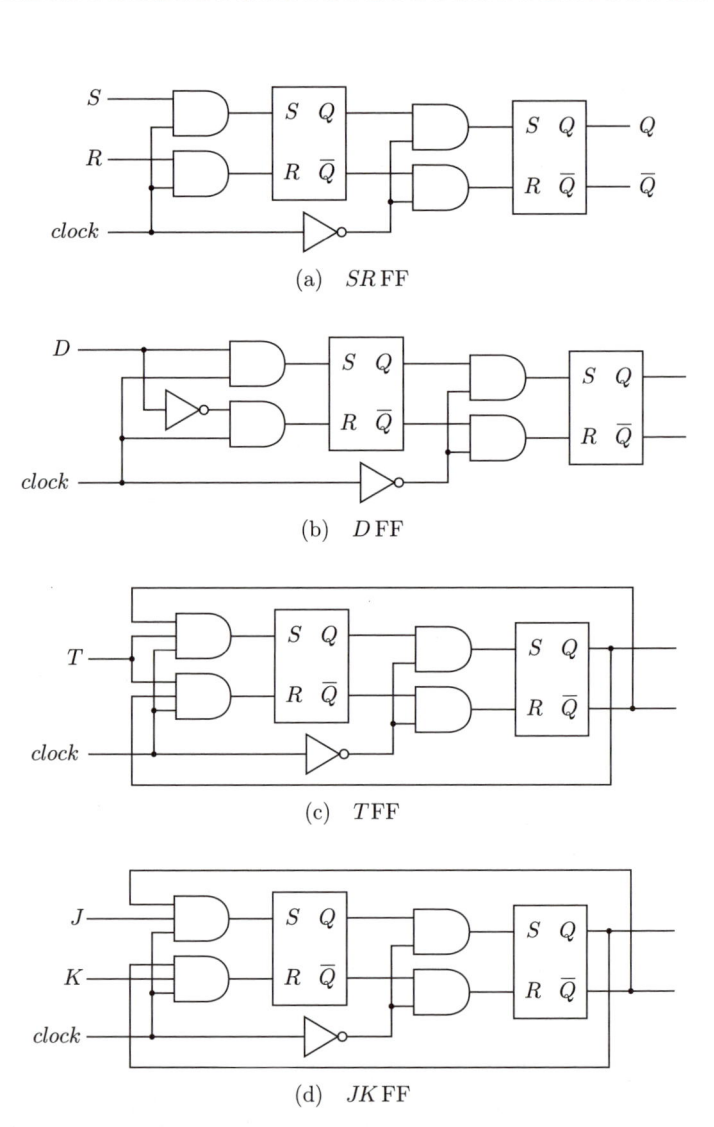

(b) $D$ FF

(c) $T$ FF

(d) $JK$ FF

図 5.15　マスタースレーブ型

## 5.3 フリップフロップ

**エッジトリガー型**　クロックパルスの立ち上がりエッジ（$0 \to 1$ 変化）または立ち下がりエッジ（$1 \to 0$ 変化）によって状態遷移を起こすフリップフロップを**エッジトリガー** (edge-trigger) 型フリップフロップと呼ぶ．前者のタイプをポジティブ (positive) エッジトリガー型，後者のタイプをネガティブ (negative) エッジトリガー型と呼ぶ．

　図 5.16 にポジティブエッジトリガー型 $DFF$ の論理回路図の例を示す．この回路では，クロックの立ち上がりエッジで状態遷移が完了し，その結果の出力変化が入力側にフィードバックしてもすでに完了した状態遷移に影響はないことが確認できる．

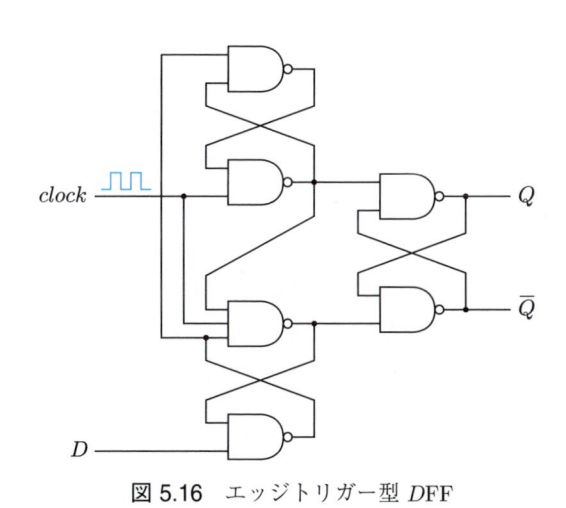

図 5.16　エッジトリガー型 $DFF$

## ■ 5.4 順序回路の合成

順序回路の合成とは，順序回路の形式的定義 $(X, Q, Z, \delta, \omega)$ あるいはその視覚的表現である状態遷移図または状態遷移表が与えられたとき，その状態遷移関数と出力関数を実現する論理回路を導出することである．コンピュータを始めとするディジタル論理装置の制御回路の設計はその典型的な応用例である．

順序回路の合成は以下のような手順で進められる．

(1) 動作記述から状態遷移表を作成する．
(2) 状態遷移表を簡単化する．
(3) 状態割当を行い，状態変数の励起表を作成する．
(4) 使用フリップフロップを定め，駆動論理関数と出力論理関数を求める．
(5) 駆動論理関数と出力論理関数を実現する論理回路を求める．

この手順に従った順序回路合成の過程を，5.2 節で述べた自動販売機を例にして説明しよう．

### ● 動作記述から状態遷移表を作成 ●

合成すべき順序回路の動作仕様は，文章表現では「150 円のコーヒー販売機の制御回路を考える．使用できるのは 100 円硬貨と 50 円硬貨だけで，必要なら釣り銭を出す」というような形で与えられる．文章だけでは仕様を完全に表現することが困難な場合もあり，誤りや見落としが混入しやすいので，通常はフローチャートや図 5.2 に示した状態遷移図を描く（ここではミーリー型を例にとる）．特に，この例のように状態数が少ない場合には状態遷移図が視覚的に分かりやすく，設計ミスを防ぐ上でも有効である．状態遷移図が正確に描けたならば，それと等価な状態遷移表への変換は簡単であり，この例の場合，表 5.1 に示した状態遷移表が作成できる．

### ● 状態遷移表の簡単化 ●

与えられた動作記述から作成される状態遷移表は一意には決まらず，いくつも存在して，それらは同じ動作をする．そうであるなら，その中で最も状態数の少ない状態遷移表を選べば，多くの場合，合成される順序回路は簡単になる

ので，コスト，性能，信頼性の点から望ましい．このように状態数を最小化する操作が状態遷移表の簡単化であり，5.5 節で説明する．自動販売機の例では，図 5.2 の状態遷移図は 3 個の状態数を持ち，これ以上簡単にはならない．

● **状態割当と励起表の作成** ●

状態遷移表の入力と出力は外部回路とインタフェースを持つため通常は動作記述の段階から 2 値ベクトルで表現されているのに対して，内部状態は，互いに他と区別できれば十分なので，とりあえず記号で表されている．しかし順序回路として実現するためには，状態遷移関数，出力関数ともに論理関数で表現する必要があるので，内部状態も 2 値ベクトルで表現する必要がある．これを **状態割当** (state assignment)，あるいは状態の符号化という．

状態割当によって，入力，出力および内部状態は，それぞれ，2 値ベクトル $(x_1, x_2, \ldots, x_k)$，$(z_1, z_2, \ldots, z_m)$ および $(y_1, y_2, \ldots, y_n)$ で表される．その結果，状態遷移関数 $q' = \delta(x, q)$ および出力関数 $z = \omega(x, q)$ は，それぞれ，$n$ 個の状態変数 $y_i$ の次の時刻の値を定める論理関数（状態変数関数と呼ぶ）

$$y'_i = d_i(x_1, x_2, \ldots, x_k, y_1, y_2, \ldots, y_n) \quad (i = 1, 2, \ldots, n)$$

および $m$ 個の出力変数の値を定める論理関数（出力変数関数と呼ぶ）

$$z_j = w_i(x_1, x_2, \ldots, x_k, y_1, y_2, \ldots, y_n) \quad (j = 1, 2, \ldots, m)$$

によって表現される．

状態変数関数と出力変数関数の形，従ってそれらをを実現する論理回路のサイズは，状態割当に依存するので，得られる論理回路が最適になるような状態割当を行うことが望ましい．そのためには，得られる結果を十分予測できるような論理最適化プロセスのモデル化が必要であるが，この最適化問題は複雑であり，多段論理まで含めてさらに研究を要する．

**補足** 内部状態だけではなく，入力と出力に対しても符号化の自由度が与えられている場合に，得られる論理回路を最適化する入力記号，出力記号，内部状態記号の符号化を求める研究もある．これらは他書に譲り，これ以上は立ち入らない．

自動販売機の例では，3 つの状態 $q_0$, $q_1$, $q_2$ に対して，表 5.4(a) に示すような状態割当を行うと，表 5.1 に示した状態遷移表は表 5.4(b)，(c) に示す

**励起表** (excitation table) に変換される．この励起表は状態変数 ($y_1, y_2$) の次の時刻における値 ($y_1', y_2'$) および出力変数 ($z_1, z_2$) を定める論理関数の真理値表と考えることができるので，状態変数関数のカルノー図は図 5.17 のように，また出力変数関数のカルノー図は図 5.18 のようになる．状態 ($y_1, y_2$) = (1,1) と入力 ($x_1, x_2$) = (1,1) は決して現れないので，カルノー図では Don't care であり，記号 $*$ が記されている．

図 5.17 から状態変数関数は

$$y_1' = x_1 \cdot y_2 \vee \overline{x}_1 \cdot \overline{x}_2 \cdot y_1 \vee x_2 \cdot \overline{y}_1 \cdot \overline{y}_2, \qquad y_2' = x_1 \cdot \overline{y}_1 \cdot \overline{y}_2 \vee \overline{x}_1 \cdot \overline{x}_2 \cdot y_2$$

また，図 5.18 から出力変数関数は

$$z_1 = x_1 \cdot y_1 \vee x_2 \cdot y_1 \vee x_2 \cdot y_2, \qquad z_2 = x_2 \cdot y_1$$

と表される．

● **使用フリップフロップの決定と駆動論理関数の導出** ●

図 5.1 に示した順序回路の構成において，使用するフリップフロップを決定すると，それに応じた駆動論理関数（状態変数関数）が求められる．出力変数関数はフリップフロップによらず同じである．

(a) $SRFF$ を使用する場合：状態変数 $y_1$ と $y_2$ を実現する 2 つの $SRFF$ を $Q_1$, $Q_2$ とする．$Q_1$ へのセット入力，リセット入力をそれぞれ $S_1$, $R_1$, また $Q_2$ へのセット入力，リセット入力をそれぞれ $S_2$, $R_2$ とする．

$S_1$ と $R_1$ を駆動する論理関数のカルノー図は，図 5.7(a) の $SRFF$ 入力駆動条件を参照しながら，図 5.17(a) に示す $y_1'$ の状態変数関数のカルノー図から，図 5.19(a), (b) に示すような $S_1$ と $R_1$ のカルノー図を作成することができる．図 5.7 の入力駆動条件はフリップフロップの $Q$ 出力を現在の値 $y$ から次の値 $y'$ へ変化させるために必要な $S$ と $R$ への入力条件であることを思い出して欲しい．例えば，図 5.17(a) のカルノー図において $(x_1, x_2, y_1, y_2) = (0, 0, 0, 0)$ の升目には $y_1' = 0$ が指定されているので，$Q_1$ の $0 \to 0$ 変化を起こす駆動条件 $S_1 = 0$, $R_1 = *$ が図 5.19(a) の $S_1$ と同図 (b) の $R_1$ のカルノー図の対応する升目に記入されている．また，$(x_1, x_2, y_1, y_2) = (0, 1, 0, 0)$ の升目には $y_1' = 1$ が指定されており，これは $Q_1$ 出力の

## 5.4 順序回路の合成

$0 \to 1$ 変化を意味するので，その駆動条件 $S_1 = 1$, $R_1 = 0$ が $S_1$ と $R_1$ のカルノー図の対応する升目に記入されている．こうして，$S_1$ と $R_1$ のそれぞれ 16 個の升目に駆動条件を記入すると，図 5.19(a), (b) のカルノー図が完成する．この図から $S_1$ と $R_1$ の駆動論理関数が以下のように求まる．

$$S_1 = x_1 \cdot y_2 \vee x_2 \cdot \overline{y}_1 \cdot \overline{y}_2, \qquad R_1 = x_1 \cdot y_1 \vee x_2 \cdot y_1$$

表 5.4 状態割当と励起表

(a) 状態割当

|  |  | $y_1$ | $y_2$ |
|---|---|---|---|
| $q_0$ | ... | 0 | 0 |
| $q_1$ | ... | 0 | 1 |
| $q_2$ | ... | 1 | 0 |

(b) $\delta$ の励起表

| $y_1 y_2$ | $x_1 x_2$ |  |  |
|---|---|---|---|
|  | 00 | 10 | 01 |
| 00 | 00 | 01 | 10 |
| 01 | 01 | 10 | 00 |
| 10 | 10 | 00 | 00 |

(c) $\omega$ の励起表

| $y_1 y_2$ | $x_1 x_2$ |  |  |
|---|---|---|---|
|  | 00 | 10 | 01 |
| 00 | 00 | 00 | 00 |
| 01 | 00 | 00 | 10 |
| 10 | 00 | 10 | 11 |

(a) $y_1'$

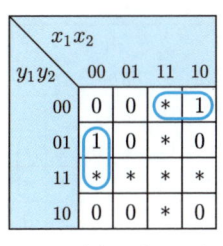

| $y_1 y_2 \backslash x_1 x_2$ | 00 | 01 | 11 | 10 |
|---|---|---|---|---|
| 00 | 0 | 1 | * | 0 |
| 01 | 0 | 0 | * | 1 |
| 11 | * | * | * | * |
| 10 | 1 | 0 | * | 0 |

(b) $y_2'$

| $y_1 y_2 \backslash x_1 x_2$ | 00 | 01 | 11 | 10 |
|---|---|---|---|---|
| 00 | 0 | 0 | * | 1 |
| 01 | 1 | 0 | * | 0 |
| 11 | * | * | * | * |
| 10 | 0 | 0 | * | 0 |

図 5.17 状態変数関数のカルノー図

(a) $z_1$

| $y_1 y_2 \backslash x_1 x_2$ | 00 | 01 | 11 | 10 |
|---|---|---|---|---|
| 00 | 0 | 0 | * | 0 |
| 01 | 0 | 1 | * | 0 |
| 11 | * | * | * | * |
| 10 | 0 | 1 | * | 1 |

(b) $z_2$

| $y_1 y_2 \backslash x_1 x_2$ | 00 | 01 | 11 | 10 |
|---|---|---|---|---|
| 00 | 0 | 0 | * | 0 |
| 01 | 0 | 0 | * | 0 |
| 11 | * | * | * | * |
| 10 | 0 | 1 | * | 0 |

図 5.18 出力関数のカルノー図

図 5.19(c), (d) に示した $S_2$ と $R_2$ のカルノー図も，図 5.17(b) に示した $y_2'$ のカルノー図から，同様な操作で求められる．その結果，$S_2$ と $R_2$ の駆動論理関数が以下のように求められる．

$$S_2 = x_1 \cdot \overline{y}_1 \cdot \overline{y}_2, \qquad R_2 = x_2 \vee x_1 \cdot y_1$$

従って，SRFF の駆動論理関数を実現する論理回路は図 5.20 のようになる．

(b) DFF を使用する場合：DFF を使用する場合には，$D$ 入力は $y'$ の状態変数関数と一致するので，駆動論理関数は図 5.17(a), (b) から以下のように求められる．

$$D_1 = x_1 \cdot y_2 \vee \overline{x}_1 \cdot \overline{x}_2 \cdot y_1 \vee x_2 \cdot \overline{y}_1 \cdot \overline{y}_2, \qquad D_2 = x_1 \cdot \overline{y}_1 \cdot \overline{y}_2 \vee \overline{x}_1 \cdot \overline{x}_2 \cdot y_2$$

従って，駆動論理関数を実現する論理回路は図 5.21 のように得られる．

図 5.19 SRFF の駆動論理関数のカルノー図

## 5.4 順序回路の合成

(c) TFF を使用する場合：$T$ を駆動する論理関数のカルノー図は，図 5.11(a) の TFF 入力駆動条件を参照しながら，図 5.17(a), (b) の状態変数関数のカルノー図から，図 5.22(a), (b) に示すような $T_1$, $T_2$ のカルノー図を作成することができる．

$$T_1 = x_1 \cdot y_2 \vee x_2 \cdot \overline{y}_2, \qquad T_2 = x_1 \cdot \overline{y}_1 \vee x_2 \cdot y_2$$

従って，駆動倫理関数を実現する論理回路は図 5.23 のように得られる．

(d) JKFF を使用する場合：SRFF を使用する場合と同様，図 5.13(a) に示した JKFF の入力駆動条件を参照しつつ，図 5.17(a) の $y_1'$ の状態変数関数から図 5.24(a), (b) に示した $J_1$ と $K_1$ に対する駆動論理関数のカルノー図が得られる．その結果，駆動論理関数は以下のようになる．

$$J_1 = x_1 \cdot y_2 \vee x_2 \cdot \overline{y}_2, \qquad K_1 = x_1 \vee x_2$$

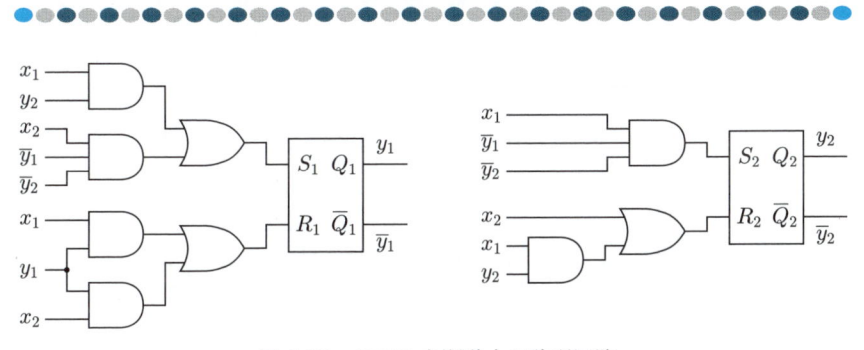

図 5.20 SRFF を駆動する論理回路

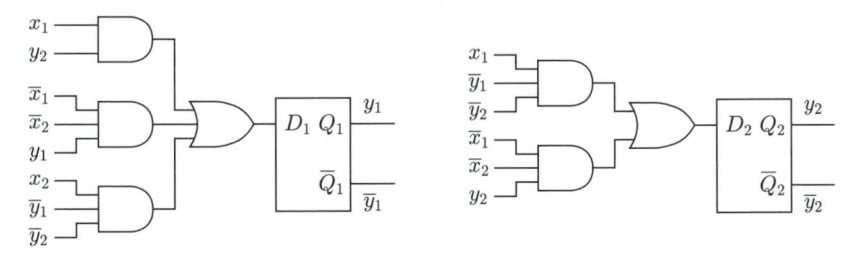

図 5.21 DFF を駆動する論理回路

同様に，図 5.17(b) に示した $y_2'$ の状態変数関数から図 5.24(c), (d) に示した $J_2$ と $K_2$ に対する駆動論理関数のカルノー図が得られる．その結果，駆動論理関数は以下のようになる．

$$J_2 = x_1 \cdot \overline{y}_1, \qquad K_2 = x_1 \vee x_2$$

従って，JKFF の駆動論理関数を実現する論理回路は図 5.25 のように得られる．SRFF と比較して駆動回路がより簡単になっていることが分かる．それは JKFF の入力駆動条件のほうが SRFF のそれより Don't Care 条件が多いことによる．

(e) 出力論理回路：p. 128 で述べたように，出力変数関数は使用するフリップフロップとは無関係に図 5.18 のカルノー図から得られるので，自動販売機の出力論理回路は図 5.26 のようになる．

| $y_1y_2 \backslash x_1x_2$ | 00 | 01 | 11 | 10 |
|---|---|---|---|---|
| 00 | 0 | 1 | * | 0 |
| 01 | 0 | 0 | * | 1 |
| 11 | * | * | * | * |
| 10 | 0 | 1 | * | 0 |

(a) $T_1$

| $y_1y_2 \backslash x_1x_2$ | 00 | 01 | 11 | 10 |
|---|---|---|---|---|
| 00 | 0 | 0 | * | 1 |
| 01 | 0 | 1 | * | 1 |
| 11 | * | * | * | * |
| 10 | 0 | 0 | * | 0 |

(b) $T_2$

図 5.22 TFF の駆動論理関数のカルノー図

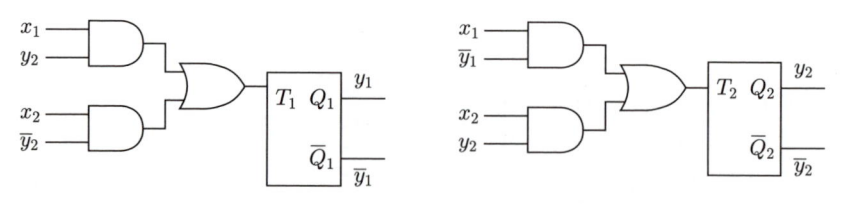

図 5.23 TFF を駆動する論理回路

5.4 順序回路の合成

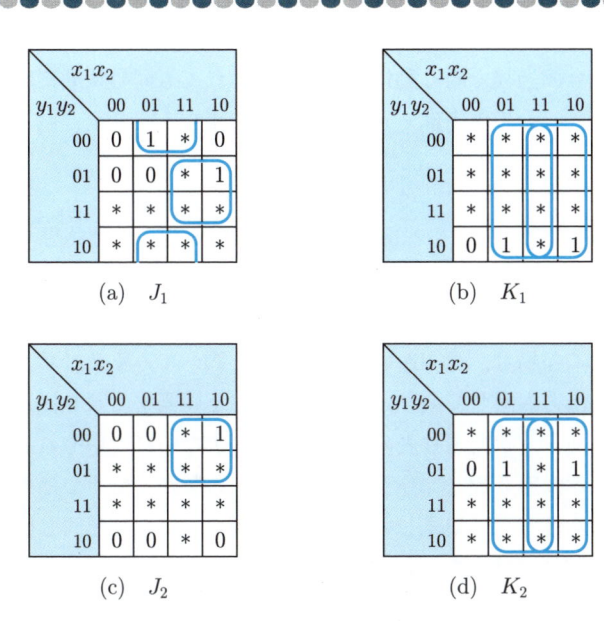

|  $x_1x_2$ | | | | |
|---|---|---|---|---|
| $y_1y_2$ | 00 | 01 | 11 | 10 |
| 00 | 0 | 1 | * | 0 |
| 01 | 0 | 0 | * | 1 |
| 11 | * | * | * | * |
| 10 | * | * | * | * |

(a) $J_1$

|  $x_1x_2$ | | | | |
|---|---|---|---|---|
| $y_1y_2$ | 00 | 01 | 11 | 10 |
| 00 | * | * | * | * |
| 01 | * | * | * | * |
| 11 | * | * | * | * |
| 10 | 0 | 1 | * | 1 |

(b) $K_1$

|  $x_1x_2$ | | | | |
|---|---|---|---|---|
| $y_1y_2$ | 00 | 01 | 11 | 10 |
| 00 | 0 | 0 | * | 1 |
| 01 | * | * | * | * |
| 11 | * | * | * | * |
| 10 | 0 | 0 | * | 0 |

(c) $J_2$

|  $x_1x_2$ | | | | |
|---|---|---|---|---|
| $y_1y_2$ | 00 | 01 | 11 | 10 |
| 00 | * | * | * | * |
| 01 | 0 | 1 | * | 1 |
| 11 | * | * | * | * |
| 10 | * | * | * | * |

(d) $K_2$

図 5.24　JKFF の駆動論理関数のカルノー図

図 5.25　JKFF を駆動する論理回路

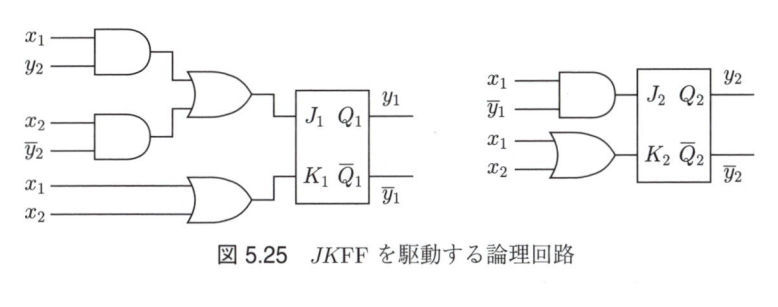

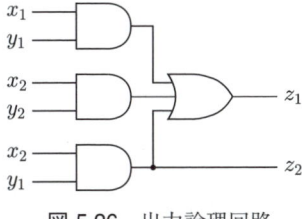

図 5.26　出力論理回路

## 5.5 順序回路の等価性

順序回路の合成過程で同じ動作記述が与えられても同じ状態遷移表が得られるとは限らない．その理由は，入力と出力を観測する限り全く区別できないが状態遷移表の上では異なる内部状態が存在し得るためである．

**例 5.5** 表 5.5 の 2 つの状態遷移表は，異なる数の内部状態を持つが，初期状態を $q_0$ としたとき，どちらも「入力信号 $x$ が現在とその直前の 2 回続けて 1 であれば出力信号 $z$ は 1 であり，それ以外は $z = 0$ である」という同じ動作をする．この場合，表 (b) の状態遷移表を調べてみると，状態 $q_1$ と $q_2$ は次の遷移先も出力も同じであり，外から入出力を観測する限り区別できないことが分かる．通常，状態遷移表の内部状態数が少ないほうがそれを実現する論理回路に要する状態変数（フリップフロップ）の数が少なくて済むので，コスト，性能，信頼性の点で望ましい．従って，表 5.5 に示した同じ動作記述を実現する 2 つの状態遷移表を比較すると表 (a) のほうが優れていると言える．□

この節では，順序回路の等価性の概念を導入し，それを用いて状態遷移表を簡単化する方法について述べる．なお，ここでは完全定義順序回路，すなわち，すべての状態 $q$ とすべての入力 $x$ の組合せに対して，状態遷移関数 $\delta(x, q)$ と出力関数 $\omega(x, q)$ が定義されていると仮定する．

**定義 5.1** 順序回路において，2 つの状態 $q_i$ と $q_j$ に同じ入力系列 $X$ を加えたときの出力系列が異なれば，$X$ は状態 $q_i$ と $q_j$ を区別するという．□

**定義 5.2** 順序回路において，2 つの状態 $q_i$ と $q_j$ を区別する入力系列が存在しないとき，$q_i$ と $q_j$ は等価であるという．□

**例 5.6** 表 5.5(b) に示した順序回路において，状態 $q_1$ と $q_2$ は等価である．□

2 つの状態が等価であるという関係は同値関係であるから，完全定義順序回路の状態集合に対して互いに等価な状態同士を同値類として 1 つのブロックとする分割が定義できる．この分割の同じブロックに属する状態はどのような入力系列に対しても互いに区別できないので，各ブロックを改めて 1 つの状

態と考えた順序回路は元の順序回路と同じ動作をする状態数最小の順序回路になる．

与えられた状態集合に対して等価性に基づく分割を求めるために，以下に述べるような $s$ 次等価の概念に基づく状態集合の細分化を行う．

**定義 5.3** 2 つの状態 $q_i$ と $q_j$ を区別する長さ $s$ または $s$ 未満の入力系列が存在しないとき，$q_i$ と $q_j$ は $s$ 次等価であるという． □

2 つの状態が $s$ 次等価であるという関係も同値関係であるから，互いに $s$ 次等価な状態同士を 1 つのブロックとする分割が定義できる．$s$ 次等価性によって定義される分割を $s$ 次分割と呼ぶことにする．

> **定理 5.1** $s$ 次分割の同一ブロックに属する 2 つの状態 $q_i$ と $q_j$ に関して，遷移先が異なるブロックに属するような入力が存在しないならば，その時に限り，$q_i$ と $q_j$ は $(s+1)$ 次等価である．すなわち，$q_i$ と $q_j$ は $(s+1)$ 次分割の同じブロックに属する．

順序回路に対して入力を何も加えなければどの状態も区別できないので，0 次分割は状態集合の全体が 1 つのブロックとなる分割である．次にどの入力（長さ 1 の入力系列）に対しても同じ出力値が定義されている状態を同じブロックにした分割が 1 次分割である．定理 5.1 によれば，$s$ 次分割から細分化された $(s+1)$ 次ブロックが求められるので，この定理を繰り返し用いること

表 5.5 同一の動作記述から得られる状態遷移表

(a)

| 状態 | 入力 $x$ | |
|---|---|---|
| | 0 | 1 |
| $q_0$ | $q_0/0$ | $q_1/0$ |
| $q_1$ | $q_0/0$ | $q_1/1$ |

(b)

| 状態 | 入力 $x$ | |
|---|---|---|
| | 0 | 1 |
| $q_0$ | $q_0/0$ | $q_1/0$ |
| $q_1$ | $q_0/0$ | $q_2/1$ |
| $q_2$ | $q_0/0$ | $q_2/1$ |

により，もはやそれ以上細分化できない分割に到達する．それが等価性に基づく分割であり，その同一ブロックに属する状態は互いに等価である．その結果，状態数最小の順序回路を得ることができる．

**例 5.7** 表 5.6 の状態遷移表で表される順序回路の状態数最小化を考える．この順序回路の $s$ 次分割を $\Pi_s$ で表すことにすると，元の状態集合は 0 次分割とみなせるので

$$\Pi_0 = \{q_0, q_1, q_2, q_3, q_4, q_5, q_6, q_7\}$$

である．次に長さ 1 の入力系列 $b$ を加えると，状態 $q_0$, $q_2$, $q_4$, $q_7$ の場合は出力が 1 であり，状態 $q_1$, $q_3$, $q_5$, $q_6$ の場合には出力が 0 である．その他の入力ではどの状態も区別できない．従って，

$$\Pi_1 = \{q_0, q_2, q_4, q_7 \mid q_1, q_3, q_5, q_6\}$$

が得られる．そこで，表 5.6 の状態遷移表を $\Pi_1$ に基づいて並べ替え，次の遷移先を状態の代わりにその状態が属するブロックで表示すると表 5.7 のようなブロック遷移表が得られる．この遷移表から，$\Pi_1$ のブロック $A\{q_0, q_2, q_4, q_7\}$ に対して入力 $c$ を加えると，$\{q_0, q_2, q_4\}$ と $\{q_7\}$ は互いに異なるブロックに遷移することが分かる．ブロック $B$ はどの入力に対しても次の遷移先は同じブロックである．従って，定理 5.1 から，

$$\Pi_2 = \{q_0, q_2, q_4 \mid q_7 \mid q_1, q_3, q_5, q_6\}$$

である．前と同様，表 5.6 の状態遷移表を $\Pi_2$ に基づいて並べ替えたブロック遷移表が表 5.8 のように得られる．ここで，ブロック $B$ は状態 $q_7$ のみからなり，これ以上細分化されないので，以後の操作の対象から外す．この遷移表から，$\Pi_2$ のブロック $A\{q_0, q_2, q_4\}$ に対して入力 $b$ を加えると，$\{q_0, q_2\}$ と $\{q_4\}$ は互いに異なるブロックへ遷移することが分かる．ブロック $C$ はどの入力に対しても次の遷移先は同じブロックである．従って，再び定理 5.1 から，

$$\Pi_3 = \{q_0, q_2 \mid q_4 \mid q_7 \mid q_1, q_3, q_5, q_6\}$$

が得られ，前と同様に，$\Pi_3$ に基づく遷移表が表 5.9 のように得られる．そこで，ブロック $D\{q_1, q_3, q_5, q_6\}$ に対して入力 $a$ を加えると，$\{q_1, q_6\}$ と $\{q_3, q_5\}$ に細分化され，上記定理から

## 5.5 順序回路の等価性

$$\Pi_4 = \{q_0, q_2 \mid q_4 \mid q_7 \mid q_1, q_6 \mid q_3, q_5\}$$

が得られ，$\Pi_4$ に基づく遷移表が表 5.10 のように得られる．この遷移表を見ると，どのブロックに対してどの入力を加えても $\Pi_4$ にこれ以上の細分化は起きないことが分かる．従って，$\Pi_4$ の同一ブロックに属する状態を互いに区別する入力系列は存在せず，定義 5.1 からこれらは等価である．すなわち，状態 $q_0$ と $q_2$，状態 $q_1$ と $q_6$，状態 $q_3$ と $q_5$ は，それぞれ，互いに等価である．それ以外の状態は等価ではない．その結果，表 5.6 と同じ動作を実現し，状態数最小の 5 状態からなる順序回路の状態遷移表が表 5.11 のように得られる． □

表 5.6 等価状態を含む状態遷移表

| 状態 | 入力 a | b | c |
|---|---|---|---|
| $q_0$ | $q_1/0$ | $q_2/1$ | $q_2/1$ |
| $q_1$ | $q_0/0$ | $q_0/0$ | $q_3/1$ |
| $q_2$ | $q_1/0$ | $q_0/1$ | $q_0/1$ |
| $q_3$ | $q_4/0$ | $q_2/0$ | $q_1/1$ |
| $q_4$ | $q_6/0$ | $q_7/1$ | $q_4/1$ |
| $q_5$ | $q_4/0$ | $q_0/0$ | $q_6/1$ |
| $q_6$ | $q_2/0$ | $q_2/0$ | $q_5/1$ |
| $q_7$ | $q_5/0$ | $q_7/1$ | $q_5/1$ |

表 5.7 $\Pi_1$ に基づく状態遷移表

| ブロック | 状態 | 入力 a | b | c |
|---|---|---|---|---|
| A | $q_0$ | B | A | A |
| A | $q_2$ | B | A | A |
| A | $q_4$ | B | A | A |
| A | $q_7$ | B | A | B |
| B | $q_1$ | A | A | B |
| B | $q_3$ | A | A | B |
| B | $q_5$ | A | A | B |
| B | $q_6$ | A | A | B |

表 5.8 $\Pi_2$ に基づく状態遷移表

| ブロック | 状態 | 入力 a | b | c |
|---|---|---|---|---|
| A | $q_0$ | C | A | A |
| A | $q_2$ | C | A | A |
| A | $q_4$ | C | B | A |
| B | $q_7$ | - | - | - |
| C | $q_1$ | A | A | C |
| C | $q_3$ | A | A | C |
| C | $q_5$ | A | A | C |
| C | $q_6$ | A | A | C |

表 5.9 $\Pi_3$ に基づく状態遷移表

| ブロック | 状態 | 入力 a | b | c |
|---|---|---|---|---|
| A | $q_0$ | D | A | A |
| A | $q_2$ | D | A | A |
| B | $q_4$ | - | - | - |
| C | $q_7$ | - | - | - |
| D | $q_1$ | A | A | D |
| D | $q_3$ | B | A | D |
| D | $q_5$ | B | A | D |
| D | $q_6$ | A | A | D |

このように，$s$ 次等価性に基づいて状態集合の細分化を繰り返し，それ以上の細分化が進まなくなったら同じブロックに属する 2 つの状態は互いに等価である．逆に，$s$ 次分割の異なるブロックに属する状態は互いに非等価であり，長さ $s$ 以下の入力系列によってそれらは区別できるはずである．例 5.7 で述べた細分化プロセスを逆にたどると，互いに非等価な 2 つの状態を識別する入力系列を見いだすことができる．

**例 5.8** 表 5.6 に示した状態遷移表における状態 $q_1$ と状態 $q_3$ は分割 $\Pi_4$ の異なるブロックに属するので互いに非等価であり，この 2 つを識別する長さ 4 以下の入力系列が存在する．実際，そのような入力系列は以下のようにして求めることができる．

状態 $q_1$ と状態 $q_3$ は $\Pi_4$ で異なるブロックに属するが，$\Pi_3$ では同じブロックに属するので，長さ 3 以下の系列では識別できず，長さ 4 の系列で識別できる．

まず，表 5.9 の $\Pi_3$ に基づく遷移表から，$q_1$ と $q_3$ は入力 $a$ のもとでそれぞれ $\Pi_3$ の異なるブロックへ遷移することが分かる．具体的には，表 5.6 の状態遷移表から，入力 $a$ を与えると $q_1$ と $q_3$ はそれぞれ $q_0$ と $q_4$ へ遷移することが分かる．状態 $q_0$ と $q_4$ は $\Pi_3$ の異なるブロックに属するので長さ 3 の系列で識別できるはずである．

次に表 5.8 に示した $\Pi_2$ に基づく遷移表から，$q_0$ と $q_4$ は入力 $b$ のもとでそれぞれ $\Pi_2$ の異なるブロックへ遷移する．具体的には，表 5.6 の状態遷移表から，入力 $b$ を与えると $q_0$ と $q_4$ はそれぞれ $q_2$ と $q_7$ へ遷移する．状態 $q_2$ と $q_7$ は $\Pi_2$ の異なるブロックに属するので長さ 2 の系列で識別できるはずである．

同様に，表 5.7 に示した $\Pi_1$ に基づく遷移表から，$q_2$ と $q_7$ は入力 $c$ のもとで $\Pi_1$ の異なるブロックへ遷移する．具体的には，表 5.6 の状態遷移表から，入力 $c$ を与えると $q_2$ と $q_7$ はそれぞれ $q_0$ と $q_5$ へ遷移する．$q_0$ と $q_5$ は $\Pi_1$ の異なるブロックに属するので長さ 1 の系列で識別できるはずである．

実際，表 5.6 の状態遷移表から $\omega(b, q_0) = 1$ かつ $\omega(b, q_5) = 0$ であるから，$q_0$ と $q_5$ は入力 $b$ を与えれば識別できる．

結局，図 5.27 に示すように，状態 $q_1$ に対して入力系列 $a, b, c, b$ を与えたときに観測される出力系列は 0,1,1,1 であり，状態 $q_3$ に対して同じ入力系列を与

## 5.5 順序回路の等価性

えたときに観測される出力系列は 0,1,1,0 となる．すなわち，状態 $q_1$ と $q_3$ を識別する入力系列は $a,b,c,b$ である． □

5.5 節の初めに述べたように，本節で述べた等価性の概念は完全定義順序回路に対してだけ成立する．不完全定義順序回路に対しては等価性に相当する概念として**両立性** (compatibility) の概念がある．不完全定義順序回路では，2 つの状態 $a$ と $b$ に同じ入力系列を加えた結果得られる出力が定義されていてしかも異なる場合には $a$ と $b$ を区別できる．そのような入力系列が全く存在しないならば，両者は区別できないので互いに**両立的** (compatible) であるという．

**補足** 両立性の概念に基づいて不完全定義順序回路の状態数を減少させるアルゴリズムは研究されているが，等価性とは異なって両立性では推移律が成立しないため複雑であり，実用的にもほとんど使われないので，本書では触れない．

---

表 5.10 $\Pi_4$ に基づく状態遷移表

| ブロック | 状態 | 入力 a | b | c |
|---|---|---|---|---|
| A | $q_0$ | D | A | A |
|   | $q_2$ | D | A | A |
| B | $q_4$ | - | - | - |
| C | $q_7$ | - | - | - |
| D | $q_1$ | A | A | E |
|   | $q_6$ | A | A | E |
| E | $q_3$ | B | A | D |
|   | $q_5$ | B | A | D |

表 5.11 状態数を最小化された状態遷移表

| ブロック | 入力 a | b | c |
|---|---|---|---|
| $A(q_0,q_2)$ | D/0 | A/1 | A/1 |
| $B(q_4)$ | D/0 | C/1 | B/1 |
| $C(q_7)$ | E/0 | C/1 | E/1 |
| $D(q_1,q_6)$ | A/0 | A/0 | E/1 |
| $E(q_3,q_5)$ | B/0 | A/0 | D/1 |

$$q_1 \xrightarrow[0]{a} q_0 \xrightarrow[1]{b} q_2 \xrightarrow[1]{c} q_0 \xrightarrow[1]{b}$$

$$q_3 \xrightarrow[0]{a} q_4 \xrightarrow[1]{b} q_7 \xrightarrow[1]{c} q_5 \xrightarrow[0]{b}$$

図 5.27 状態 $q_1$ と $q_3$ を識別する入力系列と出力系列

## 演習問題

**5.1** 3回以上連続して1が入力されたときのみ1を出力し、それ以外のときは0を出力する1入力1出力順序回路の状態遷移図をムーア型とミーリー型のそれぞれについて示せ．

**5.2** ムーア型順序回路の内部状態数はミーリー型順序回路の場合よりも多くなる理由を説明せよ．

**5.3** 2つの入力信号 $a$, $b$ と1つの出力信号 $c$ を持ち，$a = b = 0$ ならば $c = 0$ を，$a = b = 1$ ならば $c = 1$ をそれぞれ出力し，$a \neq b$ ならば $c$ がそれまで出力していた値を保持する順序回路の状態遷移図と状態遷移表を示せ．

**5.4** JKFFを用いる場合の駆動論理関数はSRFFの場合より簡単になる理由を説明せよ．

**5.5** 入力 $T$, クロック入力，出力 $Q$, 出力 $\overline{Q}$ を持つTFFから，必要ならAND, OR, NOT素子を用いてJKFFを実現せよ．

**5.6** 入力信号 $x$ と出力信号 $z$ を持つ同期式3進（入力が3回1になるたびに出力が1回1になる）カウンタをDFFを用いて設計せよ．但し，入力 $x$ はクロックに同期しているものとする．

**5.7** 入力信号 $x$ と出力信号 $z$ を持つ同期式5進（入力が5回1になるたびに出力が1回1になる）カウンタをJKFFを用いて設計せよ．但し，入力 $x$ はクロックに同期しているものとする．

**5.8** 図5.15(d)に示したマスタースレーブ型JKFFの動作をムーア型状態遷移図で表せ．また，入力変化のタイミングと出力変化のタイミングが切り離されるため出力変化のフィードバックによる誤動作を防ぐことができることを，タイミングチャートを用いて説明せよ．

**5.9** 図5.16に示したエッジトリガー型DFFでは，クロックの立ち上がりで状態遷移が完了し，その結果の出力変化が入力側にフィードバックしてもすでに完了した状態遷移に影響はないことを，タイミングチャートを用いて説明せよ．

**5.10** 表5.12の状態遷移表で表される順序回路の状態数を，等価性の概念を用いて最小化せよ．

表5.12 状態遷移表

| 状態 | 入力 0 | 入力 1 |
|---|---|---|
| $q_0$ | $q_3/0$ | $q_1/0$ |
| $q_1$ | $q_4/0$ | $q_2/1$ |
| $q_2$ | $q_4/0$ | $q_3/1$ |
| $q_3$ | $q_0/0$ | $q_4/0$ |
| $q_4$ | $q_2/0$ | $q_3/1$ |

# 第6章
# 演算回路

　コンピュータ上で扱われる 2 値データ表現として特に重要な補数表示，10 進表示，浮動小数点表示と，それらに対する基本演算である加減算，乗除算のアルゴリズムとそのハードウェア構成を学び，情報システムにおける計算の基本原理を理解する．

## 6.1 データ表現

### 6.1.1 データの符号化

コンピュータが扱うデータには，コンピュータ内部の演算に用いられる数値データと，外部との通信や入出力に用いられる文字や記号などの非数値データがある．

**数値データ** 我々の日常生活では **10 進法** (decimal) が用いられるが，コンピュータでは，**2 進法** (binary)，**8 進法** (octal)，**16 進法** (hexadecimal) などが用いられる．表 6.1 に 2 進法 4 ビットに対応する 8 進法，10 進法，16 進法の表現を示す．本章の主題であるコンピュータの演算回路は 2 進法で実現される．2 進法表現を 3 ビットずつ区切ると $2^3 = 8$ であるから 8 進法表現になり，4 ビットずつ区切ると $2^4 = 16$ であるから 16 進法の表現になる．なお，16 進法の場合，10 進法で 0 から 15 までに相当する 16 種類の数字が 1 桁の表現に必要なので，0 から 9 までのアラビア数字に加えて 10 から 15 に相当する数をアルファベットの A，B，C，D，E，F で表すことが習慣になっている．

**例 6.1**
$$365_{(10)} = 101101101_{(2)} = 555_{(8)} = 16\mathrm{D}_{(16)} \qquad \square$$

一般に，$r$ 進法で表現された小数点付きの $(n+m)$ 桁の数

$$(d_{n-1}d_{n-2}\cdots d_1 d_0 . d_{-1}d_{-2}\cdots d_{-m})$$

の大きさを $N$ で表すと，$N$ は

$$N = d_{n-1}r^{n-1} + d_{n-2}r^{n-2} + \cdots + d_1 r^1 + d_0 r^0 + d_{-1}r^{-1} + d_{-2}r^2 + \cdots + d_{-m}r^{-m} \quad (6.1)$$

で与えられる．ここで，$r$ は基数 (radix) と呼ばれる．$d_i$ は第 $i$ 桁の数を表し，

$$0 \leqq d_i < r \quad (i = -m, -(m-1), \ldots, -2, -1, 0, 1, 2, \ldots, (n-1))$$

である．

**注** 基数の異なる数を区別する必要がある場合に，数の右端に基数 ($r$) を明示することがある．上述の例では，$365_{(10)} = 101101101_{(2)} = 555_{(8)} = 16\mathrm{D}_{(16)}$．

## 6.1 データ表現

**例 6.2**

$$3 \times 10^2 + 6 \times 10 + 5 = 5 \times 8^2 + 5 \times 8 + 5 = 1 \times 16^2 + 6 \times 16 + 13 \qquad \square$$

$r$ 進表現から $s$ 進表現へ変換する方法は，基数 $r$ と $s$ の大小関係によって異なる．

- $r < s$ の場合：$r$ 進法に基づく式 (6.1) は $s$ 進法にも従うので，計算した $N$ をそのまま $s$ 進法で表現すればよい．

**例 6.3** 2 進数 10110.1101 を 10 進数へ変換すると

$$\begin{aligned}
10110.1101_{(2)} &= 2^4 + 2^2 + 2^1 + 2^{-1} + 2^{-2} + 2^{-4} \\
&= 16 + 4 + 2 + 0.5 + 0.25 + 0.0625 \\
&= 22.8125_{(10)}
\end{aligned}$$

$\square$

表 6.1　2 進数，8 進数，10 進数，16 進数

| 2 進数 | 8 進数 | 10 進数 | 16 進数 |
|---|---|---|---|
| 0000 | 0 | 0 | 0 |
| 0001 | 1 | 1 | 1 |
| 0010 | 2 | 2 | 2 |
| 0011 | 3 | 3 | 3 |
| 0100 | 4 | 4 | 4 |
| 0101 | 5 | 5 | 5 |
| 0110 | 6 | 6 | 6 |
| 0111 | 7 | 7 | 7 |
| 1000 | 10 | 8 | 8 |
| 1001 | 11 | 9 | 9 |
| 1010 | 12 | 10 | A |
| 1011 | 13 | 11 | B |
| 1100 | 14 | 12 | C |
| 1101 | 15 | 13 | D |
| 1110 | 16 | 14 | E |
| 1111 | 17 | 15 | F |

- $r > s$ の場合: $r$ 進数で表現された $N$ が $s$ 進数で $(d_{n-1}d_{n-2}\cdots d_1 d_0.d_{-1}d_{-2}\cdots d_{-m})$ と表現され，その整数部分が $N_w$, 小数部分が $N_f$ であるとすると，

$$N = N_w + N_f$$
$$N_w = d_{n-1}s^{n-1} + d_{n-2}s^{n-2} + \cdots + d_1 s + d_0$$
$$= s \times (d_{n-1}s^{n-2} + d_{n-2}s^{n-3} + \cdots + d_2 s + d_1) + d_0$$
$$N_f = d_{-1}s^{-1} + d_{-2}s^{-2} + \cdots + d_{-m}s^{-m}$$
$$= (d_{-1} + d_{-2}s^{-1} + \cdots + d_{-m}s^{-(m-1)}) \div s$$

と書ける．従って，整数部分 $(d_{n-1}d_{n-2}\cdots d_1 d_0)$ と小数部分 $(d_{-1}d_{-2}\cdots d_{-m})$ はそれぞれ以下のようにして求められる．

- 整数部分: まず，$N_w$ を $s$ で割ると余りが $d_0$ になる．その商を $N_{w_1}$ とすると，

$$N_{w_1} = d_{n-1}s^{n-2} + d_{n-2}s^{n-3} + \cdots + d_2 s + d_1$$
$$= s \times (d_n s^{n-2} + d_{n-1}s^{n-3} + \cdots + d_3 s + d_2) + d_1$$

と書けるので，次に $N_{w_1}$ を $s$ で割ると余りが $d_1$ になる．以下同様に，$s$ で割った商をさらに $s$ で割っていくと，$k+1$ 回目に $s$ で割った余りとして $d_k$ が得られる．商が 0 になれば，そのときの余りを $d_n$ として終了する．

- 小数部分: まず，$N_f$ に $s$ を乗じるとその積の整数部分が $d_{-1}$ になる．その積の小数部分を $N_{f_1}$ とすると，

$$N_{f_1} = d_{-2}s^{-1} + d_{-3}s^{-2} + \cdots + d_{-m}s^{-(m-1)}$$
$$= (d_{-2} + d_{-3}s^{-1} + \cdots + d_{-m}s^{-(m-2)}) \div s$$

と書けるので，次に $N_{f_1}$ に $s$ を乗じるとその積の整数部分が $d_{-2}$ になる．以下同様に，$s$ を乗じた積の小数部分にさらに $s$ を乗じていくと，$k$ 回目に $s$ を乗じた積の整数部分として $d_{-k}$ が得られる．積の小数部分が 0 になれば終了する．

**例 6.4** 10 進数 22.8125 を 2 進数へ変換する．まず整数部分に関して

$$22 \div 2 = 11 \text{ 余り } 0$$

6.1 データ表現   145

$$11 \div 2 = 5 \text{ 余り } 1$$
$$5 \div 2 = 2 \text{ 余り } 1$$
$$2 \div 2 = 1 \text{ 余り } 0$$
$$1 \div 2 = 0 \text{ 余り } 1$$

であるから整数部分は 10110 である．次に小数部分に関して

$$0.8125 \times 2 = 1.625$$
$$0.625 \times 2 = 1.25$$
$$0.25 \times 2 = 0.5$$
$$0.5 \times 2 = 1.0$$

であるから小数部分は 0.1101 である．以上から，10 進数 22.8125 は 2 進表現 10110.1101 に変換される． □

**非数値データ** 通信や入出力に用いられる非数値データには，数字，アルファベット，記号，制御情報のほかに世界各国語で使用される多様な文字（日本語ではひらがな，カタカナ，漢字など）があり，それらを 2 値データとして表現する**文字符号** (character code) の体系が，歴史的な変遷をたどりながら，用途に応じて，国際的な標準化機構などで定められている．

**ASCII**(American Standard Code for Information Interchange) は 1960 年代初めに制定された主として英語で使用する文字と記号を規定した 7 ビット符号であり，後に ISO 標準の ISO/IEC646 符号になった．今日世界で使用されている様々な符号化方式の基本になっている．ISO8859 符号はヨーロッパの言語で使用される文字を規定するために 7 ビットの ASCII を 8 ビットに拡張して 128 種の文字を追加したもので，ヨーロッパの地域に応じて 128 種の文字の選び方が異なる 8859-1 から 8859-10 までの 10 種の規格がある．JISX0208 符号は日本語のひらがな，カタカナ，漢字，英数字，記号などを含む 7 ビット 2 バイトまたは 8 ビット 2 バイトの符号化文字集合を規定する日本工業規格である．Unicode は世界各国の言語を単一の文字符号で表現するために 1980 年代に Xerox が提唱し，Microsoft, Apple, Sun Microsystems, HP などが参加するコンソーシアムによって，当初 16 ビット符号として開発されたが，後に 32 ビット符号の共存する可変長符号になっている．

## 6.1.2 負数の表現

コンピュータの演算回路で扱うデータは正数と負数の両方を表現できなければならない．

**符号付き絶対値表現** 正負を示す符号と絶対値を示すデータで構成される表現である．通常，正符号は 0，負符号は 1 で表される．$n$ ビットの 2 進データは $-(2^{n-1} - 1)$ から $+(2^{n-1} - 1)$ までの範囲の整数を表す．ゼロの表現として $+0$ と $-0$ の 2 通りがある．符号付き絶対値表現の加算には，符号と絶対値の大きさを比較判定してから加算・減算を選択して実行し，その結果に適切な符号を付与するという操作が必要であり，論理回路の設計が複雑になる．

**例 6.5** 8 ビットデータの場合，下位 7 ビットで絶対値を表す．

$$01001011_{(2)} = +75_{(10)}$$
$$11001011_{(2)} = -75_{(10)}$$
$$00000000_{(2)} = +0_{(10)}$$
$$10000000_{(2)} = -0_{(10)}$$

**補数表現** 2 進 $n$ ビットのデータ $N$ の **補数表現** (complement representation) として，「**1 の補数** (one's complement)」表現と「**2 の補数** (two's complement)」表現がある．いずれの場合も最上位は符号ビットを表し，0 ならば正，1 ならば負である．扱うデータは整数，すなわち，小数点は $n$ ビットデータの右端に固定されているものとする．この補数表現では，演算や操作の結果が $n$ ビットを越える場合，$n$ ビットを越えた部分は単純に無視する．

- 「1 の補数」表現：$(2^n - 1) - N$ として定義される．$2^n - 1$ はすべてのビットが 1 である $n$ ビットデータであるから，$2^n - 1$ から $N$ を引くということは，各ビットごとに補数をとる（ビット毎に反転させる）ことに他ならない．

**例 6.6** 8 ビットデータの場合，$2^8 - 1 = 11111111$ であるから，

$$75_{(10)} = 01001011_{(2)} \text{ の「 1 の補数」は } 10110100_{(2)} = -75_{(10)}$$
$$0_{(10)} = 00000000_{(2)} \text{ の「 1 の補数」は } 11111111_{(2)} = 0_{(10)}$$

ゼロの補数はゼロのはずであるが，この例から分かるように，「1 の補数」表現では，00000000（+0）の補数は 11111111（−0）になり，ゼロとして 2 通りの表現が存在する．

- 「2 の補数」表現：$2^n - N$ として定義される．$2^n = (2^n - 1) + 1$ であることに着目すれば，$2^n - N = \{(2^n - 1) - N\} + 1$ と書き直すことができるので，具体的に $2^n - N$ を求めるには，「1 の補数」表現を求め，その結果に 1 を加えればよいことが分かる．

**例 6.7**

$75_{(10)} = 01001011_{(2)}$ の「2 の補数」は $10110100_{(2)} + 1 = 10110101_{(2)} = -75_{(10)}$
$0_{(10)} = 00000000_{(2)}$ の「2 の補数」は $11111111_{(2)} + 1 = 100000000_{(2)} = 0_{(10)}$
（8 ビットを越えて発生した最左端の 1 は無視される） □

$n$ ビットの「2 の補数」表現を $(d_{n-1}d_{n-2}\cdots d_1 d_0)$ とすると，$d_{n-1} = 1$ の場合には負数であるから $2^n - N$ の結果であり正しい値より $2^n$ だけ大きいことになる．一方，$d_{n-1} = 0$ の場合には正数であるからそのまま正しい値を表している．従って，

$$(d_{n-1}d_{n-2}\cdots d_1 d_0) = (d_{n-1} \times 2^{n-1} + d_{n-2} \times 2^{n-2} + \cdots + d_1 \times 2^1 + d_0) - d_{n-1} \times 2^n$$
$$= -d_{n-1} \times 2^{n-1} + d_{n-2} \times 2^{n-2} + \cdots + d_1 \times 2^1 + d_0$$

と書くことができる．

**例 6.8**

$01001011_{(2)} = 2^6 + 2^3 + 2^1 + 2^0 = 64 + 8 + 2 + 1 = +75$
$10110101_{(2)} = -2^7 + 2^5 + 2^4 + 2^2 + 2^0 = -128 + 32 + 16 + 4 + 1 = -75$ □

補数表示の $n$ ビットデータを，例えば倍長の $2n$ ビットデータへ拡張する場合，符号ビット（正なら 0，負なら 1）の値で上位 $n$ ビットを埋める．これを **符号拡張** (sign extention) と呼ぶ．

**例 6.9** +75 と −75 をそれぞれ 16 ビットデータとして表す場合．

$+75 = 0000000001001011_{(2)}$　　$-75 = 1111111110110101_{(2)}$ □

**バイアス表現** $n$ ビットデータ $N(0 \leq N \leq 2^n - 1)$ によって，符号付き整数 $N - B$ を表す方法は**バイアス表現** (biased notation) と呼ばれる．$B$ はバイアス (bias) と呼ばれる．

**例 6.10** $B = 2^{n-1}$ の場合，$-2^{n-1}$ から $+2^{n-1} - 1$ までの範囲の整数 $X$ が $n$ ビットデータ $X + 2^{n-1}$ によって表される．すなわち，この場合，最小数 $-2^{n-1}$ は $(000\cdots 0)$ で，最大数 $+2^{n-1} - 1$ は $(111\cdots 1)$ で，$0$ は $(100\cdots 0)$ で表される．このバイアス表現 ($B = 2^{n-1}$) は $n$ ビットデータの「2 の補数」表現が表す数の範囲と全く同じである．実際，表 6.2 に例示されるように，$B = 2^2$ とするバイアス表現と「2 の補数」表現とは最上位の符号ビットを除けば全く一致することが分かる． □

### 6.1.3 浮動小数点表示

コンピュータで扱うことのできる限られた長さの語長で非常に大きな値から非常に小さな値まで広い範囲の実数を表現するデータ表示方法であり，科学計算分野における数値計算で多く用いられる．

浮動小数点表示では，基数 $r$ を 2, 10, 16 などと定めた上で，実数 $N$ を

$$N = (-1)^s \times m \times r^e$$

の形式で表現することを前提にデータ $(s, m, e)$ で表示する．ここで，$s$ は符号 (1 ビット)，$m$ は**仮数** (mantissa) で通常は符号なしの整数，$e$ は**指数** (exponent) で符号付き整数である．

- 仮数部の表現：通常，正規化表現，$1.xxxxxxx \times 2^{yyyy}$ が用いられ，$m = xxxxxxx$ は符号なしの整数である．
- 指数部の表現：符号付き絶対値表示またはバイアス表現が用いられる．通常はソート操作容易化のためバイアス表現が多い．

**例 6.11** 広く採用されている浮動小数点数演算標準規格である IEEE754 では，以下のように定められている．

単精度 (32 ビット)： $s : 1$ ビット， $e : 8$ ビット， $m : 23$ ビット
倍精度 (64 ビット)： $s : 1$ ビット， $e : 11$ ビット， $m : 52$ ビット

ここで，各部は以下のように定められている．

- 符号 $s$：0 ならば正，1 ならば負である．最上位ビットとすることで固定小数点表示と共通になる利点がある．
- 指数 $e$：基数は 2 とし，単精度では $127(=2^7-1)$，倍精度では $1023(=2^{10}-1)$ をバイアスとするバイアス表現である．バイアス表現の指数部を仮数部より前に置くことで大小比較が固定小数点表示と共通になる利点がある．単精度の場合，表現できる値の範囲は $2.0\times 10^{-38}$ から $2.0\times 10^{38}$ までである．
- 仮数 $m$：1 より小さい 2 進小数である．ただし，実際の仮数部は下記のように整数部に 1 を持つ．

この規定のもとで，IEEE754 で表現する値 $N$ は，

単精度の場合： $N=(-1)^s\times(1+m)\times 2^{e-127}$  $(0<e<255)$
倍精度の場合： $N=(-1)^s\times(1+m)\times 2^{e-1023}$  $(0<e<2047)$

と定められている．ただし，$e=m=0$ のときは $N=0$ である．

**例 6.12** IEEE754 単精度形式の 32 ビットデータ

1 10000001 01000000000000000000000

は，$s=1$，$e=10000001_{(2)}=129_{(10)}$，$m=0.01_{(2)}=0.25_{(10)}$ を表している．従って，

$$N=(-1)^s\times(1+m)\times 2^{e-127}=(-1)\times 1.25\times 2^2=-5$$

である．

表 6.2 「2 の補数」表現とバイアス ($2^2$) 表現

| 「2 の補数」表現 | 3 ビットデータ | バイアス ($2^2$) 表現 |
|---|---|---|
| 0 | 000 | $-4$ |
| 1 | 001 | $-3$ |
| 2 | 010 | $-2$ |
| 3 | 011 | $-1$ |
| $-4$ | 100 | 0 |
| $-3$ | 101 | 1 |
| $-2$ | 110 | 2 |
| $-1$ | 111 | 3 |

### 6.1.4 10進数表示

演算回路で直接10進数を扱う場合には，0から9までの10進数1桁を2進数4ビットで表現する．表6.3に代表的な2つの10進数表示を示す．

**BCD符号**　BCD(Binary Coded Decimal) 符号は，2進表示の0から9までの数をそのまま10進数の0から9に対応させたものである．負数の表現には「9の補数」または「10の補数」表現を用いる．2進数表示での符号ビットでは正を0，負を1で表したが，それと同じ考え方で，BCD符号による10進数表示では，正符号を0000で，負符号を1001で表す．BCD符号表示による加算では，後で述べるようにキャリー発生に伴って「+6補正」が必要になる（6.2.3項のBCD加算の項参照）．

**3増し符号**　3増し符号 (excess-3 code) は，BCD加算における「+6補正」を改善するために，10進数1桁 $D$ を $D+3$ で表示する方法である．その結果，符号桁に関しても，負符号は 1100($=1001+0011$)，正符号は 0011($=0000+0011$) で表す．後で述べるように，3増し符号による加算では，キャリーが生じた桁では +3 補正 (+0011) を行ない，キャリー生じない桁では $-3$ 補正 (+1101) を行う必要がある（6.2.3項の3増し符号加算の項参照）．

表6.3　BCD符号，3増し符号による10進数表示

| 10進数 | BCD符号 | 3増し符号 |
|---|---|---|
| 0 | 0000 | 0011 |
| 1 | 0001 | 0100 |
| 2 | 0010 | 0101 |
| 3 | 0011 | 0110 |
| 4 | 0100 | 0111 |
| 5 | 0101 | 1000 |
| 6 | 0110 | 1001 |
| 7 | 0111 | 1010 |
| 8 | 1000 | 1011 |
| 9 | 1001 | 1100 |

## 6.2 整数加算

### 6.2.1 補数を用いた加算

一般に，$n$ ビットレジスタで表現可能な数より大きな最小数を $M$ としたとき，数 $A$ の補数は $M-A$ として定義される．特に，$M=2^n-1$ ならば「1 の補数」であり，$M=2^n$ ならば「2 の補数」になる．

補数を用いた加算では，$0 \leq A < M$ なる任意の数 $A$ に関して，正数 $(+A)$ は $A$，負数 $(-A)$ は $M-A$ と表示する．そうすると，2 つの数 $A$ と $B$ の間の加算と減算は，$0 \leq A$，$0 \leq B$，$A+B < M$ とすると，正数と負数の組合せで次の 4 通りの加算で実行される．

(1) 正数 + 正数の場合：$A+B$
結果の $A+B$ はそのまま 2 つの数の和を正しく表している．
(2) 負数 + 負数の場合：$(M-A)+(M-B) = M + \{M-(A+B)\}$
右辺の第 1 項の $M$ を無視すると，残りの $M-(A+B)$ は正しい結果を表している．これは $A+B$ の補数表示であり，結果が負数であることを示す．
(3) 異符号 $(A > B)$ の場合：$A+(M-B) = M+(A-B)$
右辺の第 1 項の $M$ を無視すると残りの $A-B$ は正しい結果を表し，これは正数である．
(4) 異符号 $(B > A)$ の場合：$A+(M-B) = M-(B-A)$
右辺の $M-(B-A)$ は正しい結果 $B-A$ の補数表示であり，これは負数である．

上記 4 つの場合で，(1) と (4) は正しい演算結果がそのままレジスタ上に残る．一方，(2) と (3) の場合，正しい結果より $M$ だけ大きな値が得られるので，$M$ を差し引けば正しい結果になる．これが「$M$ を無視する」という意味である．実際のハードウェアでは，$n$ ビットレジスタの最上位から桁上がりが生じて値 $2^n$ が消失することになるが，「2 の補数」加算の場合には $M = 2^n$ なので，ちょうど $M$ を差し引いたことに相当する．この最上位からの $2^n$ の桁上がりを**エンドキャリー** (end carry) と呼ぶ．一方，「1 の補数」加算の場合には $M = 2^n - 1$ なので，本来 $2^n - 1$ を差し引くべきところハードウェアとして

は $2^n$ が消失してしまう．そこで，それを補うために最上位から桁上げが発生したら最下位に 1 を加算する．これを**エンドアラウンドキャリー** (end around carry) と呼ぶ．

**例 6.13** 8 ビットレジスタ上で 2 つの 10 進数 75 と 50 に対する上記 4 通りの演算の様子を示す．

- 「2 の補数」加算

$$+75_{(10)} = 01001011_{(2)}, \quad -75_{(10)} = 10110101_{(2)},$$
$$+50_{(10)} = 00110010_{(2)}, \quad -50_{(10)} = 11001110_{(2)}$$

(1) $75 + 50 = 125$,
$$\begin{array}{r} 01001011 \\ +\ 00110010 \\ \hline 01111101 \end{array}$$

(2) $(-75) + (-50) = -125$,
$$\begin{array}{r} 10110101 \\ +\ 11001110 \\ \hline 10000011 \end{array}$$
end carry

(3) $75 + (-50) = 25$,
$$\begin{array}{r} 01001011 \\ +\ 11001110 \\ \hline 00011001 \end{array}$$
end carry

(4) $50 + (-75) = -25$,
$$\begin{array}{r} 00110010 \\ +\ 10110101 \\ \hline 11100111 \end{array}$$

- 「1 の補数」加算

$$+75_{(10)} = 01001011_{(2)}, \quad -75_{(10)} = 10110100_{(2)},$$
$$+50_{(10)} = 00110010_{(2)}, \quad -50_{(10)} = 11001101_{(2)}$$

$$(1) \quad 75+50=125, \qquad \begin{array}{r} 01001011 \\ +\ 00110010 \\ \hline 01111101 \end{array}$$

$$(2) \quad (-75)+(-50)=-125, \qquad \begin{array}{r} 10110100 \\ +\ 11001101 \\ \hline 10000001 \\ \text{end around carry } +1 \\ 10000010 \end{array}$$

$$(3) \quad 75+(-50)=25, \qquad \begin{array}{r} 01001011 \\ +\ 11001101 \\ \hline 00011000 \\ \text{end around carry } +1 \\ 11011001 \end{array}$$

$$(4) \quad 50+(-75)=-25, \qquad \begin{array}{r} 00110010 \\ +\ \ 10110100 \\ \hline 111001110 \end{array}$$

□

$n$ ビットレジスタ上で補数加算を実行する場合，通常，最上位は符号ビットとして用いられるため，データは残りの $n-1$ ビットに収容できる大きさでなければならない．上記 4 通りの加算の内，(1) と (2) の場合には，加算結果 $A+B$ は $2^{n-1}$ より小さくなければならない．そうでないと，加算結果の最上位の桁上がりが符号ビットに影響を及ぼすため，正しい演算結果は得られない．この現象を**オーバーフロー** (overflow) と呼ぶ．

正常な加算であれば，(1) の場合「正 + 正」であり，結果の符号ビットは $0+0=0$ となってやはり正である．また，(2) の場合には「負 + 負」であり，結果の符号ビットは $1+1=0$ となるが，オーバーフローがなければ必ず結果のデータ最上位から桁上げが発生するため，符号ビットは結局 1 に反転し負であることを示す．オーバーフローが起きるのは，(1) の場合にデータ最上位から桁上げが生じるか，または (2) の場合にデータ最上位から桁上げが生じない場合である．

従って，$n$ ビットデータの補数加算において，第 $n$ ビット目（符号ビット）からの桁上がりを $C_n$，第 $(n-1)$ ビット目（データビットの最上位）からの桁上がりを $C_{n-1}$ で表すと，オーバーフローが生じる条件は

$$C_n \oplus C_{n-1} = 1$$

が成り立つことである．

なお，(3) と (4) の場合には，互いに異符号同士の加算であるからオーバーフローは生じない．

**例 6.14** 8 ビットレジスタ上で 10 進数 75 と 60 に対して次の「2 の補数」加算を行う．

$$+75_{(10)} = 01001011_{(2)}, \quad -75_{(10)} = 10110101_{(2)},$$
$$+60_{(10)} = 00111100_{(2)}, \quad -60_{(10)} = 11000100_{(2)}$$

(1)  $75 + 60 = 135$, $\quad\begin{array}{r} 01001011 \\ +\ 00111100 \\ \hline 10000111 \end{array}$

(2)  $(-75) + (-50) = -135$, $\quad\begin{array}{r} 10110101 \\ +\ 11000100 \\ \hline 01111001 \end{array}$

いずれの場合もオーバーフローのために正しい結果が得られていないことが分かる． □

### 6.2.2  2 進加算回路

コンピュータ演算回路の基本は 2 進加算回路である．

2 つの 1 ビットデータ $A$ と $B$ を入力し，その和 $S$ と桁上がり $C$ を出力する論理回路を**半加算器** (Half Adder : HA) と呼ぶ．図 6.1(a) の真理値表から，論理式

$$S = A \cdot \overline{B} \vee \overline{A} \cdot B = A \oplus B, \quad C = A \cdot B$$

が得られるので，半加算器を 2 入力 NAND ゲートのみで構成するとその論理回路は図 6.1(b) のようになる．

## 6.2 整数加算

2つの1ビットデータ $A$, $B$ に加えて下位からの桁上がり $C$ を入力とし，その和 $S$ と上位への桁上がり $C_1$ を出力とする論理回路を**全加算器** (Full Adder : FA) と呼ぶ．図 6.2(a) の真理値表から同図 (b) のカルノー図を描くと，論理式

$$S = \overline{A} \cdot \overline{B} \cdot C \vee \overline{A} \cdot B \cdot \overline{C} \vee A \cdot \overline{B} \cdot \overline{C} \vee A \cdot B \cdot C = A \oplus B \oplus C$$
$$C_1 = A \cdot B \vee B \cdot C \vee C \cdot A$$

| $A$ | $B$ | $S$ | $C$ |
|---|---|---|---|
| 0 | 0 | 0 | 0 |
| 0 | 1 | 1 | 0 |
| 1 | 0 | 1 | 0 |
| 1 | 1 | 0 | 1 |

(a) 真理値表　　(b) 論理回路

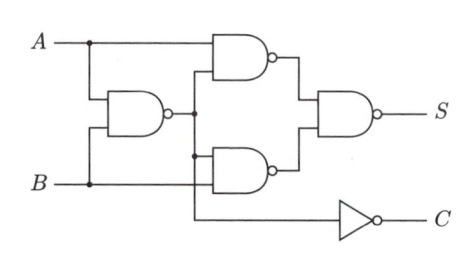

図 6.1　半加算器

| $A_i$ | $B_i$ | $C_i$ | $S_i$ | $C_{i+1}$ |
|---|---|---|---|---|
| 0 | 0 | 0 | 0 | 0 |
| 0 | 0 | 1 | 1 | 0 |
| 0 | 1 | 0 | 1 | 0 |
| 0 | 1 | 1 | 0 | 1 |
| 1 | 0 | 0 | 1 | 0 |
| 1 | 0 | 1 | 0 | 1 |
| 1 | 1 | 0 | 0 | 1 |
| 1 | 1 | 1 | 1 | 1 |

$S_i$

| $C_i$ \ $A_iB_i$ | 00 | 01 | 11 | 10 |
|---|---|---|---|---|
| 0 | 0 | 1 | 0 | 1 |
| 1 | 1 | 0 | 1 | 0 |

$C_{i+1}$

| $C_i$ \ $A_iB_i$ | 00 | 01 | 11 | 10 |
|---|---|---|---|---|
| 0 | 0 | 0 | 1 | 0 |
| 1 | 0 | 1 | 1 | 1 |

(a) 真理値表　　(b) カルノー図

図 6.2　全加算器

が得られるので，積和形式で構成した論理回路は図 6.3(a) のようになる．一方，半加算器の出力 $S$, $C$ をそれぞれ $H_s$, $H_c$ で表すと，全加算器の出力 $S$

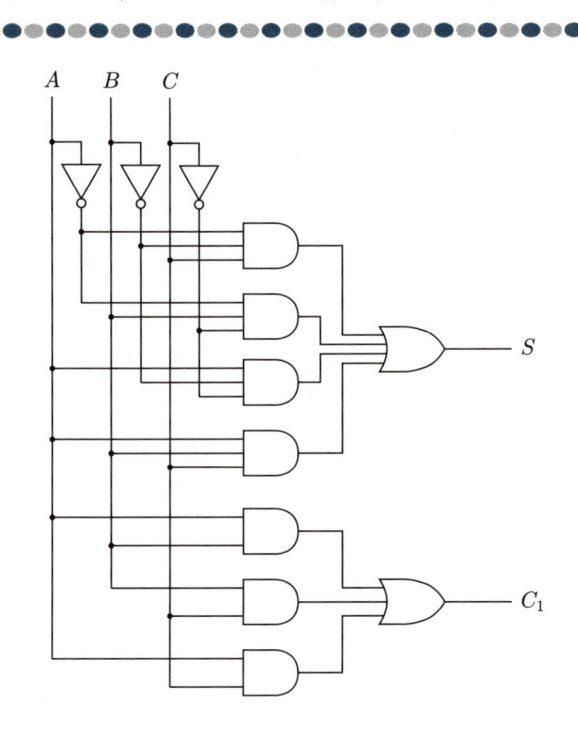

(a) 積和 2 段形式

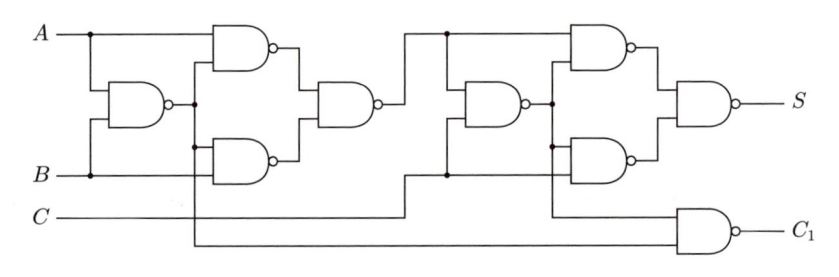

(b) 半加算器 2 段構成

図 6.3　全加算器の回路構成

と $C_1$ は

$$S = A \oplus B \oplus C = H_s \oplus C$$
$$C_1 = A \cdot B \vee B \cdot C \vee C \cdot A = A \cdot B \vee (A \oplus B) \cdot C = H_c \vee H_s \cdot C$$

と書き直すことができるので，図 6.3(b) のように半加算器の縦列構成で実現できる．同図 (a) の積和形式と比べると，入力から出力までのゲート段数は 6 段で多いが，2 入力 NAND 9 個で実現できるのでハードウェア量は格段に少ないことが分かる．2 進加算回路の基本は全加算器である．

$n$ 個の全加算器を縦列接続した 2 進並列加算器をリップルキャリー (ripple carry) 型加算器と呼ぶ．図 6.4 に 4 ビットのリップルキャリー型加算器の構成を示す．2 つの 4 ビット並列データ $(A_3, A_2, A_1, A_0)$ と $(B_3, B_2, B_1, B_0)$，および下位からの桁上がり $C_0$ を入力とし，その和 $(S_3, S_2, S_1, S_0)$ と上位への桁上がり $C_4$ を出力とする．この構成を基本として任意の $n$ ビット並列加算器が構成できる．

図 6.4 に示したリップルキャリー型加算器は構成が簡単であるが，キャリー伝播に時間を要することが欠点である．

**例 6.15** $1111 + 0001$ の加算結果は最下位からのキャリーが最上位に到達するまで確定しない．一般に $n$ ビット加算には $O(n)$ 時間を要する．この問題を解決する高速加算器の構成法については 6.3 節で述べる． □

### 6.2.3 10 進数表示の加算回路

2 進並列加算器に若干の論理回路を付加することによって 10 進数表示のデータの加算を実行できる．

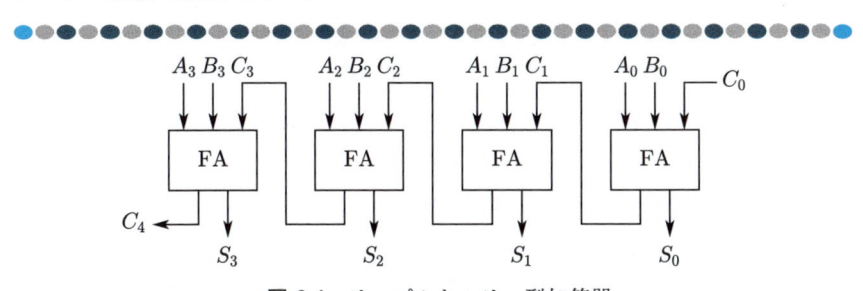

図 6.4 リップルキャリー型加算器

● **BCD 加算回路の設計** ●

BCD 符号では 10 進数 1 桁を 2 進 4 ビットを用いて表示するので，その加算を 2 進並列加算器を用いて実行する場合，キャリー発生に「+6 補正」をする必要がある．

**例 6.16** $365 + 172 = 537$ を実行する場合を考える．365 と 172 は BCD 符号ではそれぞれ，0011 0110 0101 および 0001 0111 0010 と表示されるので，2 進並列加算器を用いると

$$
\begin{array}{rl}
0011\ 0110\ 0101 & = 365 \\
+\ 0001\ 0111\ 0010 & = 172 \\ \hline
0100\ 1101\ 0111 & = 4?7
\end{array}
$$

となり，正しい演算結果 $537_{(10)} = 0101\ 0011\ 0111_{(2)}$ が得られない．その理由は，本来の 10 進加算の桁上がりはその桁の和が 10 以上になると発生するのに対して，BCD 表示における 2 進 4 ビットからの桁上がりはその桁の和が 16 以上にならないと発生しないことによる．そこで，本来の 10 進加算でキャリーが発生する場合には，+6 補正を行ってキャリーを強制的に発生させる必要がある． □

上の例の場合，2 進並列加算器の出力に対して，

$$
\begin{array}{rl}
0100\ 1101\ 0111 & \quad 2\ \text{進加算の結果} \\
+\ 0000\ 0110\ 0000 & \quad +6\ \text{補正} \\ \hline
0101\ 0011\ 0111 & = 537 \quad \Leftarrow\ \text{結果の正しい BCD 表示}
\end{array}
$$

のような +6 補正を行うと正しい BCD 表示の加算結果が得られる．

4 ビット 2 進並列加算器の出力 $(C_4, S_3, S_2, S_1, S_0)$ から「+6 補正」が必要かどうかを判定する信号 $D$（BCD 表示の 10 進桁から上位へのキャリー信号）を生成する論理回路は表 6.4 に示す真理値表から設計できる．$(C_4, S_3, S_2, S_1, S_0)$ として出現し得る数は 0 から 9 までの 2 つの 10 進数の和に下位からのキャリー 0 または 1 を加えた数であるから 0 から 19 までのいずれかであり，それらの内，0 から 9 までに対して $D = 0$，10 から 19 までに対して $D = 1$ である．また，20 以上の数は決して現れないので，それに対する $D$ の

値は Don't care である．

この真理値表から 5 変数のカルノー図を描くと，最も簡単な積和論理式として次式が得られる．

$$D = C_4 \vee S_3 \cdot S_2 \vee S_3 \cdot S_1$$

この $D$ を AND-OR 2 段形式で実現し，$D = 1$ ならば $(S_3, S_2, S_1, S_0) + (0110)$ を加算する論理回路を付加すると，図 6.5 に示すような BCD 加算回路（1 桁分）が得られる．

● **3 増し符号加算回路の設計** ●

3 増し符号では 10 進数 1 桁 $D$ を $D+3$ で表すので，2 つの数 $A$ と $B$ の和の加算結果は $(A+3)+(B+3) = (A+B)+6$ となる．従って，10 進数 $A+B$ にキャリーが発生する場合には，自動的に「+6 補正」が行われて 2 進 4 ビットからのキャリーを発生させる．ただし，キャリーが発生すると，それを差し引いて残った 10 進桁の和を 3 増し符号とするため「+3 補正」を行い．またキャリーが発生しない場合には，和として $A+B+6$ が残るため，「−3 補正」によって $A+B+3$ にする必要がある．

表 6.4　「+6 補正」論理回路の真理値表

| 10 進数 | $C_4$ | $S_3$ | $S_2$ | $S_1$ | $S_0$ | $D$ |
|---|---|---|---|---|---|---|
| 0 | 0 | 0 | 0 | 0 | 0 | 0 |
| 1 | 0 | 0 | 0 | 0 | 1 | 0 |
| 2 | 0 | 0 | 0 | 1 | 0 | 0 |
| 3 | 0 | 0 | 0 | 1 | 1 | 0 |
| ⋮ | ⋮ | ⋮ | ⋮ | ⋮ | ⋮ | ⋮ |
| 9 | 0 | 1 | 0 | 0 | 1 | 0 |
| 10 | 0 | 1 | 0 | 1 | 0 | 1 |
| ⋮ | ⋮ | ⋮ | ⋮ | ⋮ | ⋮ | ⋮ |
| 19 | 1 | 0 | 0 | 1 | 1 | 1 |
| 20 | 1 | 0 | 1 | 0 | 0 | * |
| ⋮ | ⋮ | ⋮ | ⋮ | ⋮ | ⋮ | ⋮ |
| 31 | 1 | 1 | 1 | 1 | 1 | * |

**例 6.17** 例 6.16 と同じ $365 + 172 = 537$ を実行する場合を考えてみよう．365 と 172 は 3 増し符号では，それぞれ 0110 1001 1000 および 0100 1010 0101 で表されるので，2 進加算器では

$$
\begin{array}{rl}
0110\ 1001\ 1000 & = 365 \\
+\ 0100\ 1010\ 0101 & = 172 \\
\hline
1011\ 0011\ 1101 & \text{2 進加算の結果}
\end{array}
$$

が実行される．各 10 進桁単位で，キャリー発生のある場合は +3 補正 (+0011)，キャリー発生のない場合は −3 補正 (+1101) を行うと，

$$
\begin{array}{rl}
1011\ 0011\ 1101 & \text{2 進加算の結果} \\
+\ 1101\ 0011\ 1101 & \text{キャリーあり：+3 補正，キャリーなし：−3 補正} \\
\hline
1000\ 0110\ 1010 & = 537 \quad \Leftarrow \text{結果の正しい 3 増し符号表示}
\end{array}
$$

となり，正しい 3 増し符号表示の結果が得られる． □

図 6.6 に 3 増し符号表示の加算回路 1 桁分の構成を示す．10 進 1 桁の加算を実行する 4 ビット 2 進並列加算器の出力を $(C_4, S_3, S_2, S_1, S_0)$ とすると，$C_4$ はそのまま上位の 10 進桁へのキャリー信号になる．また，各 10 進桁単位で，$C_4 = 1$ の時は 0011 を加算し，$C_4 = 0$ の時は 1101 を加算する．3 増し符号加算器の出力 $(ES_3, ES_2, ES_1, ES_0)$ は次のように決まる．$ES_0$ は $C_4$ の値にかかわらず 1 を加算されるので，

$$ES_0 = S_0 \oplus 1 = \overline{S_0}$$

である．残りの出力は $(S_3, S_2, S_1) + (\overline{C_4}, \overline{C_4}, C_4)$ を実行する 3 ビット 2 進並列加算器によって生成される．

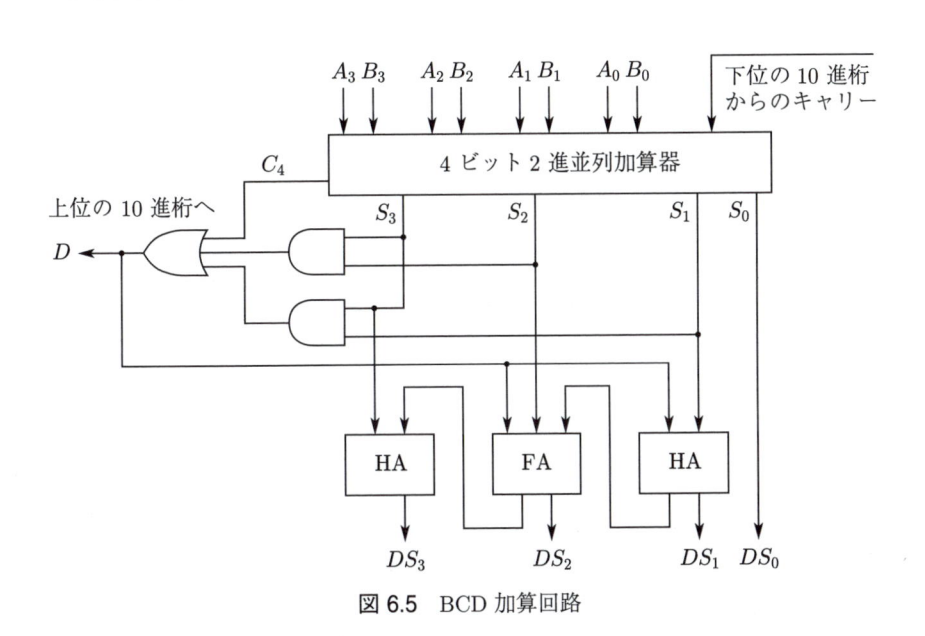

6.2 整数加算

**図 6.5** BCD 加算回路

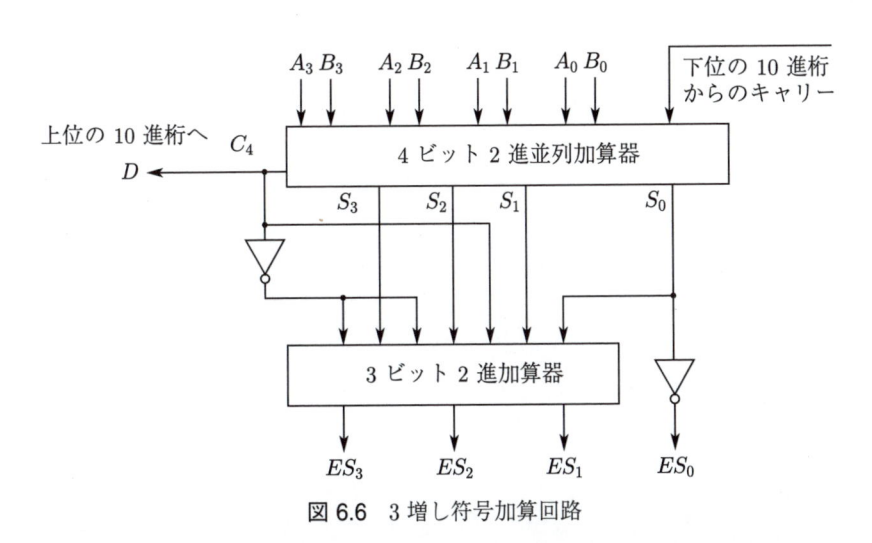

**図 6.6** 3 増し符号加算回路

## 6.3 高速加算器

$n$ ビットのリップルキャリー加算器（図 6.4）は，筆算と同様，最下位から上位へ各桁の和とキャリーを逐次計算するため，最終的な演算結果の確定に要するゲート段数が $2n$ になり，データ長に比例して速度性能が悪くなる．加算器の高速化とは，すなわちキャリー生成の高速化である．

### 6.3.1 キャリールックアヘッド加算器

2 値並列加算器は和とキャリーを出力とする組合せ論理回路なので，2 つの 2 値データ入力（オペランド）が与えられれば，論理関数としての出力（和とキャリー）は直ちに定まる．従って，**キャリールックアヘッド** (carry lookahead) とはキャリー出力を可能な限り少ない論理ゲート段数で実現することに他ならない．

2 値入力 $(A_{n-1}, A_{n-2}, \ldots, A_1, A_0)$ と $(B_{n-1}, B_{n-2}, \ldots, B_1, B_0)$ の和 $(S_{n-1}, S_{n-2}, \ldots, S_1, S_0)$ を計算する $n$ ビット並列加算器の第 $i$ ビット目の和 $S_i$ とキャリー $C_{i+1}$ は

$$S_i = A_i \oplus B_i \oplus C_i, \qquad C_{i+1} = A_i \cdot B_i \vee (A_i \vee B_i) \cdot C_i$$

と書ける．ここで，$G_i = A_i \cdot B_i$ は第 $i$ ビットが下位からのキャリーとは無関係に上位へのキャリーを生成する場合に 1 になる項であり，**キャリー生成項**と呼ぶ．また $P_i = A_i \vee B_i$ は第 $i$ ビットが下位からのキャリーを上位へ伝播させる場合に 1 となる項であり，**キャリー伝播項**と呼ぶ．この生成項と伝播項を用いると，

$$C_{i+1} = G_i \vee P_i \cdot C_i$$

と書けるので，$C_i$ に関して再帰的に代入を繰り返すと，

$$\begin{aligned}C_{i+1} = &\, G_i \vee P_i \cdot G_{i-1} \vee P_i \cdot P_{i-1} \cdot G_{i-2} \vee \cdots \vee P_i \cdot P_{i-1} \cdot P_{i-2} \cdots P_2 \cdot P_1 \cdot G_0 \\ &\vee P_i \cdot P_{i-1} \cdot P_{i-2} \cdots P_1 \cdot P_0 \cdot C_0\end{aligned}$$

が得られる．すなわち，$i = 0, 1, 2, \ldots, (n-1)$ に対して，第 $i$ ビット目からのキャリー $C_{i+1}$ を生成する論理式が $G_i$ と $P_i$ および最下位へのキャリー入力 $C_0$ に関する積和 2 段形式で得られる．

## 6.3 高速加算器

**例 6.18** 4ビット並列加算器を考える．入力は2つのオペランド ($A_3, A_2, A_1, A_0$)，($B_3, B_2, B_1, B_0$) および最下位ビットへのキャリー入力 $C_0$ であり，出力は4ビットの和 ($S_3, S_2, S_1, S_0$) および最上位からのキャリー出力 $C_4$ である．第 $i$ ビットからのキャリー $C_{i+1} (i=0,1,2,3)$ を与える積和論理式はキャリー生成項 $G_i$ とキャリー伝播項 $P_i$ を用いて次のように書ける．

$$C_1 = G_0 \vee P_0 \cdot C_0$$
$$C_2 = G_1 \vee P_1 \cdot G_0 \vee P_1 \cdot P_0 \cdot C_0$$
$$C_3 = G_2 \vee P_2 \cdot G_1 \vee P_2 \cdot P_1 \cdot G_0 \vee P_2 \cdot P_1 \cdot P_0 \cdot C_0$$
$$C_4 = G_3 \vee P_3 \cdot G_2 \vee P_3 \cdot P_2 \cdot G_1 \vee P_3 \cdot P_2 \cdot P_1 \cdot G_0 \vee P_3 \cdot P_2 \cdot P_1 \cdot P_0 \cdot C_0 \qquad \square$$

図 6.7(a) は各桁のキャリー生成項 $G_i$ およびキャリー伝播項 $P_i$ を実現する論理回路である．同図 (b)〜(e) はそれぞれキャリー $C_1$, $C_2$, $C_3$, $C_4$ を生成する論理回路である．同図 (f) は和 ($S_3, S_2, S_1, S_0$) を実現する論理回路である．AND，OR のゲート換算で，$P_i$，$G_i$ の実現に1段，$C_i$ の計算に2段，$S_i$ の計算に2段を要するので，和 ($S_3, S_2, S_1, S_0$) の各桁がすべて等しく合計5段の論理ゲート遅延で生成されることが分かる．

このキャリールックアヘッド加算器は各桁で並列にキャリーが生成され，理論的には高速であるが，一般に $n$ ビットの並列加算器では最上位からのキャリー $C_n$ の生成にファンイン数 $n+1$ の巨大な AND ゲートおよび OR ゲートが必要になるため，$n$ が大きい場合には実際的ではない．

そこで，キャリー並列生成の特徴を活かしつつ，各ゲートへのファンイン数を一定に保つことよって LSI 実現に適した構成にしたものが，次に述べる2分木構成キャリールックアヘッド加算器である．

### 6.3.2 2分木構成キャリールックアヘッド加算器

前項で述べた4ビット並列加算器の最上位から出るキャリー $C_4$ は

$$\begin{aligned} C_4 &= G_3 \vee P_3 \cdot G_2 \vee P_3 \cdot P_2 \cdot G_1 \vee P_3 \cdot P_2 \cdot P_1 \cdot G_0 \vee P_3 \cdot P_2 \cdot P_1 \cdot P_0 \cdot C_0 \\ &= (G_3 \vee P_3 \cdot G_2 \vee P_3 \cdot P_2 \cdot G_1 \vee P_3 \cdot P_2 \cdot P_1 \cdot G_0) \vee (P_3 \cdot P_2 \cdot P_1 \cdot P_0) \cdot C_0 \\ &= G(3:0) \vee P(3:0) \cdot C_0 \end{aligned}$$

と書くことができる．ここで，

$$G(3:0) = G_3 \vee P_3 \cdot G_2 \vee P_3 \cdot P_2 \cdot G_1 \vee P_3 \cdot P_2 \cdot P_1 \cdot G_0$$
$$P(3:0) = P_3 \cdot P_2 \cdot P_1 \cdot P_0$$

(a)  $G_i$, $P_i$

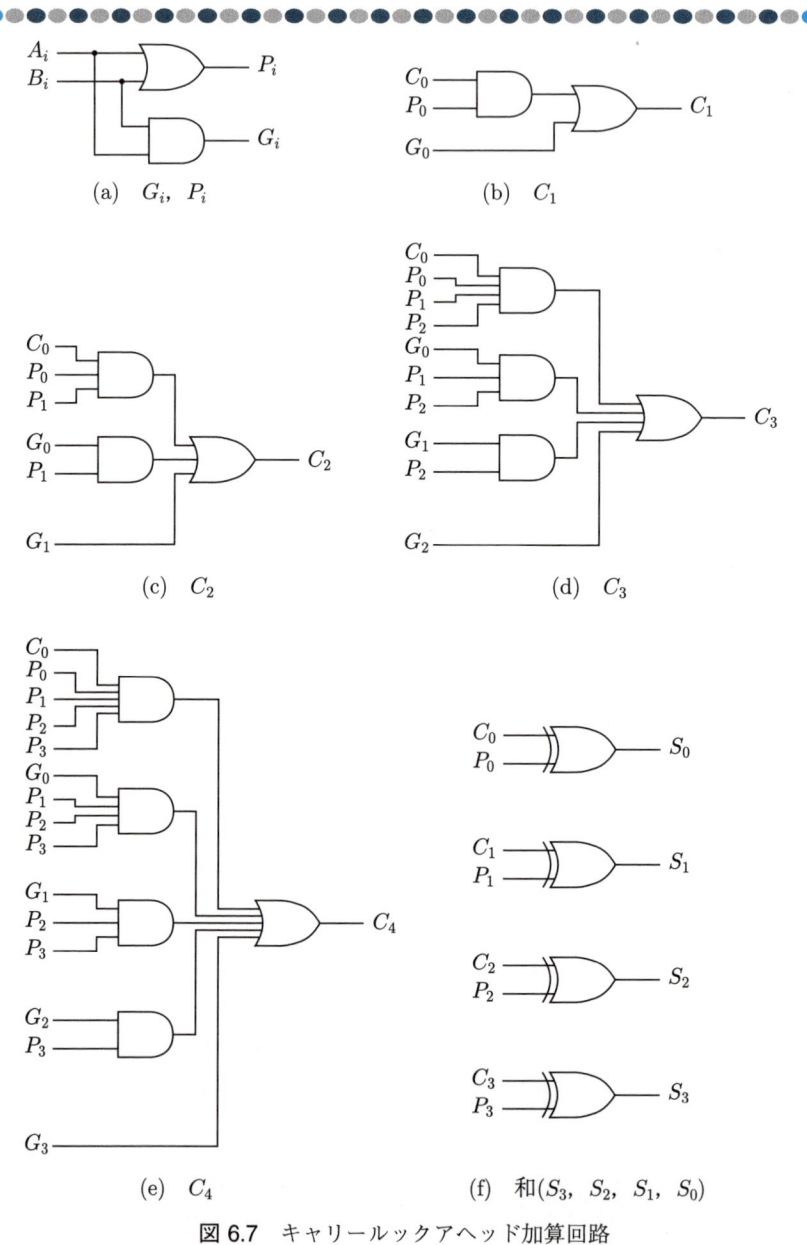

(b)  $C_1$

(c)  $C_2$

(d)  $C_3$

(e)  $C_4$

(f)  和($S_3$, $S_2$, $S_1$, $S_0$)

図 6.7  キャリールックアヘッド加算回路

## 6.3 高速加算器

である．$G(3:0)$ はこの 4 ビットのグループ全体が最下位へのキャリー入力 $C_0$ とは無関係にグループ最上位からのキャリー出力 $C_4$ を生成する場合に 1 となる．また，$P(3:0)$ はこの 4 ビットのグループ全体が最下位へのキャリー入力 $C_0$ をグループ最上位からのキャリー出力 $C_4$ へ伝播させる場合に 1 になる．

一方，この 4 ビット加算器を上位 2 ビットと下位 2 ビットのグループに分けると，下位 2 ビットグループからのキャリー $C_2$ は

$$\begin{aligned} C_2 &= G_1 \lor P_1 \cdot G_0 \lor P_1 \cdot P_0 \cdot C_0 \\ &= (G_1 \lor P_1 \cdot G_0) \lor (P_1 \cdot P_0) \cdot C_0 \\ &= G(1:0) \lor P(1:0) \cdot C_0 \end{aligned}$$

と書ける．ここで

$$G(1:0) = G_1 \lor P_1 \cdot G_0, \qquad P(1:0) = P_1 \cdot P_0$$

であり，それぞれ下位 2 ビット内でのキャリー生成項およびキャリー伝播項と解釈することができる．また，上位 2 ビットグループからのキャリー $C_4$ は

$$\begin{aligned} C_4 &= G_3 \lor P_3 \cdot G_2 \lor P_3 \cdot P_2 \cdot G_1 \lor P_3 \cdot P_2 \cdot P_1 \cdot G_0 \lor P_3 \cdot P_2 \cdot P_1 \cdot P_0 \cdot C_0 \\ &= (G_3 \lor P_3 \cdot G_2) \lor (P_3 \cdot P_2) \cdot \{(G_1 \lor P_1 \cdot G_0) \lor (P_1 \cdot P_0) \cdot C_0\} \\ &= G(3:2) \lor P(3:2) \cdot C_2 \end{aligned}$$

と書ける．ここで

$$G(3:2) = G_3 \lor P_3 \cdot G_2, \qquad P(3:2) = P_3 \cdot P_2$$

であり，それぞれ上位 2 ビット内でのキャリー生成項およびキャリー伝播項と解釈することができる．従って，4 ビット全体の生成項と伝播項は

$$\begin{aligned} G(3:0) &= G_3 \lor P_3 \cdot G_2 \lor P_3 \cdot P_2 \cdot G_1 \lor P_3 \cdot P_2 \cdot P_1 \cdot G_0 \\ &= (G_3 \lor P_3 \cdot G_2) \lor (P_3 \cdot P_2) \cdot (G_1 \lor P_1 \cdot P_0) \\ &= G(3:2) \lor P(3:2) \cdot G(1:0) \\ P(3:0) &= P_3 \cdot P_2 \cdot P_1 \cdot P_0 \\ &= (P_3 \cdot P_2) \cdot (P_1 \cdot P_0) \\ &= P(3:2) \cdot P(1:0) \end{aligned}$$

と表すことができる．

以上の関係を整理すると図 6.8(a) のように 2 分木状の構成になっていることが分かる．ここで，箱 (b) は図 6.8(b) の回路，箱 (c) は図 6.8(c) の回路でそれぞれ実現される．この 2 分木構造で生成されるグループキャリー生成項

と伝播項を用いると，各ビットのキャリーは AND-OR 2 段論理式で以下のように得られる．

$$C_1 = G_0 \vee P_0 \cdot C_0$$
$$C_2 = G(1:0) \vee P(1:0) \cdot C_0$$
$$C_3 = G_2 \vee P_2 \cdot C_2$$
$$C_4 = G(3:0) \vee P(3:0) \cdot C_0$$

一般に，$k > j \geqq i$ なる任意の $i$, $j$, $k$ に対して，図 6.9 に示されるように，第 $i$ ビット目へのキャリー $C_i$ が与えられたとき，第 $k$ ビット目から上位へのキャリー $C_{k+1}$ は次式で与えられる．

$$C_{k+1} = G(k:i) \vee P(k:i) \cdot C_i$$

ここで，データを第 $j$ ビットまでの下位グループと第 $j+1$ ビット目からの上位グループに 2 分割すると，全体のキャリー生成項，伝播項は分割されたグループのキャリー生成項，伝播項を用いて次の漸化式で与えられる．

$$G(k:i) = G(k:j+1) \vee P(k:j+1) \cdot G(j:i)$$
$$P(k:i) = P(k:j+1) \cdot P(j:i)$$

ただし，$G(i:i) = G_i$, $P(i:i) = P_i$ である．データを再帰的に 2 分割してこの漸化式を適用すると，図 6.8(a) に示したような 2 分木構造のキャリー生成回路が得られる．$n$ ビットのデータ長に対して，ゲート段数は $\log_2 n$ であり，回路面積は $n \times \log_2 n$ で与えられる．

6.3 高速加算器　　　167

(a)

(b)

(c)

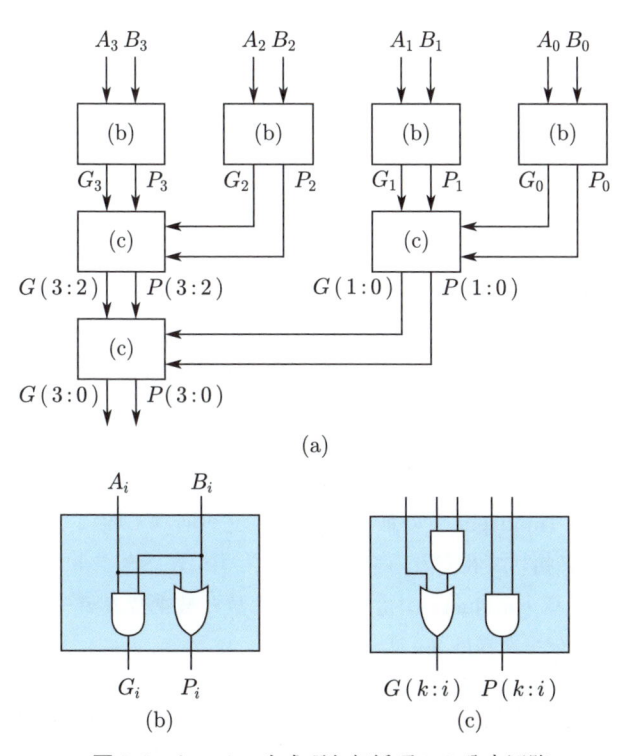

図 6.8　キャリー生成項と伝播項の 2 分木回路

$$C_{k+1} = G(k{:}i) \lor P(k{:}i) \cdot C_i$$
$$G(k{:}i) = G(k{:}j{+}1) \lor P(k{:}j{+}1) \cdot G(j{:}i)$$
$$P(k{:}i) = P(k{:}j{+}1) \cdot P(j{:}i)$$

図 6.9　データ長の分割

## 6.4 乗算・除算

### 6.4.1 符号なし乗算 $A \times B$

乗算は加算とシフトの繰り返しで行われる．

**例 6.19** 2つの2進数 $A = 1101$ と $B = 1011$ の乗算 $A \times B$ は筆算では次のように実行される．

```
      1101    被乗数 A
    × 1011    乗数 B
      1101    部分積
     1101     部分積（左シフト）
    0000      部分積（左シフト）
   1101       部分積（左シフト）
  10001111    積
```

すなわち，乗数 (multiplier) の最下位から上位へ向けて順に1桁ずつ被乗数 (multiplicand) に掛けて得られる部分積を1桁ずつ左へシフトしながら加算することによって積 (product) が得られる．乗数と被乗数のデータ長が $n$ ビットの場合，積のデータ長は $2n$ ビットになる．□

図 6.10 に乗算の基本ハードウェア構成を示す．被乗数を格納する $n$ ビットレジスタ $A$，乗数を格納する $n$ ビットレジスタ $B$，$n$ ビット加算器，および加算結果の部分積を格納する $n$ ビットレジスタ $P$ で構成される．筆算の場合は加算器が左へシフトするイメージであるのに対して，乗算ハードウェアでは加算器は固定される一方，結果の部分積が右へシフトする．レジスタ $P$ と $B$ は連結して $2n$ ビットのシフトレジスタ $(P, B)$ を形成する．初期状態を

$$\text{レジスタ } A: \quad a_{n-1}, a_{n-2}, \ldots, a_0$$
$$\text{レジスタ } B: \quad b_{n-1}, b_{n-2}, \ldots, b_0$$
$$\text{レジスタ } P: \quad 0, 0, \ldots, 0$$

とすると，以下のアルゴリズムで乗算が実行される．

**乗算アルゴリズム**

(1) レジスタ $B$ の最下位ビットが1ならば，レジスタ $A$ の内容 ($a_{n-1}, a_{n-2}$,

..., $a_0$) とレジスタ $P$ の内容を加え，0 ならば (000,...,00) と P の内容を加える．その結果を $P$ に書き戻す．
(2) レジスタの組 $(P, B)$ を右に 1 ビットシフトする．$B$ の最下位ビットは捨てられる．
(3) 上記を $n$ 回繰り返すと，積がレジスタ $(P, B)$ に現れる．

**例 6.20** 2 つの 2 進数 $A = 1101$ と $B = 1011$ の乗算が図 6.10 のハードウェアで実行される様子を図 6.11 に示す． □

### 6.4.2 符号なし除算 $B \div A$

除算は乗算の逆操作であり，減算とシフトの繰り返しで実行される．

**例 6.21** 2 つの 2 進数 $A = 1011$ と $B = 01101101$ の除算 $B \div A$ は筆算では次のように実行される．

```
                    1001    商
        除数  1011 ) 01101101  被除数
                   -1011
                      10
                     101
                    1010
                   10101
                   -1011
                    1010    剰余
```

すなわち，被除数 (dividerd) の最上位から下位へ向けて 1 桁ずつ右シフトしながら除数 (divisor) と比較して，減算可能ならば減算して商 (quotient) に 1 を立て，減算不能ならば減算せずに商に 0 を立てる．減算が最下位まで到達したときに残った被除数が剰余 (residue) になる． □

図 6.12 に除算の基本ハードウェア構成を示す．$n$ ビットの除数を格納するレジスタ $A$，演算開始時には被除数の下位 $n$ ビットを格納し演算終了時には商が格納されるレジスタ $B$，演算開始時には被除数の上位 $n$ ビットを格納し演算終了時には剰余が格納されるレジスタ $P$，および減算を実行するための $n$

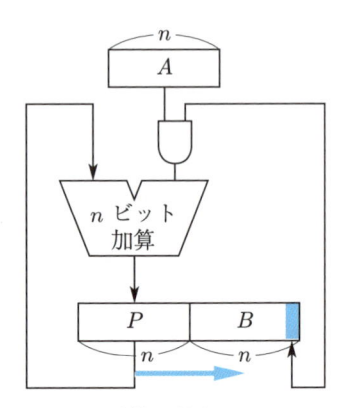

図 6.10 乗算の基本ハードウェア

|  $C_\text{out}$ | $P$ | $B$ | $A$ |
|---|---|---|---|
|  0 | 0000 | 1011 | 1101 |

+ 0 1101

|  0 | 1101 | 1011 | 加算 |
|---|---|---|---|
|  0 | 0110 | 1101 | 右シフト |

+ 0 1101

|  1 | 0011 | 1101 | 加算 |
|---|---|---|---|
|  0 | 1001 | 1110 | 右シフト |

+ 0 0000

|  0 | 1001 | 1110 | 加算 |
|---|---|---|---|
|  0 | 0100 | 1111 | 右シフト |

+ 0 1101

|  1 | 0001 | 1111 | 加算 |
|---|---|---|---|
|  0 | 1000 | 1111 | 右シフト |

図 6.11 乗算 $1101_{(2)} \times 1011_{(2)}$ の実行

ビットの加算器で構成される．レジスタ $P$ と $B$ は連結して $2n$ ビットのシフトレジスタ $(P, B)$ を形成する．筆算の場合には被除数に対する減算操作が右へシフトしていくイメージであるが，ハードウェアでは減算操作に対して被乗数を左へシフトさせることによって筆算と同じ相対的位置関係を保つ．

図 6.10 の乗算器構成と図 6.12 の除算器構成は類似しているので，両方向シフト可能なレジスタ $(P, B)$ を用いることによって実際には両方の演算でハードウェアを共用できる．初期状態を

- レジスタ $A$： $a_{n-1}, a_{n-2}, \ldots, a_0$　　除数
- レジスタ $B$： $b_{n-1}, b_{n-2}, \ldots, b_0$　　被除数の下位 $n$ ビット
- レジスタ $P$： $b_{2n-1}, b_{2n-2}, \ldots, b_n$　　被除数の上位 $n$ ビット

とすると，以下のようにして除算が実行される．

### 回復型 (restoring) 除算アルゴリズム

(1) レジスタの組 $(P, B)$ を左に 1 ビットシフトする．
(2) レジスタ $A$ の内容をレジスタ $P$ の内容から引く．
(3) 結果が負であればレジスタ $B$ の最下位に 0 を書き込み，負でなければ 1 を書き込む．
(4) 結果が負の場合，レジスタ $A$ の内容を $P$ の内容に加え，その結果を $P$ に書き戻すことによって $P$ の前の値を回復する．
(5) 上記 (1)～(4) を $n$ 回繰り返すと，商がレジスタ $B$ に，剰余がレジスタ $P$ に現れる．

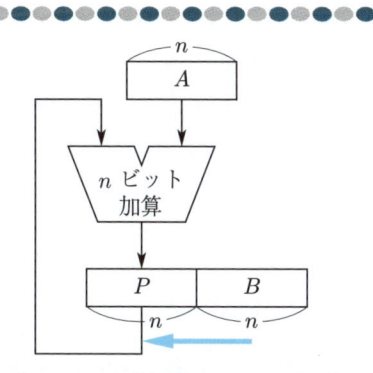

図 6.12　除算の基本ハードウェア

このアルゴリズムでは，初期状態でレジスタ $P$（被除数の上位 $n$ ビット）の値がレジスタ $A$（$n$ ビットの除数）の値より小さいと仮定している．さもないと，商のデータ長が $n+1$ ビットになってしまい，演算終了時に $n$ ビットレジスタ $B$ に収容されなくなる．

ステップ (4) で，結果が負の場合にレジスタ $P$ の内容の回復操作が行われるので，このアルゴリズムは回復型と呼ばれる．

**例 6.22** 2 進除算 $01101101 \div 1011$ を回復型アルゴリズムで実行する場合の図 6.12 のハードウェアの状態遷移の様子を図 6.13 に示す． □

**注 1** 除数 $A$ の減算は実際には $A$ の「2 の補数」0101 を加算することによって実行される．

**注 2** $(P, B)$ を左シフトした結果の最上位ビットを保持するために，実際にはレジスタ $P$，$A$ および加算器は $n+1$ ビット分のデータ保持と演算が可能な長さが必要である．図 6.13 の例では 4 回目の左シフトでこの必要性が生じている．

**注 3** この回復型アルゴリズムではステップ (4) の加算操作が余分に必要であるが，実際のハードウェア構成ではステップ (2) で結果が負の場合には $P$ に格納しないようにすることによって，ステップ (4) の実行は不要にすることができる．

実は，上記回復型アルゴリズムにおけるステップ (4) の回復動作は必要ない．前と同じ初期状態から出発し，以下のように除算を実行できる．

### 非回復型 (non-restoring) 除算アルゴリズム

(1) レジスタの組 $(P, B)$ を左に 1 ビットシフトする．
(2a) $P$ が負の場合，レジスタ $A$ の内容を $P$ に加える．
(2b) $P$ が非負の場合，レジスタ $A$ の内容を $P$ から引く．
(3) （いずれの場合も）結果が負であればレジスタ $B$ の最下位に 0 を書き込み，負でなければ 1 を書き込む．
(4) 上記 (1)～(3) を $n$ 回繰り返すと，商がレジスタ $B$ に現れる．$P$ が非負であれば，それが剰余である．$P$ が負であれば，$A$ の内容を加えて（前の状態に回復して）剰余が得られる．

**例 6.23** 前と同じ 2 進除算 $01101101 \div 1011$ を非回復型アルゴリズムで実行する様子を図 6.14 に示す． □

## 6.4 乗算・除算

除算の実行過程で，減算結果が負の場合に回復型アルゴリズムでは回復操作を行い，非回復型アルゴリズムでは回復操作をせずに次の繰り返しで加算を行うが，どちらも同じ結果が得られることは以下のように説明できる．

レジスタ $A$ が保持する値を $a$，$(P, B)$ が保持する値を $r$ とすると，回復型アルゴリズムでは $(P, B)$ の状態は次のように推移する．

|     | $C_\text{out}$ | $P$ | $B$ | $A$ |
|-----|---|------|------|------|
|     | 0 | 0110 | 1101 | 1011 |
|     | 0 | 1101 | 101_ | 左シフト |
| +   | 1 | 0101 |      | 減算 |
|     | 0 | 0010 | 101**1** | 正 |
|     | 0 | 0101 | 01**1**_ | 左シフト |
| +   | 1 | 0101 |      | 減算 |
|     | 1 | 1010 | 011**0** | 負 |
| +   | 0 | 1011 |      | 加算 |
|     | 0 | 0101 | 011**0** | 回復 |
|     | 0 | 1010 | 11**0**_ | 左シフト |
| +   | 1 | 0101 |      | 減算 |
|     | 1 | 1111 | 1**1**0**0** | 負 |
| +   | 0 | 1011 |      | 加算 |
|     | 0 | 1010 | 1**1**0**0** | 回復 |
|     | 0 | 0101 | **1**0**0**_ | 左シフト |
| +   | 1 | 0101 |      | 減算 |
|     | 0 | 1010 | **1**0**0****1** | 正 |

剰余　　商

図 6.13　回復型除算 $01101101_{(2)} \div 1011_{(2)}$ の実行

ステップ (1) で左シフト： $r \Rightarrow 2r$
ステップ (2) で $a$ を減算： $2r \Rightarrow 2r - a$
ステップ (4) で負の場合： $2r - a \Rightarrow 2r$

次の繰り返しで

ステップ (1) で左シフト： $2r \Rightarrow 4r$
ステップ (2) で $a$ を減算： $4r \Rightarrow 4r - a$

一方，非回復型アルゴリズムでは，

ステップ (1) で左シフト： $r \Rightarrow 2r$
ステップ (2b) で $a$ を減算： $2r \Rightarrow 2r - a$

結果が負の場合に回復操作をせず，次の繰り返しで

ステップ (1) で左シフト： $2r - a \Rightarrow 4r - 2a$
ステップ (2a) で $a$ を加算： $4r - 2a \Rightarrow 4r - a$

---

| $C_\text{out}$ | $P$ | $B$ | $A$ | |
|---|---|---|---|---|
| 0 | 0110 | 1101 | 1011 | |
| 0 | 1101 | 101_ | | 左シフト |
| + 1 | 0101 | | | 減算 |
| 0 | 0010 | 1011 | | 正 |
| 0 | 0101 | 011_ | | 左シフト |
| + 1 | 0101 | | | 減算 |
| 1 | 1010 | 0110 | | 負 |
| 1 | 0100 | 110_ | | 左シフト |
| + 0 | 1011 | | | 加算 |
| 1 | 1111 | 1100 | | 負 |
| 1 | 1111 | 100_ | | 左シフト |
| + 0 | 1011 | | | 加算 |
| 0 | 1010 | 1001 | | 正 |

剰余　　商

図 6.14　非回復型除算 $01101101_{(2)} \div 1011_{(2)}$ の実行

以上から，減算結果が負の場合には次の繰り返しステップをした後の $(P, B)$ の状態はどちらも同じ $4r - a$ となることが分かる．減算結果が非負の場合の $(P, B)$ の状態は明らかに両者で同じである．従って，回復型アルゴリズムと非回復型アルゴリズムとは同じ結果を与える．

### 6.4.3 ブースのアルゴリズム

ブースのアルゴリズム（Booth's algorithm）（符号付き乗算）で扱うデータ形式は乗数，被乗数，積のいずれも「2 の補数」表現であり，最上位ビットは符号ビットである．

ブースのアルゴリズムの基本原理を説明するために，例として被乗数 $A$ に乗数 $B = 001110_{(2)}(= 14_{(10)})$ を乗じることを考える．

筆算による方法を土台とした乗算アルゴリズム（6.4.1 項参照）では，乗数の中で 1 の立つビットに着目した等式

$$A \times 001110 = A \times (2^3 + 2^2 + 2^1) = A \times 2^3 + A \times 2^2 + A \times 2^1$$

に基づいて，$A$ の 1 ビット，2 ビット，3 ビットのシフトによってそれぞれ得られる部分積 $A \times 2^1$，$A \times 2^2$，$A \times 2^3$ の総和で積が求められた．

これに対してブースのアルゴリズムでは，乗数の中での $0 \to 1$ 変化と $1 \to 0$ 変化に着目した等式

$$A \times 001110 = A \times (010000 - 000010) = A \times (2^4 - 2^1) = A \times 2^4 - A \times 2^1$$

に基づいて，$A$ を 4 ビットだけ左へシフトした結果から，$A$ を左へ 1 ビットだけシフトした結果を減じることによって積が得られる．一般的には，乗数を最下位から上位へ向かって順に調べ，

**規則 1** 乗数中に $2^m$ から $2^k$ まで 0 が続くとき：$\{k+1-m\}$ ビットだけシフトする．

**規則 2** 乗数中に $2^m$ から $2^k$ まで 1 が続くとき：$2^{k+1} - 2^m$ として扱う．

という規則に従って部分積を求めれば，その総和として積が得られる．

**例 6.24** 乗数が $001110_{(2)}(= 14_{(10)})$ の場合，まず最下位ビットだけ 0 なので規則 1 ($m = k = 0$) に従って 1 ビットシフト，次に 1 が 3 つ続くので規則 2 ($m = 1, k = 3$) に従って，下式が得られる．

$$A \times 001110 = A \times (2^4 - 2^1) = A \times 2^4 - A \times 2^1 \qquad \square$$

**例 6.25** 乗数が負の場合 ($A \times (-14_{(10)})$), $14_{(10)} = 001110_{(2)}$ の「2 の補数」表示 110010 について上記規則に従うと

$$2^6 - 2^4 + 2^2 - 2^1$$

が得られるが, 乗数が 6 ビットなので乗算アルゴリズムは 6 回ループを繰り返して終了する. 従って, $2^6$ の項は無視され, 実際に実行されるのは

$$A \times (-2^4 + 2^2 - 2^1) = A \times (-14)$$

である. すなわち, 正しい結果を得る. □

6.4.1 項で述べた乗算アルゴリズムでは, ループを繰り返すごとにレジスタ $(P, B)$ の最下位ビットを調べて被乗数 $A$ を部分積 $P$ に加えるかどうか判定した. これに対してブースのアルゴリズムでは, ループを繰り返すごとに $(P, B)$ の最下位ビットとその直前, すなわち $(P, B)$ を右シフトさせる前, の最下位ビットの 2 ビットを調べ, その 4 通りの状態に応じた操作を行う. 初期状態を

レジスタ $A$: $a_{n-1}, a_{n-2}, \ldots, a_0$
レジスタ $B$: $b_{n-1}, b_{n-2}, \ldots, b_0$
レジスタ $P$: $0, 0, \ldots, 0$

とすると, 第 $i$ 番目の乗算ステップ ($i \geq 0$) では, レジスタ $B$ の最下位ビットは $b_i$ となる. このとき,

(1) $b_i = 0$ かつ $b_{i-1} = 0$ ならば 0 を加える.
(2) $b_i = 0$ かつ $b_{i-1} = 1$ ならば $A$ を加える.
(3) $b_i = 1$ かつ $b_{i-1} = 0$ ならば $A$ を減じる.
(4) $b_i = 1$ かつ $b_{i-1} = 1$ ならば 0 を加える.

ただし, 最初のステップ ($i = 0$) では $b_{i-1}$ は 0 とする.

ブースのアルゴリズムは次のように言い換えることができる.

- $B$ の各ビットを最下位から順に調べる. その結果, 次の規則に従った後に, $(P, B)$ を 1 ビットだけシフトさせる.
  **規則 1** 当該ビットが「1 の列」の最初の 1 ならば, $A$ を $P$ から引く.
  **規則 2** 当該ビットが「0 の列」の最初の 0 ならば, $A$ を $P$ に足す.
  **規則 3** 当該ビットが前のビットと同じならば, $P$ は変化しない.

### 6.4 乗算・除算

**例 6.26** 乗算 $6 \times 27 = 162$ をブースのアルゴリズムで実行する様子を図 6.15 に示す．初期状態は $A = 000110_{(2)}(= 6_{(10)})$, $B = 011011_{(2)}(= 27_{(10)})$, $P = 000000$ であり，6 回の右シフトの後，積が $(P, B) = 000010\ 100010_{(2)}(= 162_{(10)})$ として得られる． □

この例から以下のことが分かる．

(1) ハードウェアの構成は図 6.10 とほとんど同じであるが，乗数レジスタ $B$ に連結する $b_{-1}$ が必要になる．

|  | $P$ | $B$ | $b_{-1}$ | $A$ | $A$の補数 |
|---|---|---|---|---|---|
|  | 000000 | 011011 | 0 | 000110 | 111010 |
| + | 111010 |  |  | 減算 |  |
|  | ①11010 | 011011 | 0 |  |  |
|  | 111101 | 001101 | 1 | シフト |  |
|  | 111110 | 100110 | 1 | シフト |  |
| + | 000110 |  |  | 加算 |  |
|  | 000100 | 100110 | 1 |  |  |
|  | 000010 | 010011 | 0 | シフト |  |
| + | 111010 |  |  | 減算 |  |
|  | 111100 | 010011 | 0 |  |  |
|  | 111110 | 001001 | 1 | シフト |  |
|  | 111111 | 000100 | 1 | シフト |  |
| + | 000110 |  |  | 加算 |  |
|  | 000101 | 000100 | 1 |  |  |
|  | 000010 | 100010 | 0 | シフト |  |

積

図 6.15 ブースの乗算アルゴリズム

(2) 符号はデータに含まれるので,符号用フリップフロップは不要である.

(3) 加算と減算が交互に起こるので,オーバーフローは決して生じない.

(4) 右シフト操作は算術シフト(左から符号と同じ値が入る)である.

ブースのアルゴリズムが「2の補数」表現に適用できる理由は以下のように説明できる.

被乗数を $A = (a_{n-1}, a_{n-2}, \ldots, a_2, a_1, a_0)$,乗数を $B = (b_{n-1}, b_{n-2}, \ldots, b_2, b_1, b_0)$ とするとブースのアルゴリズムは,以下のように表現できる.

$$b_i = 0, \quad b_{i-1} = 0 \quad \Rightarrow \quad 何もしない$$
$$b_i = 0, \quad b_{i-1} = 1 \quad \Rightarrow \quad A を加算$$
$$b_i = 1, \quad b_{i-1} = 0 \quad \Rightarrow \quad A を減算$$
$$b_i = 1, \quad b_{i-1} = 1 \quad \Rightarrow \quad 何もしない$$

これは以下のように書き換えることができる.

$$b_{i-1} - b_i = 0 \quad \Rightarrow \quad 何もしない$$
$$b_{i-1} - b_i = +1 \quad \Rightarrow \quad A を加算$$
$$b_{i-1} - b_i = -1 \quad \Rightarrow \quad A を減算$$

レジスタ $(P, B)$ を右シフトすることは相対的に被乗数 $A$ を左シフトすることであり,これは $A$ に 2 のべき乗を掛けることに相当する.従って,ブースのアルゴリズムの実行結果は以下のような部分積の総和で表せる.

$$\begin{aligned}
& (b_{-1} - b_0) \times A \\
&+ (b_0 - b_1) \times A \times 2^1 \\
&+ (b_1 - b_2) \times A \times 2^2 \\
& \quad \cdots\cdots \\
&+ (b_{n-3} - b_{n-2}) \times A \times 2^{n-2} \\
&+ (b_{n-2} - b_{n-1}) \times A \times 2^{n-1} \\
&= A \times \{-(b_{n-1} \times 2^{n-1}) + (b_{n-2} \times 2^{n-2}) \\
&\quad + (b_{n-3} \times 2^{n-3}) + \cdots + (b_1 \times 2^1) + (b_0 \times 2^0)\} \\
&= A \times \{B の「2 の補数」表示\} \\
&= A \times B
\end{aligned}$$

すなわち,ブースのアルゴリズムは「2の補数」表示の $A$, $B$ に対する乗算を行っていることが分かる.

## 6.5 浮動小数点演算

### 6.5.1 加減算

浮動小数点表示の加減算は，指数部を揃えるための比較とシフト，仮数部の加算，結果の正規化操作を要し，整数（固定小数点表示）加算より時間がかかる．

**例 6.27** 浮動小数点表示 10 進数の加算 $9.999 \times 10^{+1} + 1.722 \times 10^{-1}$ は以下の手順で実行される．ここで浮動小数点表示の仮数部は 4 桁，指数部は 2 桁と仮定する．

(1) 指数を比較して小さい方の数値を右シフト：$9.999 \times 10^{+1} + 0.017 \times 10^{+1}$
(2) 仮数の加算：$9.999 + 0.017 = 10.016$
(3) 結果の正規化（仮数のシフト，指数の増減）：$10.016 \times 10^{+1} \Rightarrow 1.0016 \times 10^{+2}$
(4) オーバフロー／アンダーフローのチェック．
(5) 仮数を 4 桁に丸める：$1.0016 \times 10^{+2} \Rightarrow 1.002 \times 10^{+2}$
(6) 必要なら再び正規化を行う． □

### 6.5.2 乗算

浮動小数点表示データの乗算は
$$(m_1 \times r^{e_1}) \times (m_2 \times r^{e_2}) = (m_1 \times m_2) \times r^{e_1+e_2}$$
と書けるので指数部の加算と仮数部の乗算になる．

**例 6.28** 浮動小数点表示 10 進数の乗算 $1.230 \times 10^{10} \times 9.300 \times 10^{-5}$ は以下の手順で実行される．ここで浮動小数点表示の仮数部は 4 桁，指数部は 2 桁と仮定する．

(1) 2 つの指数を加える：結果の指数 $= 10 + (-5) = 5$
バイアス表現の場合には，次のように結果もバイアス表現にする：
結果の指数 $= (10 + 127) + (-5 + 127) - 127 = (5 + 127)$
(2) 仮数の乗算：$1.230 \times 9.300 = 11.439$
(3) 結果の正規化：$11.439 \times 10^5 \Rightarrow 1.143 \times 10^6$
(4) オーバフロー／アンダーフローのチェック．
(5) 仮数を 4 桁に丸める：$1.1439 \times 10^6 \Rightarrow 1.144 \times 10^6$
(6) 必要なら再び正規化を行う．
(7) 結果の符号は，両オペランドが同符号なら正，異符号なら負とする． □

## 演習問題

**6.1** 符号付き「2の補数」表現を用いた32ビットのデータで表すことのできる10進数の範囲を示せ．

**6.2** 符号なし2進数1101.0101を10進数に変換せよ．また，10進数54.6875を2進数に変換せよ．

**6.3** 浮動小数点数標準規格IEEE754に従って数値 −0.75 の2進表現を，単精度と倍精度で示せ．また，IEEE754単精度形式の32ビットデータ 1 10000001 01100000000000000000000 が表す数を示せ．

**6.4** 8ビットレジスタを用いた符号付き「2の補数」表示の2進加算で演算 93 − 47 はどのように実行されるかを示せ．

**6.5** 「2の補数」による加算を行い，オーバーフローも検出する4ビット並列加算器の構成を示せ．

**6.6** BCD符号表示の加算によって10進演算 584 + 273 が実行される様子を示せ．

**6.7** 3増し符号表示の加算によって10進演算 584 + 273 が実行される様子を示せ．

**6.8** 2分木構成キャリールックアヘッド加算器の構成法に従って，8ビット並列加算器における $C_5$, $C_6$, $C_7$, $C_8$ を求めよ．

**6.9** 図6.10のハードウェア構成で4ビット2進乗算 1010 × 1001 が実行される様子を示せ．

**6.10** 図6.12のハードウェア構成で2進除算 01011101 ÷ 1101 が回復型アルゴリズムで実行される様子を示せ．

**6.11** 問6.10のハードウェア構成で同じ2進除算 01011101 ÷ 1101 を非回復型アルゴリズムが実行される様子を示せ．また，回復型アルゴリズムと同じ結果を与える理由を説明せよ．

**6.12** 図6.10の乗算器構成と図6.12の除算器構成の機能を両方とも実現できるハードウェアの構成を示せ．

**6.13** ブースのアルゴリズムを用いた加算繰り返し型乗算器の構成と (−13) × (−9) の実行例を示せ．

# 第7章
# 論理回路のタイミング

ディジタルシステムの論理機能は安定状態にあればブール代数で完全に説明できるが，実際には素子や配線に遅延が存在して不確定に変動するため，再現不能なシステムの誤動作あるいは致命的なシステム障害を起こし得る．ここでは情報システムのディペンダビリティを左右する遅延とタイミングの問題を学ぶ．

## 7.1 遅延モデル

### 7.1.1 ブール代数と遅延

　前章まで，論理回路はブール代数の法則に従って瞬時に論理関数を計算し出力を決定すると仮定してきた．また順序回路は規則的な時間間隔で生成される理想的なクロック信号に同期して瞬時に状態遷移を生じると仮定してきた．しかし，実際のディジタルシステムを構成する素子や配線には信号の生成や伝播に遅延があり，しかもそれらは様々な要因で変動する．例えば回路方式，チップレイアウト，プロセス技術，実装技術など，設計製造段階での変動要因に加えて，電源電圧，環境温度など，稼働する環境によっても大きく変動する．さらに処理されるデータにも依存する．従ってその設計に際しては，システムの生涯を通じて実際に起こり得る遅延変動の様子を推定し，その振る舞いを表す適切な遅延の仮説（遅延モデル）に基づいて適切な方式を採用することが重要になる．

　設計時に推定した遅延はシステムの生涯を通じて不変であると楽観的に仮定できる場合には，クロック信号を用いる同期式設計スタイルが簡単であり，回路構成の効率や性能は良くなる．実際，これまでのコンピュータを含むほとんどのディジタルシステムのハードウェアは同期式である．しかし，今後さらにVLSIの微細化が進み遅延変動や不確定性が大きくなる場合には，クロックのタイミングを保証して信頼性あるいは**ロバスト性** (robustness)（不確定な変動に対する安定性）を確保しようとすると十分な性能が得られなくなる．このような状況ではクロックを用いない非同期式設計スタイルが変動や不確定性に対するロバスト性を保証しつつ高い性能と低い消費電力を実現できるので有効である．

　ディジタルシステムが定常的な安定状態にあれば，その論理機能と動作はブール代数を用いて完全に説明できる．しかし，上述のように現実の情報機器あるいはVLSIシステムは物理的な性質を持つスイッチング素子（例えばトランジスタ）や配線によって実現されるので，その動作に際しては信号の処理や伝播に遅延が存在し，しかもその遅延は入力データ，回路方式，システム状態，環境条件などに依存して不確定に変動する．このため，実際のシステムの動作中にブール代数が成立しない瞬間が生じる場合があり，これが再現不能な

## 7.1 遅延モデル

システムの誤動作あるいは致命的なシステム障害に至る原因となる．

**例 7.1** 図 7.1(a) はブール代数の相補律「$x \cdot \bar{x} = 0$」を実現する論理回路である．ブール代数によれば出力 $f$ は入力 $x$ の値にかかわらず常に 0 のはずであるが，実際には入力信号 $x$ が $0 \to 1$ 変化を生じると，NOT 素子 $A$ の $1 \to 0$ 変化が少し遅れて起きるため，出力 $f$ には $0 \to 1 \to 0$ 変化が瞬間的に生じる可能性がある．これは本来設計者が想定していなかった誤ったパルス信号であり，このパルス信号で後段の記憶素子が予期しない状態遷移を起こすと致命的なシステム障害に至る可能性がある．実際にこの瞬時パルスが生じるかどうかは NOT 素子 $A$ の遅延の大きさ，AND 素子 $B$ の容量性遅延の持つフィルタリング効果の程度などに依存する．また瞬時パルスが生じた場合，システムの状態遷

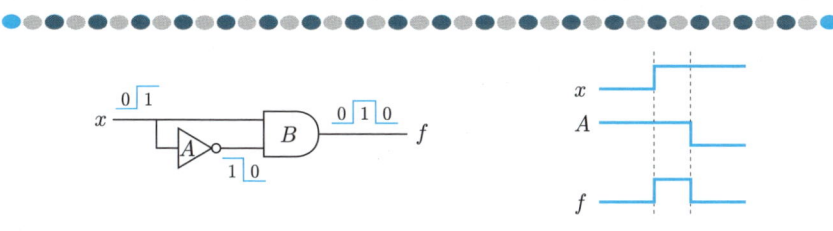

(a) 相補律 $x \cdot \bar{x} = 0$

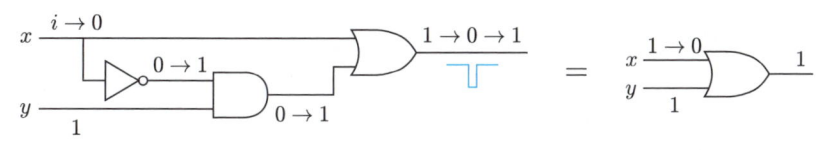

(b) 吸収律 $x \lor \bar{x} \cdot y = x \lor y$

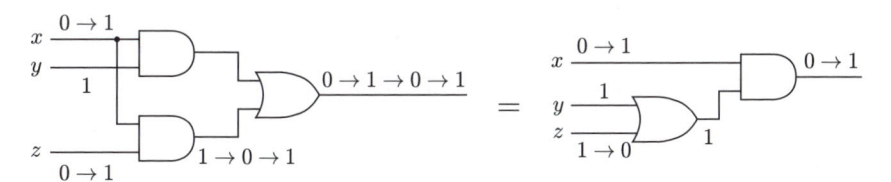

(c) 分配律 $x \cdot y \lor x \cdot y = x(x \lor y)$

図 7.1 ブール代数と瞬時パルス

移に影響があるかどうかは，システム全体の設計方式に依存する． □

**例 7.2** 図 7.1(b) はブール代数の等式「$x \vee \bar{x} \cdot y = x \vee y$」の左辺と右辺をそれぞれ実現した論理回路である．入力信号 $y=1$ のときに入力信号 $x$ の $1 \to 0$ 変化が生じると，左辺の回路の出力は $1 \to 0 \to 1$ の瞬時パルスが生じる可能性があるが，右辺の回路の出力は常に 1 のままであり瞬時パルスが生じる可能性は全くない．このことはブール代数の等式を上手に活用すると瞬時パルスの全く生じない信頼性の高い論理回路を構成できる場合があることを教えている． □

本来は値が一定である場合だけでなく，値が変化するべき場合でも誤った瞬時パルスが起き得る．

**例 7.3** 図 7.1(c) は分配則「$x \cdot y \vee x \cdot z = x \cdot y \vee z$」の左辺と右辺をそれぞれ論理回路で実現したものである．入力信号 $y=1$ のときに $x$ の $0 \to 1$ 変化と $z$ の $1 \to 0$ 変化が同時に生じた場合，左辺の回路の出力には，2 つの AND 素子の相対的な遅延の大きさによって，$0 \to 1 \to 0 \to 1$ という誤った出力変化が生じ得る．一方，右辺の回路の出力は単純に $0 \to 1$ 変化しか起きない． □

以上の例が示すように，論理回路にはブール代数の法則に従わない瞬間があり，その結果として出力に誤った瞬時パルスが生じるかどうかは素子あるいは配線の遅延の大きさや性質に大きく依存する．従って，論理回路の動作解析，設計をするに当たっては前提となる遅延モデルを明確に定義することが必要である．

### 7.1.2 遅延モデル

論理回路において遅延という言葉は 2 つの異なる文脈で用いられるので，これらは区別する必要がある．第 1 は，設計者がシステムの設計や実装の段階でタイミングを調整するため，遅延の大きさが既知の素子（遅延素子と呼ぶ）を意図的にデータパスや制御信号線に挿入する場合であり，これは**整合遅延** (matched delay) と呼ばれる．実際，偶数個の**インバータ** (inverter)（NOT 素子）の挿入は遅延素子を実現する簡単な手段である．第 2 は，素子や配線の物理的性質のために避けることのできない不確定な遅延であり，これは**浮遊遅延** (stray delay) と呼ばれる．以後，特に断らない限り単に遅延と言えば浮遊遅延

## 7.1 遅延モデル

を指す．

実際の素子や配線に見られる浮遊遅延の物理的特性に着目したモデルとして次の2つが知られており，ハードウェア記述言語にも取り入れられている．

**純粋遅延モデル**　純粋遅延モデル (pure-delay model) では，図 7.2(a) に示すように入力信号の波形が時間 $D$ だけ遅れて忠実に出力に現れる．時刻 $t$ の入力信号を $f(t)$ とすると出力信号は $f(t-D)$ で表される．すなわち，入力信号波形が時間 $D$ だけ正確に記憶されてそのまま出力されるとする遅延モデルであり，シフトレジスタと同様な効果を生じる．

**慣性遅延モデル**　慣性遅延モデル (inertial-delay model) とは，図 7.2(b) に示すように時間 $D$ だけ持続した入力値にのみ遅れて出力が追随するモデルである．時間 $D$ 以内に励起条件が入力側で消失すれば出力変化しないのでフィルタ効果を持つ．

実際の論理素子や配線の遅延特性は大小の差はあれ純粋遅延と慣性遅延の両方の性質を示すと考えられるので，システムの設計に際してどちらか一方のみ

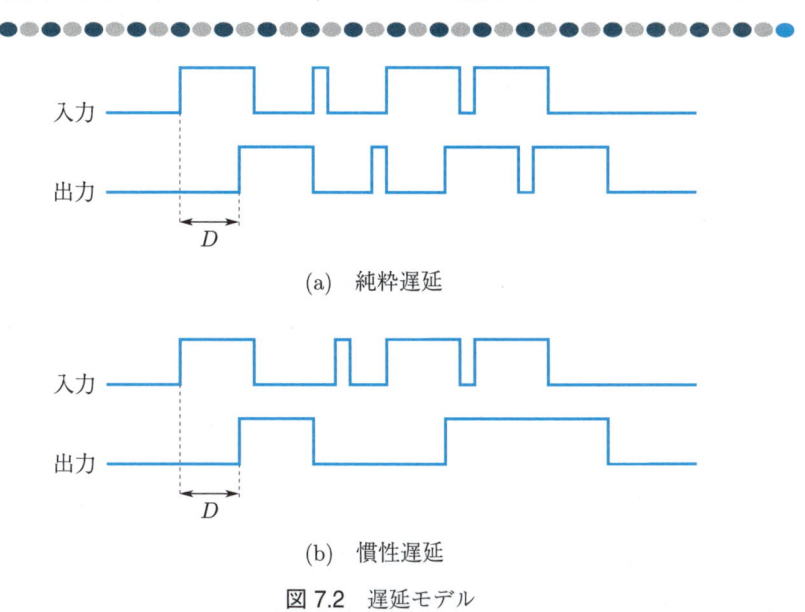

(a) 純粋遅延

(b) 慣性遅延

図 7.2　遅延モデル

を前提とすることは適切ではない．またシフトレジスタ効果やフィルタ効果を
あてにした設計は危険であり，正しい動作を保証することはできない．一方，
遅延の不確定性を前提にシステム動作の解析を行う場合に，シフトレジスタ効
果やフィルタ効果があったとしても誤動作は起きないという事実を証明するた
めにこれらの遅延モデルを用いることは有効である．

　ゲートレベルの設計はこれら 2 つの遅延モデルにおける遅延時間 $D$ の変動
をどのように仮定するかに大きく依存する．遅延時間 $D$ の変動の上限値に関
しては次のようなモデルが考えられる．

**固定遅延モデル**　固定遅延 (fixed delay) モデルでは $D$ は既知で一定と仮定す
る．最も簡単なモデルであり，このモデルに従えば論理設計は容易であるが，
微細化が進んだ今日あるいは将来の VLSI 技術では現実的な仮定ではない．

**有界遅延モデル**　有界遅延 (bounded delay) モデルでは $D$ は未知であるが下
限値 $D_{min}$ と上限値 $D_{max}$ は既知として，$0 < D_{min} \leq D \leq D_{max}$ が成り立つと
仮定する．動作環境やプロセス技術によって遅延に変動があるとしても，実際
の変動幅は高い確率で一定の範囲内に収まると仮定するもので，今日，最も一
般的に用いられているモデルである．

**無界遅延モデル**　無界遅延 (unbounded delay) モデルでは $D$ は未知であり，
下限値も上限値も未知とする．すなわち，$0 < D < \infty$ とし，遅延変動がどの
程度大きくなるか予想できないとする最も悲観的に考えたモデルである．この
モデルのもとで正しく設計されたシステムは遅延変動に対してロバストであ
り，信頼性が高い．

　現実には電子回路における素子や配線の遅延は識別できる形でどこかに集中
的に存在するわけではなく，回路全体に分布するものと考えられるが，ディジ
タルシステムにおいて遅延を考慮したゲートレベルの動作解析をする場合に
は，次のような集中型の遅延モデルを考えることができる．

**入力遅延モデル**　入力遅延モデルは図 7.3(a) に示すように，理想的な論理素
子の各入力端に互いに独立な遅延が集中的に存在し，出力端には遅延が存在し
ないとするモデルである．出力端に遅延なしとする仮定は現実的でないように

見えるが，各素子の出力端の遅延はそのすべてのファンアウト先の入力端の遅延に含めて考えることにすれば同等の効果が得られるのでこのモデルで十分である．配線遅延はこの入力遅延モデルでシミュレートできる．

**出力遅延モデル**　出力遅延モデルは図 7.3(b) に示すように，理想的な論理素子の出力端に遅延が集中して存在し，入力端には遅延が存在しないとするモデルである．配線遅延を無視した少々楽観的なモデルなので，配線遅延も考慮する必要がある場合には，1 入力 1 出力の遅延素子が当該配線部分に存在すると想定する．

同期式回路では固定遅延モデルを仮定している．この仮定によってクロック周期の設定が可能になる．従って，もしレイアウト，システム実装，動作環境などの要因でその遅延仮定が破れれば**タイミングフォールト** (timing fault)（不適切な動作タイミングが原因でシステム障害に至ること）を生じることになる．このため，実際の同期式設計では，有界遅延モデルにおける遅延の上限値を考慮して安全マージンをクロック設計に取り入れているが，システム全体に分配されるクロック周期が固定値であることから，実質的には固定遅延モデルと言える．

これに対して，非同期式回路は有界遅延モデルまたは無界遅延モデルを仮定する．無界遅延であればもちろん，有界遅延であってもその遅延変動幅は極めて大きい場合も想定するので，一般にはシステム全体を同期させるクロックは使用できない．ただし，有界遅延モデルのもとでは，遅延上限値が既知なので，局所クロックの使用や遅延素子挿入によるタイミング調整は可能である．論理素子と配線に対してそれぞれ前述の遅延モデルを適用することによって種々の非同期回路モデルがあり得るが，よく研究されている理論的モデルとしては以下の 3 つが代表的である．

(a)　入力遅延モデル　　　　(b)　出力遅延モデル

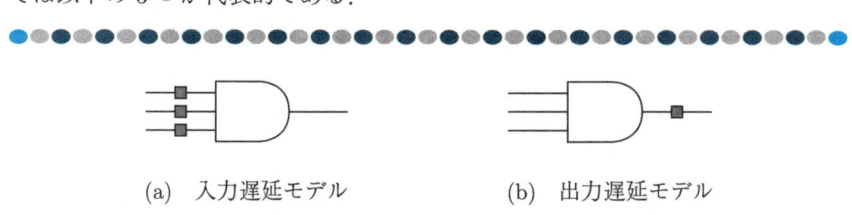

図 7.3　集中型遅延モデル

**FM モデル**　FM (Fundamental Mode) モデルはハフマンモデル (Huffman model) とも呼ばれ，論理素子と配線はいずれも有界遅延モデルを仮定する．このため，回路へ入力を供給する外界はその上限値に基づいて入力タイミングを制御できる．従って，「回路が安定状態にあるときにしか回路への入力変化は起きない」とする前提が有効になる．この前提のもとで，順序機械あるいは有限状態機械の概念に基づいて，状態変数間の危険な競走が起きない状態割当や誤った瞬時パルスを生じない回路構成などが与えられる．FM モデルはよく研究され，その設計論は確立されている．しかし，現実の多くのシステムでは多数の部分回路が相互に作用しながら並行動作を行うので，上記の前提がいつも成立するとは限らない．

**SI モデル**　SI (Speed-Independent) モデルはマラーモデル (Muller model) とも呼ばれ，すべての論理素子に無界遅延モデルが適用される．ただし，配線遅延はゼロである，と仮定するので出力遅延モデルの一種である．上限値が未知のため，FM モデルと異なって外界が入力タイミングを制御できない．従って，回路自身が出力する「完了信号」によってのみ入力変化のタイミングが制御される．配線遅延を考える場合には，配線に模擬素子を挿入すればよい．

**DI モデル**　DI (Delay-Insensitive) モデルは最も制限の少ない，従って遅延のばらつきに関して最も悲観的なモデルである．すなわち，論理素子にも配線にも無界遅延モデルが適用される．前に述べたように，素子の高速化に伴って配線遅延は相対的に増加しており，レイアウト，システム実装，動作環境の各要因による配線遅延変動を設計時に精密に予測することは困難である状況を考えると，この DI モデルに基づく設計は魅力的である．しかし，残念ながら DI モデルのもとで正しく動作する回路は特殊なものに限られ，実際に役に立つ回路はほとんど設計できない．そこで，DI モデルを少し修正し，「分岐する配線の信号変化はすべての分岐先へ同時に伝播する」という同時分岐の仮定を加えて，これを修正 DI モデルと呼ぶことにする．修正 DI モデルのもとでは，ほとんどの回路を構成することが可能である．ただしこの場合，分岐配線が一定の近傍領域を越えないように，設計上の制約が課される．修正 DI モデルは実質的には SI モデルと等価である．

## 7.2 クロック方式

現在のほとんどのディジタルシステムは同期式システムであり，その動作はクロック信号に同期して逐次的に進められる．

図 7.4(a) はレジスタ転送レベルの同期式データパスあるいは同期式制御回路の一般的な構成を表している．時刻 $t$ のクロックで転送元レジスタ $S$ に格

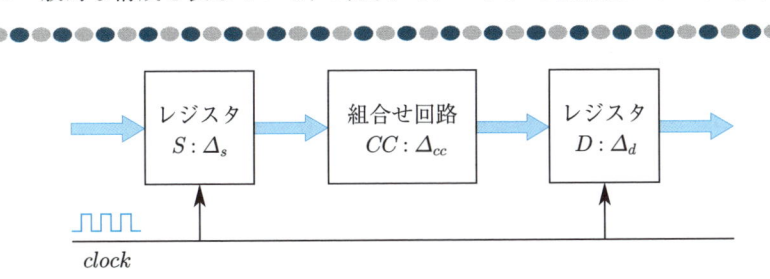

(a) データパス

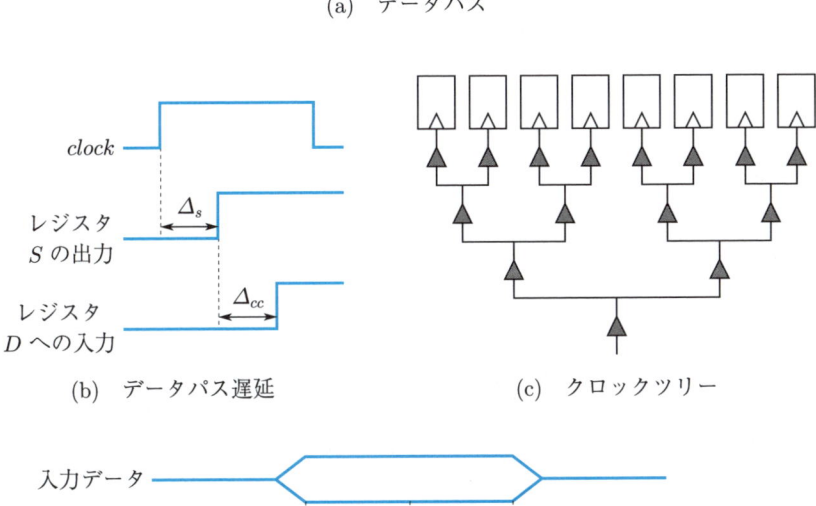

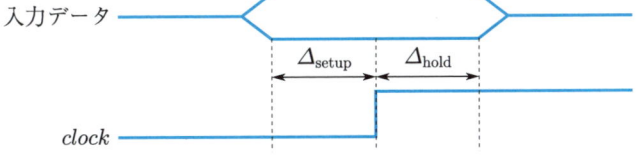

(b) データパス遅延

(c) クロックツリー

(d) セットアップ時間とホールド時間

図 7.4 同期式データ転送

納されたデータが演算や制御論理を実現する組合せ回路 $CC$ で変換され，時刻 $t+1$ のクロックで転送先レジスタ $D$ に格納される．通常，クロックはシステム内のすべてのレジスタやフリップフロップに一定周期で同時刻に供給される同期信号である，と仮定される．このようなレジスタ転送レベルの動作は，ハードウェア記述言語を用いると，例えば，$D := CC(S)$ と表現され，必ずしも遅延に関する条件や振る舞いは表現されない．

同期式システムの性能はクロック周波数 $f$ あるいはその逆数であるクロック周期 $T(=\frac{1}{f})$ で決まる．実際の VLSI チップ上で実現された図 7.4(a) のシステムには以下のような遅延および遅延変動が存在するので，周期 $T$ の決定はこれらの遅延変動を考慮する必要がある．

- データパス遅延：図 7.4(b) に示すように，レジスタ $S$ にクロック信号が到着してから状態遷移が完了するまで，すなわちレジスタ $S$ への入力データがラッチされて出力データとして安定するまでの遅延時間を $\Delta_s$ で表す．また，レジスタ $S$ の出力データが安定してから組合せ回路 $CC$ によるデータ変換を経てレジスタ $D$ への入力データとして安定するまでに要する遅延時間を $\Delta_{cc}$ で表す．この遅延の和 $\Delta_s + \Delta_{cc}$ をデータパス遅延と呼ぶ．VLSI システム内には多数のデータパスが存在するのでデータパス遅延にはばらつきが存在する．また同じデータパスでも処理される入力データによって遅延にばらつきがある．クロックはすべてのデータパスに分配されるので，クロック周波数 $f$ の逆数であるクロック周期 $T(=\frac{1}{f})$ は少なくともシステム全体に渡るデータパス遅延の最大値 $\max\{\Delta_s + \Delta_{cc}\}$ よりは大きくなければ正しい動作は保証されない．

- クロックスキュー：システム内の膨大な数のレジスタあるいはフリップフロップを駆動するためには図 7.4(c) に示すようなクロックツリーが必要になる．このクロックツリーを構成する配線長や負荷のばらつきによるゲート遅延のばらつきのためにクロック信号が各レジスタへ到着する時刻にはばらつきが生じる．このクロック到着時刻のばらつきをクロックスキューと呼び，$\Delta_{\text{skew}}$ で表す．クロック周期 $T$ の決定にはクロックスキューも考慮する必要がある．すなわち，正しい動作を保証するためには，$T$ は少なくともデータパス遅延にクロックスキューを加えた最大値 $\max\{\Delta_s + \Delta_{cc} + \Delta_{\text{skew}}\}$ より大

きくなければならない．

- フリップフロップのセットアップ時間とホールド時間：フリップフロップの正しい状態遷移を保証するためには，クロックエッジの到着時刻の前と後の一定時間，読み込まれるべき入力データの値が安定している必要がある．例えば，ポジティブエッジトリガー型のフリップフロップの場合，図 7.4(d) に示すようにクロックのポジティブエッジの到着前の一定時間（**セットアップ時間** $\Delta_{\text{setup}}$）と到着後の一定時間（**ホールド時間** $\Delta_{\text{hold}}$）は入力データを安定に保つ必要がある．

以上の遅延変動に関する考察から，図 7.4(a) に示したデータパスでデータ転送が正しく行われるためには，レジスタ S にクロックエッジが到着してから次のクロックエッジがレジスタ D に到着するまでの時間はデータパス遅延とクロックスキューとセットアップ時間の総和より大きくなければならない．従って，システム全体に分配されるクロック周期 $T$ は次の条件を満たす必要がある．

$$T > \max\{\Delta_s + \Delta_{cc} + \Delta_{\text{skew}} + \Delta_{\text{setup}}\} \tag{7.1}$$

また，レジスタ D に関するホールド時間の制約を満たすためには，レジスタ S に格納され得るすべてのデータに対するデータパス遅延の最小値がホールド時間とクロックスキューの和より大きくなければならない．すなわち，システム内の各データパスに関して，そのデータパス遅延は，以下の条件を満たすことが必要になる．

$$\min\{\Delta_s + \Delta_{cc}\} > \Delta_{\text{skew}} + \Delta_{\text{hold}} \tag{7.2}$$

同期式システムでは，遅延のばらつきが大きくなればなるほどクロック周期は大きくなり，システムの性能は低くなる．

式 (7.1) は，ゲートや配線の遅延変動が大きくなるに従ってクロック周期は大きくなることを意味している．また式 (7.2) はクロックスキューを最小化する必要があることを示している．すなわち，両者は遅延変動が大きくなると同期式設計スタイルで性能と信頼性を確保することは困難になることを示している．

## 7.3 ハンドシェーク方式

一般に，非同期式システムは互いに信号をやりとりし合う機能モジュールの集まりと見ることができる．システム全体の同期をとるクロック信号は存在しないので，2つのモジュールの間でデータ転送を実行しようとする場合，一方がデータ転送を要求するモジュール（能動側と呼ぶ），他方がそれに応答するモジュール（受動側と呼ぶ）になり，両者の間で要求フェーズと応答フェーズの組からなる次のような規約に従った通信を行う必要がある．

- 要求フェーズ：能動側は受動側へデータ転送を要求する信号 $req$ を送る．受動側は信号 $rec$ を受けたらデータ転送を実行する．
- 応答フェーズ：受動側はデータ転送を実行したら能動側へ完了を告げる信号 $ack$ を送る．能動側は信号 $ack$ を受けたら次のフェーズへ移る．

能動側が要求を送り受動側が応答を返すことによって互いの通信チャネルを確立するこの規約（プロトコル (protocol) ともいう）は，一方が手を差し出し他方がそれに応えて手を握り返す「握手」に似ているので，ハンドシェーク (handshake) と呼ばれる．共通の同期信号を持たず，しかも通信遅延や処理遅延に変動のある非同期式システムでデータ転送を正しく実行するには，このハンドシェークを確実に実行する必要がある．

図 7.5 に示されるように，能動側と受動側の間でデータが転送される向きによって，次の 2 通りのデータ伝送がある．

**プッシュ型** プッシュ型は能動側 $A$ から受動側 $B$ へのデータ転送である．（図 7.5(a)）．$A$ は転送データの送出を確認した後に要求信号 $req$ を送出する．$B$ は $req$ を受け取ったら入力データを取り入れ，その後に応答信号 $ack$ を返す．$A$ は $ack$ を受け取ったらデータ転送の完了を知り，次のフェーズに移る．この場合，正しいデータ転送が実行されるためには「$B$ が $req$ を受け取ったときにはすでに有効なデータが $B$ の入力端に到着していること」を保証する必要がある．

**プル型** プル型は受動側 $B$ から能動側 $A$ へのデータ転送である．（図 7.5(b)）．$A$ は要求信号 $req$ を送出する．$B$ は $req$ を受け取ったらデータを送出

## 7.3 ハンドシェーク方式

し，その後に応答信号 ack を返す．A は ack を受けとったら入力データを取り入れ，次のフェーズに移る．この場合，正しいデータ転送が実行されるためには「A が ack を受け取ったときにはすでに有効なデータが A の入力端に到着していること」を保証する必要がある．

いずれの場合にも，システム設計の前提となる遅延モデルに応じて，ハンドシェークに定められた信号到着の順序関係が確保されなければならない．すなわち，プッシュ型の場合には「req 到着より早く有効なデータが受動側 B に到着すること」を，プル型の場合には「ack 到着より早く有効なデータが能動側 A に到着すること」を保証する必要がある．

この保証のために，有界遅延モデルに対しては**束データ** (bundled data) **方式**が有効であり，無界遅延モデルの場合には **2 線**（2-rail）**方式**が有効である．また，要求信号 req と応答信号 ack を 2 値ディジタル信号で実現する方式として，2 相方式と 4 相方式があり，それぞれ一長一短がある．以下では，これらを組み合わせた 4 通りのハンドシェーク方式について説明する．

**注** 2 相，4 相の呼び方には国際的にも混乱がある．本書で述べる 4 相方式（図 7.7, 7.9, 7.15(a), (b)）は 1 回のデータ転送が $req\uparrow \to ack\uparrow \to req\downarrow \to ack\downarrow$ の 4 回の信号変化で完結するので "4-cycle signaling" と呼ばれる場合と，有用な情報を転送する**稼働相**（active phase）とスペーサ状態に復帰する**休止相**（idle phase）の 2 相からなるので "2-phase protocol" と呼ばれる場合がある．一方，本書で述べる 2 相方式（図 7.10, 7.11）は，1 回のデータ転送が $req \to ack$ の 2 回の信号変化で完結するので "2-cycle signaling" と呼ばれる場合と，信号の $0 \to 1$ 変化と $1 \to 0$ 変化を区別

(a) プッシュ型　　　(b) プル型

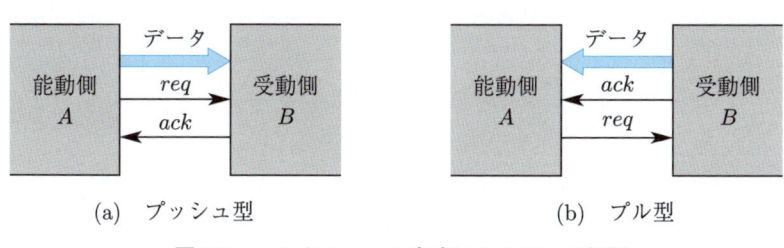

図 7.5 ハンドシェーク方式によるデータ転送

せず信号遷移だけが意味を持つので "transition signaling" と呼ばれる場合がある．本書では，"4-cycle signaling"，"2-cycle signaling" に合わせて 4 相方式，2 相方式と呼ぶことにする．

### 7.3.1 束データ 4 相方式ハンドシェーク

論理素子や配線の遅延自体は変動し得るので未知であるがその上限値は既知であるとする有界遅延モデルが適用できる場合には，データ信号を 1 つに束ね，そのデータパス遅延の上限値に合わせた遅延素子を用いて局所的なタイミング信号を生成する**束データ方式ハンドシェーク** (bundled-data handshaking) が有効であり，実現も簡単である．

図 7.6(a) に束データ方式プッシュ型ハンドシェークによるデータパス構成の概念図を示す．レジスタ $S$ に格納されたデータが組合せ回路 $CC$ による変換を経てレジスタ $D$ に格納するデータ転送は，図 7.4(a) に示した同期式データ転送の構成と同じである．同期式と異なるのは，各レジスタにシステム共通のクロック信号を供給する代わりに，ハンドシェークに基づいて制御回路 $CTL$ がタイミング信号をレジスタへ供給する点である．$req$ 信号線上の $\Delta$ は組合せ回路 $CC$ の遅延の上限値よりも大きい遅延素子である．

グレーで囲んだ左側部分が能動側 $A$ であり，右側部分が受動側 $B$ に相当すると考えると，$A$ と $B$ の間のハンドシェークプロトコルは図 7.6(b) のタイミングチャートで示される．このプロトコルは，次の 4 つのフェーズを繰り返すことから 4 相方式プロトコルと呼ばれる．

(1) $A$ はデータを送出した後，$req$ を $0 \to 1$ 変化させる（$B$ の入力端に有効なデータが到着していることを保証する）．

(2) $B$ は $req$ の $0 \to 1$ 変化を認識したらデータを取り入れた後，$ack$ を $0 \to 1$ 変化させる．

(3) $A$ は $ack$ の $0 \to 1$ 変化を認識したら $req$ を $1 \to 0$ 変化させる（この結果，データはもはや有効状態ではなくなる）．

(4) $B$ は $req$ の $1 \to 0$ 変化を認識したら $ack$ を $1 \to 0$ 変化させる（この結果，$A$ は次の通信サイクルを開始できる）．

上記 4 つのフェーズのうち，(1) における「$req$ の $0 \to 1$ 変化の到着時点にはすでに有効なデータが受動側 $B$ に到着している」ことを保証するために，

遅延素子 $\Delta$ が必要になる．他の 3 フェーズにおける信号遷移の因果関係は，それぞれの制御回路 $CTL$ の中で，次節に述べる「マラーの $C$ 素子」を用いて容易に保証できる．

図 7.7(a) に束データ 4 相方式ハンドシェークによるプル型データ転送の構成を示す．能動側 $A$ と受動側 $B$ の範囲が異なり，データ転送の向きがプッシュ型とは逆であり，遅延素子 $\Delta$ が $ack$ 信号線に挿入されていることに注意してほしい．

図 7.7(b) に示されるように束データ 4 相方式のプル型データ転送は次の 4 つのフェーズによって実行される．

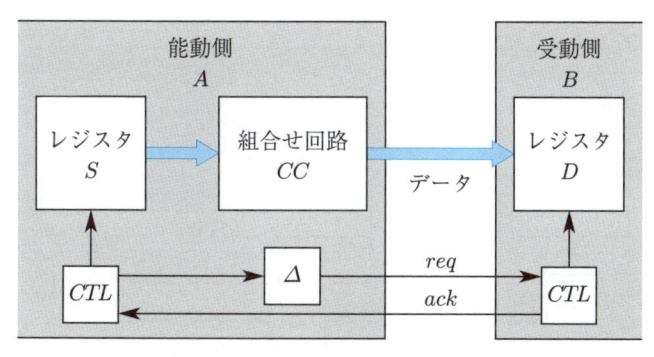

(a) 構成

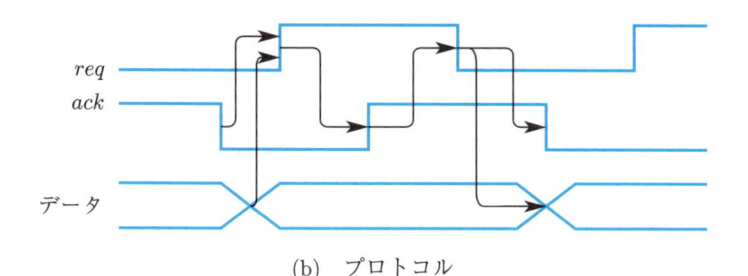

(b) プロトコル

図 7.6 束データ方式プッシュ型ハンドシェーク

(1) $A$ は $req$ を $0 \to 1$ 変化させる．
(2) $B$ は $req$ の $0 \to 1$ 変化を認識したらデータを送出した後，$ack$ を $0 \to 1$ 変化させる（$A$ の入力端にデータが到着していることを保証する）．
(3) $A$ は $ack$ の $0 \to 1$ 変化を認識したらデータを取り入れた後，$req$ を $1 \to 0$ 変化させる．
(4) $B$ は $req$ の $1 \to 0$ 変化を認識したら $ack$ を $1 \to 0$ 変化させる（この結果，データはもはや有効状態ではなくなる．$A$ は次の通信サイクルを開始できる）．

プッシュ型の場合と同様，$ack$ 信号線上の遅延素子 $\varDelta$ は上記 (2) における「$ack$ の $0 \to 1$ 変化の到着時点にはすでに有効なデータが受動側 $A$ に到着して

(a) 構成

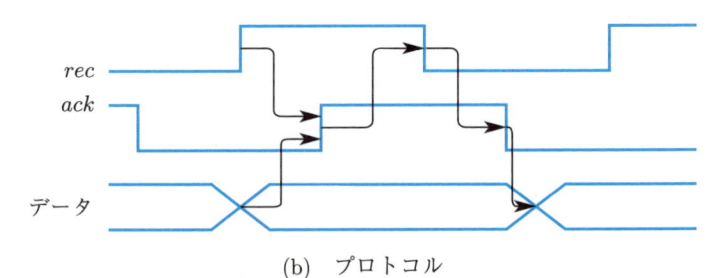

(b) プロトコル

図 7.7 束データ方式プル型ハンドシェーク

いる」ことを保証するためである．

4 相方式ハンドシェークでは，プッシュ型もプル型も $req$ と $ack$ の $0 \to 1$ 変化が生じる前半のフェーズ (1), (2) で目的とするデータ転送が実行され，後半の (3), (4) は $req$ と $ack$ を $1 \to 0$ 変化させて初期状態に復帰するために費やされる．このため，return-to-zero 方式と呼ばれることもある．この方式は，制御論理の実現が容易である反面，全体の半分の時間しか有用な仕事が行われていないことになり，計算性能の面でも消費エネルギーの面でも無駄が多いという欠点がある．この欠点を解決する方式が次に述べる束データ 2 相方式ハンドシェークである．

### 7.3.2 束データ 2 相方式ハンドシェーク

図 7.6(a) に示した束データ方式プッシュ型ハンドシェークによるデータパス構成において，4 相方式プロトコルでは図 7.6(b) に示したように，$req = 1$ と $ack = 1$ がデータ転送実行に意味を持つレベル信号と解釈していた．これに対して，図 7.8 に示すように $req$ と $ack$ のレベルではなく信号遷移だけに意味を与え，$0 \to 1$ 変化と $1 \to 0$ 変化を区別しない方式を 2 相方式プロトコルあるいは遷移式プロトコルと呼ぶ．

2 相方式プロトコルによる束データ方式プッシュ型データ転送は次の 2 フェーズで行われる．

(1) 能動側 $A$ はデータを送出した後，$req$ 信号を $(0 \to 1$ または $1 \to 0)$ 変化させる（受動側 $B$ の入力端に有効なデータが到着していることを保証する）．
(2) 受動側 $B$ は $req$ の信号遷移を認識したらデータを取り入れた後，$ack$

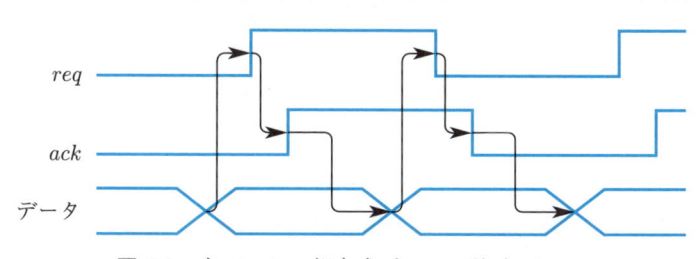

図 7.8 束データ 2 相方式プッシュ型プロトコル

信号を (0 → 1 または 1 → 0) 変化させる.

同様に, 図 7.7(a) に示した束データ方式プル型ハンドシェークによるデータパス構成において, 図 7.9 に示される 2 相方式プロトコルによるデータ転送は次の 2 フェーズで実行される.

(1) 能動側 $A$ は $req$ 信号を (0 → 1 または 1 → 0) 変化させる.
(2) 受動側 $B$ は $req$ の信号遷移を認識したらデータを送出した後, $ack$ 信号を (0 → 1 または 1 → 0) 変化させる ($A$ の入力端にデータが到着していることが保証されているので, $A$ はデータを取り入れる).

この 2 相方式プロトコルでは, プッシュ型, プル型のいずれの場合にも, 4 相方式プロトコルで 1 回のデータ転送を行う間に 2 回のデータ転送が可能である. 従って, 理論的には, 2 相方式プロトコルのほうが 4 相方式より高速なデータ転送が可能である. しかし, 実際には 0 → 1 変化と 1 → 0 変化を区別しない論理の実現は必ずしも簡単ではなく, その結果, レジスタへのタイミング信号を発生する制御論理などが複雑になり, ハードウェア量も多くなるため, 単純に 2 相方式が優れているとは言えない.

### 7.3.3 2 線 4 相方式ハンドシェーク

前項までの束データ方式は遅延素子 $\Delta$ を使用するため, 有界遅延モデルのもとでしか有効ではない. 遅延自体の大きさも遅延変動の上限値も未知であるとする無界遅延モデルのもとでもロバストなデータ転送を行うためには, **2 線式符号** (dual-rail code) を利用する 4 相方式ハンドシェークが有効である.

2 線式符号では, 1 ビットデータ $D$ を 2 本の信号線 $(d_1, d_0)$ を用いて次のように表す.

$$D = 0: \quad (d_1, d_0) = (0, 1)$$
$$D = 1: \quad (d_1, d_0) = (1, 0)$$

すなわち, 2 線データの (0,1) と (1,0) は符号語であり, それぞれ通常の論理 0 と論理 1 を表す. 2 線データ (0,0) は非符号語であり, 4 相方式データ転送においては連続するデータの区切りを示す**スペーサ** (spacer) として用いられる. 2 線データ (1,1) は 4 相方式データ転送では使用されないので決して現れない.

## 7.3 ハンドシェーク方式

データ転送はスペーサ (0,0) から始まる．遷移 (0,0) → (0,1) によって「0 の発生（到着）」を表す．また遷移 (0,0) → (1,0) によって「1 の発生（到着）」を表す．

$n$ ビットのデータは $n$ 組の信号線対 $(d_1, d_0)$ からなる $2n$ ビットで表現される．すべての対が (0,1) または (1,0) ならば符号語である．すべての対が (0,0) ならばスペーサである．

従って，データパスのどのインターフェースでも，データ転送を実行するためにスペーサ (0,0) から符号語 (0,1) または (1,0) へ遷移する期間（稼働相）と次のデータ転送に備えるために符号語からスペーサへ遷移する期間（休止相）を交互に繰り返す．

4.5 節で述べたように，論理関数の入力と出力を 2 線式符号で符号化し，AND, OR, NOT 演算を図 4.16 (p. 105) に示した 2 線式論理演算に置き換えると 2 線式論理回路が得られる．2 線式論理回路では NOT 演算は 2 線信号の交差で実現されるので，NOT 素子を含まない単調増加関数になる．

**例 7.4** 論理関数 $f = a \cdot \bar{b} \vee \bar{a} \cdot b$ は図 7.10 のように NOT を含まない 2 線式論理で実現される． □

図 7.11(a) に 2 線 4 相方式プッシュ型ハンドシェークによるデータパス構成の概念図を示す．送信側レジスタ $S$ が能動側，受信側レジスタ $D$ が受動側である．2 線式符号で符号化されたデータが能動側からの $rec$ 信号の機能を果たす．その応答として受動側から $ack$ 信号が返される．組合せ回路は 2 線式論理で実現されるので delay-insensitive（p. 188 の DI モデル参照）であり，能動側と受動側のどちらに属すると考えても差し支えない．

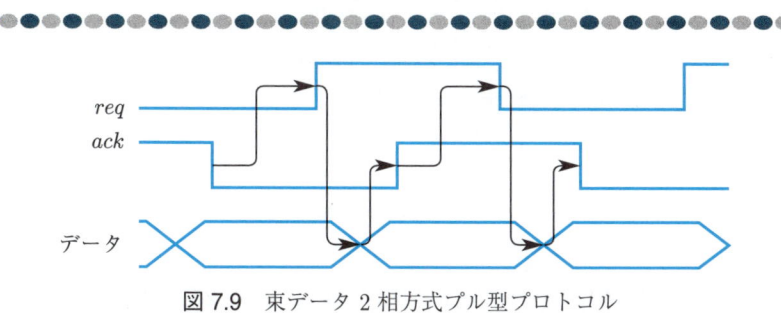

図 7.9 束データ 2 相方式プル型プロトコル

2 線 4 相方式ハンドシェークによるプッシュ型データ転送は図 7.12(a) に示されるように，次の 4 つのフェーズによって実行される．

(1) $A$ はデータをスペーサから符号語に遷移させる．
(2) $B$ は符号語を受け取ったら $ack$ を $0 \to 1$ 変化させる．
(3) $A$ は $ack$ の $0 \to 1$ 変化を認識したらデータをスペーサに遷移させる．
(4) $B$ はスペーサを認識したら $ack$ を $1 \to 0$ 変化させる．

一方，プル型ハンドシェークによるデータパス構成は図 7.11(b) に示すように，データ転送の方向がプッシュ型とは反対になり，$ack$ 信号は 2 線符号化されたデータに埋め込まれる．図 7.12(b) に示されるように，プル型 4 相方式データ転送は次の 4 つのフェーズで実行される．

(1) $A$ は $req$ を $0 \to 1$ 変化させる．
(2) $B$ は $req$ の $0 \to 1$ 変化を認識したらデータをスペーサから符号語に遷移させる．
(3) $A$ は符号語を認識したらそれを取り入れ，$req$ を $1 \to 0$ 変化させる．
(4) $B$ は $req$ の $1 \to 0$ 変化を認識したらデータをスペーサに遷移させる．

2 線 4 相方式ハンドシェークは，論理素子にも配線にも無界遅延モデルが適用される場合であっても delay-insentive な，すなわち遅延変動に関わらず極めて信頼性の高いデータ転送を実現する．

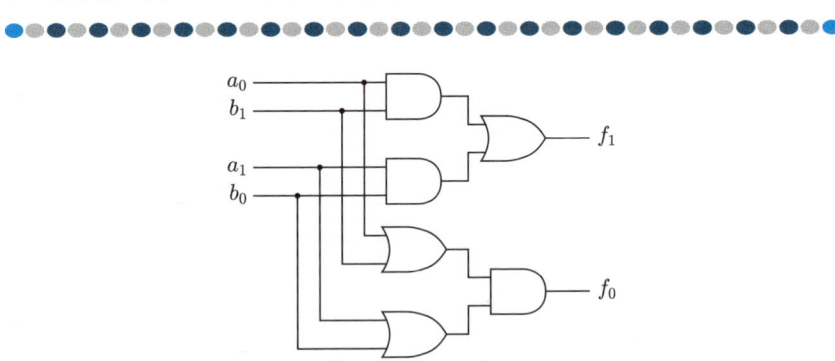

図 7.10 $f = a \cdot \bar{b} \vee \bar{a} \cdot b$ を実現する 2 線式論理回路

## 7.3.4 2 線 2 相方式ハンドシェーク

7.3.2 項でも説明したように，2 線信号 $(d_1, d_0)$ の内，$d_0$ 上の信号遷移が「0 の発生」を，$d_1$ 上の信号遷移が「1 の発生」を表す．従って，同じ信号線上での遷移 $0 \to 1$ と $1 \to 0$ は同じ意味を持つ．例えば，信号系列 0,1,1,0,1,0 は，初期状態を (0,0) とすると，次の遷移系列で表される．

$$(0,0) \to (0,1) \to (1,1) \to (0,1) \to (0,0) \to (1,0) \to (1,1)$$

この例から分かるように，現在の状態 $(d_1, d_0)$ からは $D$ への一意的な復号はできず，それ以前の状態に依存する．従って，2 線遷移方式によるデータ経路の論理関数を実現することは可能であるが，簡単ではない．

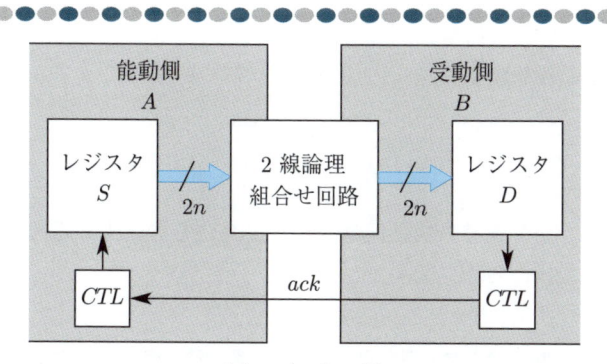

(a) プッシュ型

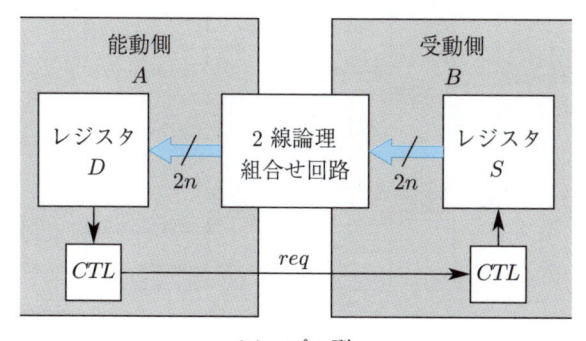

(b) プル型

図 7.11 2 線 4 相方式ハンドシェーク

なお，2 線 2 相方式ハンドシェークの実現方法として，上に述べた信号遷移プロトコルのほかにも，**パリティ交番方式**がある．この方法は，2 線信号 ($d_1$, $d_0$) の 4 つの状態に論理値 0 および 1 を次のように割り当てる．

$$(0,0) = 偶数相における論理値\ ``0''$$
$$(0,1) = 奇数相における論理値\ ``0''$$
$$(1,0) = 奇数相における論理値\ ``1''$$
$$(1,1) = 偶数相における論理値\ ``1''$$

すなわち，論理値は $d_1$ で与えられ，状態のパリティは $d_1 \oplus d_0$ で与えられる．データ転送のタイミング情報は偶数相と奇数相を交互に表す（交番する）ことによって得る．

**例 7.5** 前記の信号系列 0,1,1,0,1,0 は，初め偶数相だとすると，次の状態系列で表される．

$$(0,0) \to (1,0) \to (1,1) \to (0,1) \to (1,1) \to (0,1) \qquad \square$$

この方式も，信号遷移方式と同様，データ経路を構成する論理関数を実現することは可能ではあるが，簡単ではない．

(a) プッシュ型

(b) プル型

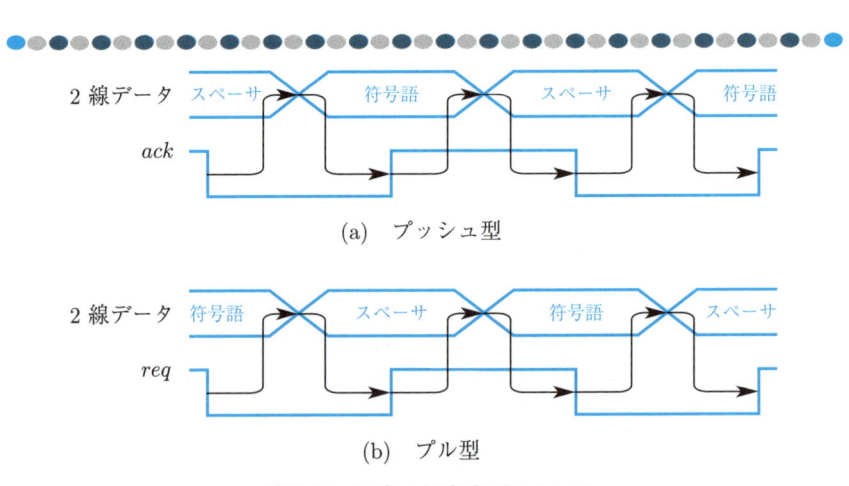

図 7.12 2 線 4 相方式プロトコル

## 7.4 非同期式パイプライン

前節で述べたハンドシェーク方式を用いて，LSI 製造技術，動作環境を反映した適切な遅延モデルのもとで，**非同期式パイプライン** (asynchronous pipeline) が構成される．このとき，同期式システムにおけるクロックに相当するタイミング信号の生成を遅延変動に依存しない delay-insensitive な制御論理で実現するのに重要な役割を果たすのがマラーの $C$ 素子と呼ばれる基本回路モジュールである．

### 7.4.1 マラーの $C$ 素子

マラー (D. E. Muller) によって考案された**マラーの $C$ 素子** (Muller's C-elements) (以下では単に $C$ 素子と呼ぶ) は，非同期式システム実現の要となる基本素子である．図 7.13(a) に示すように $C$ 素子は 2 入力 1 出力の論理回路であり，フリップフロップのように 2 つの内部状態を持つ．図 7.13(b) に $C$ 素子の論理機能を示す．入力 $a$, $b$ が共に 0 ならば出力 $c$ は 0 になる．また入力 $a$, $b$ が共に 1 ならば出力 $c$ は 1 になる．それ以外の入力に対しては出力 $c$ は変化しない．図 7.13(c) に $C$ 素子を実現するトランジスタレベルの構成例を示す．

$C$ 素子の動作の特徴は AND 素子の動作と比較すると分かりやすい．初期状態として 2 つの入力が共に 0，従って出力も 0 とする．2 入力 AND 素子で

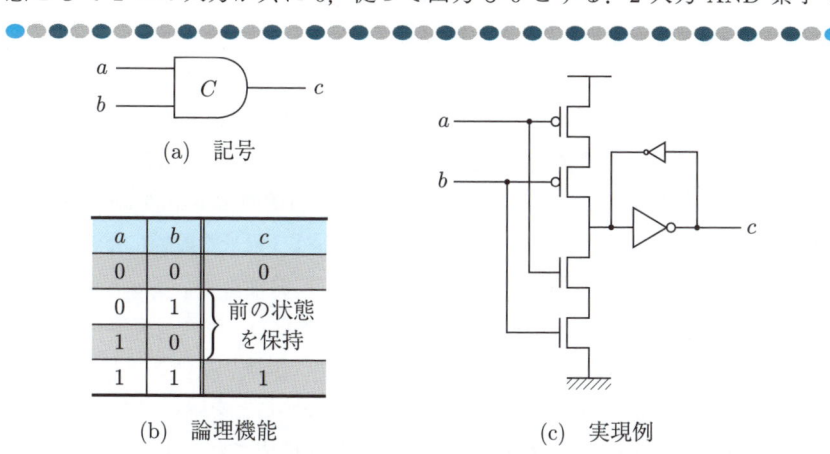

(a) 記号

| $a$ | $b$ | $c$ |
|---|---|---|
| 0 | 0 | 0 |
| 0 | 1 | 前の状態を保持 |
| 1 | 0 | 前の状態を保持 |
| 1 | 1 | 1 |

(b) 論理機能　　　　(c) 実現例

図 7.13　マラーの $C$ 素子

は，2つの入力が共に $0 \to 1$ 変化して初めて出力が $0 \to 1$ 変化する点は $C$ 素子と同じである．しかし，次にどちらか一方の入力が $1 \to 0$ 変化すると出力は $1 \to 0$ 変化を起こしてしまう．これに対して $C$ 素子では，どちらか一方の入力の $1 \to 0$ 変化だけでは出力は変化せず，両方の入力共に $1 \to 0$ 変化を起こして初めて出力が $1 \to 0$ 変化を起こす．つまり $0 \to 1$ 変化と $1 \to 0$ 変化の両方向に対して AND 機能を果たす**ヒステリシス特性** (hysteresis characteristrics) を持つことが $C$ 素子の特徴である．このヒステリシス特性こそが，$0 \to 1$ 変化と $1 \to 0$ 変化を繰り返すハンドシェーク方式で動作する非同期式システムを delay-insensitive に実現するために本質的な役割を果たす．

### 7.4.2 マラーのパイプライン

図 7.14 は $C$ 素子と NOT 素子だけからなる非同期式パイプライン回路であり，**マラーのパイプライン** (Muller's pipeline) として有名である．各段が1つの $C$ 素子と1つの NOT 素子からなるこのパイプライン回路は遅延変動に影響されないハンドシェーク方式の本質をよく表しており，ほとんどの非同期式システムの動作は，基本的にこのパイプラインと同じ動作をする．

初期状態としてすべての $C$ 素子の出力を 0 とすると，破線で示した段間インタフェースにおける右向きの $req$ 信号と左向きの $ack$ 信号はすべて 0 である．この状態で左端の環境から $req$ の $0 \to 1$ 変化が与えられると，左から右へ順番に各段の $C$ 素子出力が $0 \to 1$ 変化が伝播する．正確には，第 $i$ 番目の $C$ 素子出力 $C_i$ は，右隣 $C_{i+1}$ が 0 のときのみ左隣 $C_{i-1}$ の $0 \to 1$ 変化によって自ら $0 \to 1$ 変化を起こす．その結果がさらに右隣へ伝播していく．同様に，左隣 $C_{i-1}$ の $1 \to 0$ 変化は右隣 $C_{i+1}$ が 1 のときのみ $C_i$ の $1 \to 0$ 変化を引き起こし，さらにそれが右方向へ伝わっていく．もし左端と右端の環境が図 7.14(b) に示されるような 4 相方式ハンドシェークに従うならば，素子や配線にどのような遅延変動があっても，各段の間のインタフェースにおける $req$ と $ack$ は正確に 4 相方式ハンドシェークを行うことが分かる．左から右へ向かって $0 \to 1$ 変化と $1 \to 0$ 変化がちょうど波の山と谷のように交互に伝播していき，遅延変動などによって失われたり増えたりすることは決してないことを確認できる．

以下では，マラーのパイプラインを基本として構成される実用的な 3 種のパイプラインについて述べる．

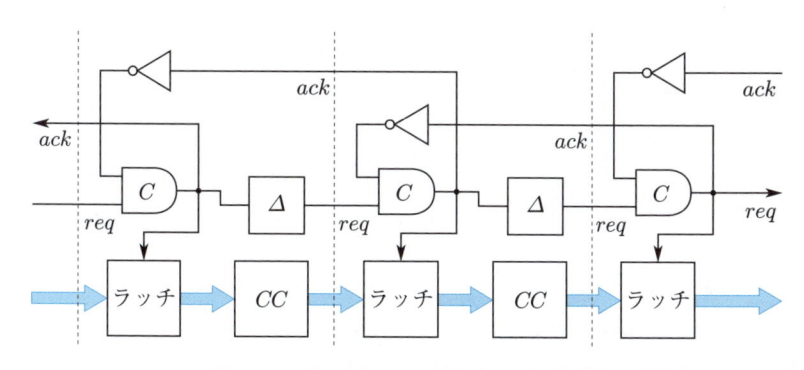

### 7.4.3 束データ4相方式パイプライン

遅延変動の上限値は既知とする有界遅延モデルを前提とする場合，図 7.15 に示す束データ4相方式のパイプラインが構成も簡単で有用である．パイプラインの各段でデータを記憶するラッチと，ラッチ間に挿入された組合せ回路，および各段のラッチへ供給されるタイミング信号生成回路で構成される．

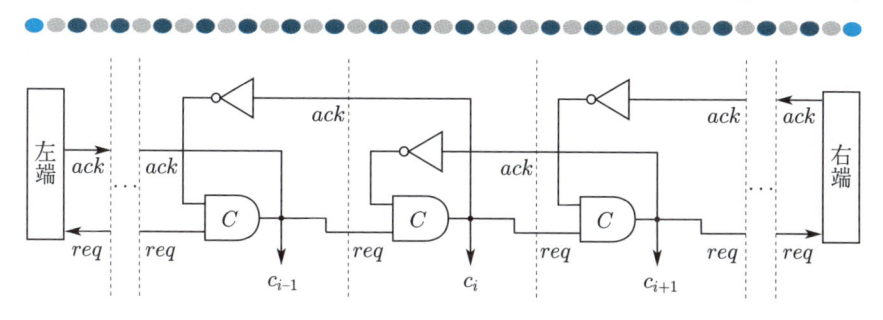

(a) パイプライン回路

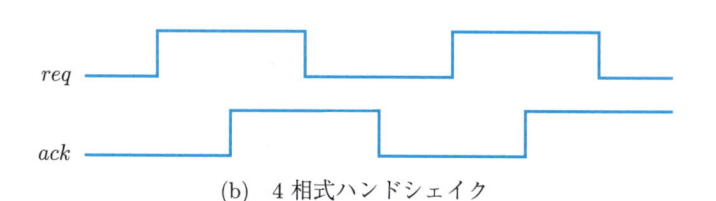

(b) 4相式ハンドシェイク

図 7.14 マラーのパイプライン

図 7.15 束データ4相方式パイプライン

タイミング信号生成回路はマラーのパイプラインそのものである．有界遅延モデルのもとで正しいデータ転送を保証するために，各段の req 信号線には組合せ回路の遅延に相当する遅延素子を挿入する必要がある．なお，タイミング信号を生成するマラーのパイプライン自体は遅延の制約を何も課さない無界遅延モデルが適用できることに注意を要する．

この束データパイプラインは従来の同期式パイプラインと非常によく似ている．実際，各段の組合せ回路とラッチは同期式と同じである．異なるのは，同期式の場合には各段のラッチにシステム共通の大域的なクロックが供給されるのに対して，この非同期式パイプラインの場合には，マラーのパイプラインで生成されるタイミング信号が局所的なクロックとして供給されることである．この局所クロックは，パイプライン全体で同期がとれている必要はなく，遅延変動のために各段の動作タイミングが揃わなくても，各段でそれぞれ正しくデータ転送が実行されることを保証する．

この 4 相方式パイプラインは，データが一杯に詰まった状態では各段の $C$ 素子の出力は 1 段おきに 1 と 0 を交互にとることになるので，タイミング信号を生成するマラーのパイプラインの状態は $(0,1,0,1,0,\ldots)$ になる．その結果，出力が 1 である $C$ 素子に対応するラッチにのみデータが格納されることになる．すなわち，パイプラインの全段数の半分にしか有効なデータが格納できない．これは効率的でないように見えるが，実は，マスタースレーブ方式のフリップフロップを基本要素とする同期式パイプラインの効率と同じである．このことは 4 相方式ハンドシェークプロトコルの 1 サイクルは同期式システムにおけるクロック信号の 1 サイクルと本質的に同じであることに気づけば容易に理解できる．両者で異なるのは，タイミング生成の方法が大域的なクロック分配によるものか局所的なハンドシェークによるものか，という点だけである．

スループット（転送速度）とデータ格納効率が 4 相方式の 2 倍になる方式が次に述べる 2 相方式パイプラインである．

### 7.4.4 束データ 2 相方式パイプライン

サザランド (I. E. Sutherland) による 1988 年のチューリング賞受賞講演で紹介され，「**マイクロパイプライン (micropipeline)**」という名称で有名になった束データ 2 相方式パイプラインの構成を図 7.16(a) に示す．タイミング信号生

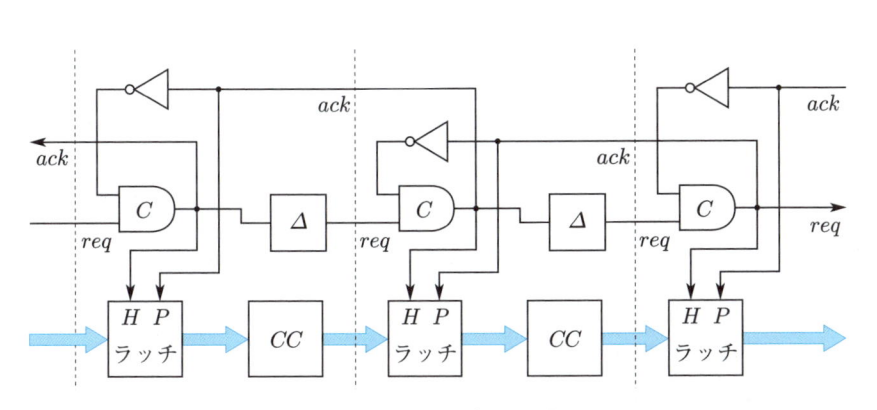

## 7.4 非同期式パイプライン

(a) 束データ 2 相方式パイプライン

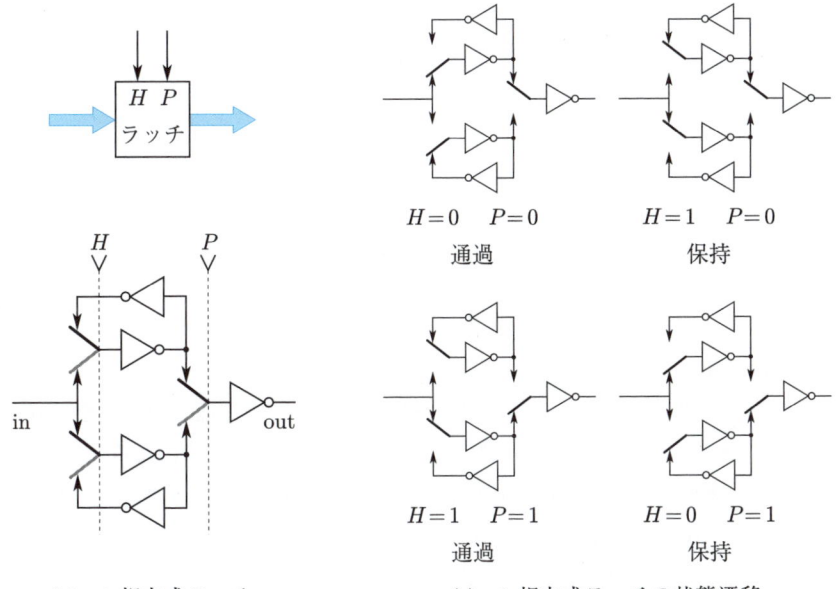

(b) 2 相方式ラッチ

(c) 2 相方式ラッチの状態遷移

$H=0 \quad P=0$ 通過

$H=1 \quad P=0$ 保持

$H=1 \quad P=1$ 通過

$H=0 \quad P=1$ 保持

図 7.16 束データ 2 相方式パイプライン

成回路としてマラーのパイプラインを使用することとデータパスにおける組み合わせ回路の最大遅延に見合った遅延素子 $\Delta$ を $req$ 信号に挿入することは図 7.15 の 4 相方式パイプラインの構成と同じである．異なる点はマラーのパイプラインにおける $req$ 信号と $ack$ 信号の $0 \to 1$ 遷移と $1 \to 0$ 遷移を同一視する 2 相方式ハンドシェークとして利用していることである．このため，各段のラッチは図 7.16(b) に示すような特別な構造のラッチが用いられ，2 本のタイミング信号 $H$, $P$ によってラッチの状態が制御される．

図 7.16(b) の 2 相方式ラッチは 2 つの通常のレベル駆動のラッチであり，スイッチの切り替えで交互に動作する．同図におけるスイッチの記号は実際にはマルチプレクサで実現される．$req$ から生成される信号 $H$ と $ack$ から生成される信号 $P$ による切り替えの 4 通りの組み合わせで 2 つのラッチを交互に保持モードと通過モードに切り替えてデータ転送を行う．

図 7.16(c) に示すようにパイプライン各段の 2 相方式ラッチは，$req$ と $ack$ によって生成されるスイッチ信号 $(H, P)$ によって次の 4 つの状態を巡回的に繰り返す．

$(H, P) = (0, 0)$： 上段ラッチが通過モード
$(H, P) = (1, 0)$： 上段ラッチが保持モード
$(H, P) = (1, 1)$： 下段ラッチが通過モード
$(H, P) = (0, 1)$： 下段ラッチが保持モード

理論的にはこの 4 状態が巡回する 1 サイクルの間に 2 回のデータ転送が行われるので，毎回スペーサ状態に復帰する 4 相方式に比較して 2 相方式パイプラインは 2 倍のスループットを達成し，電力消費も少ないように見える．またパイプラインにデータが一杯に詰まった状態ではすべての段にデータを保持することができるのでデータ格納効率も 4 相方式に比べて 2 倍になる．しかし，実際には，2 相方式ラッチの構造は通常のラッチに比べて複雑であり，また，$0 \to 1$ 遷移と $1 \to 0$ 遷移を区別しない信号遷移方式で制御論理はさらに複雑である．従って，データを一方向に高速に転送する場合には 2 相方式パイプラインは優れた方式であるが，分岐論理などが必要となる場面では必ずしも有効ではない．

## 7.4.5　2線4相方式パイプライン

パイプラインの段間インタフェースが 7.3.3 項に述べた 2 線 4 相方式ハンドシェークに基づく方式であり，データパスの組合せ回路は 2 線式論理で実現されるので，そのまま $req$ 信号になる．

**例 7.6**　図 7.17 に 1 ビット幅で組合せ回路によるデータ変換のない最も原理的な 2 線 4 相方式パイプラインの構成を示す．各段は $C$ 素子の対によって 2 線 1 ビットのデータ $(d_1, d_0)$ が記憶される．前に述べたように，2 線 4 相方式ハンドシェークでは，4 相からなるサイクルの間に符号語とスペーサが交互に書き込まれる．まずスペーサ (0,0) が格納されている状態では OR 素子の出力は 0 であり，前段への $ack$ 信号も 0 である．前段から符号語 (0,1) または (1,0) が書き込まれると，OR 素子は $0 \to 1$ 変化し前段への $ack$ 信号を $0 \to 1$ 変化させる．次に，符号語からスペーサに遷移すると OR 素子は $1 \to 0$ 変化し，前段への $ack$ 信号を $1 \to 0$ 変化させる．すなわち，OR 素子は符号語書き込みおよびスペーサ書き込みの動作完了を検出して $ack$ を返す完了検出器の機能を果たしている．　□

2 線 $n$ ビットのデータパスの完了検出器は図 7.18 に示すように，各 2 線対 $(d_1, d_0)$ における符号語とスペーサの間の遷移を検出する OR 素子の出力をすべて 1 つの $C$ 素子に集めることによって実現できる．

2 線 4 相方式パイプラインにおける各段の組合せ回路は，実用的には 7.3.3 項で述べた 2 線式論理で実現すればよい．ただし，厳密に無界遅延モデルを適用すると誤動作を起こすシナリオを作ることができる．

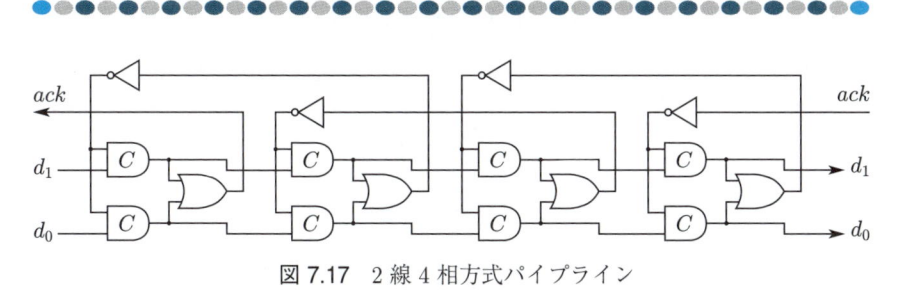

図 7.17　2 線 4 相方式パイプライン

**例 7.7** 図 7.19(a) に示す AND 回路は 2 線式論理で実現すると同図 (b) のように AND と OR のペアで実現される．ここで，入力がスペーサ状態から符号語 $(a,b) = (0,0)$ に変化した結果 $f=1$ が生じるシナリオを 2 線式 AND 回路に適用してみよう．スペーサ状態では $(a_1, a_0)$，$(b_1, b_0)$，$(f_1, f_0)$ はすべて $(0,0)$ である．そこで符号語に変化すると，最終的には $(a_1, a_0)$，$(b_1, b_0)$，$(f_1, f_0)$ はすべて $(0,0) \to (0,1)$ 変化をすることになるが，入力 $b_0$ の $0 \to 1$ 変化に極めて大きな遅延が生じたとすると，その完了の前に，出力 $(f_1, f_0)$ が $(0,0) \to (0,1)$ 変化を起こし，完了検知器を通して $ack$ 信号が前段へ返ってしまう．その後に $b_0$ の $0 \to 1$ 変化が実際に起きることになり，システムに致命的な誤動作を招く可能性が生じる． □

このような誤動作を防ぐには図 7.19(c) に示すように，2 線式 AND 論理の出力 $f_1$，$f_0$ の極小項を $C$ 素子で実現し，OR 素子で集める構成にすればよい．この構成では，すべての 2 線入力がスペーサから符号語への変化を完了した後に $(f_1, f_0)$ がスペーサーから符号語への変化を完了し，すべての 2 線入力が

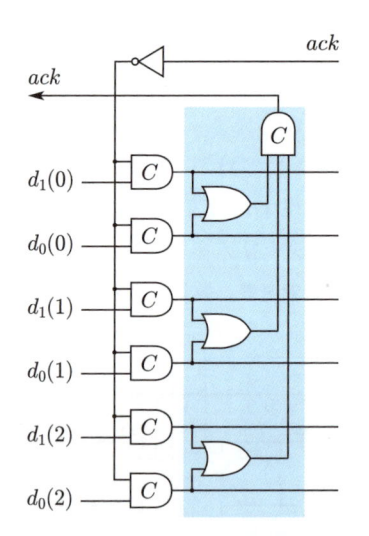

図 7.18　2 線 $N$ ビットの完了検出器

符号語からスペーサへの変化を完了した後に ($f_1, f_0$) が符号語からスペーサへの変化を完了する．2 線式 OR 回路も同様に極小項表現を $C$ 素子と OR 素子を用いて実現できる．2 線式 NOT 回路は，前に述べたように，単に信号線の交差で実現される．従って，任意の論理関数はこれらの基本素子を用いて実現できるので，2 線 4 相方式パイプラインの任意の組合せ回路を無界遅延モデルのもとで実現できる．

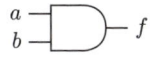

(a) AND 論理

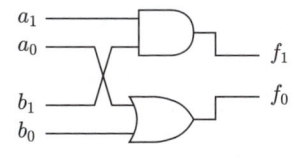

(b) AND, OR の組を用いた AND 論理

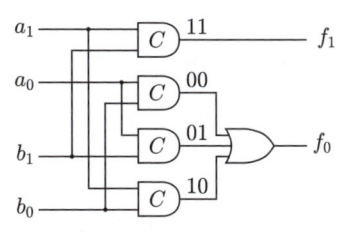

(c) C 素子と OR 素子を用いた 2 線方式 AND 論理

図 7.19 2 線 4 相方式 AND 論理

## 7.5 非同期入力とメタステーブル動作

ディジタルシステムで用いられる論理素子あるいは論理回路は，明確に区別できる 2 つの状態を論理 1 および論理 0 と定義し，通常の動作ではこの 2 つの値しかとらないことを前提にしている．その動作原理を支配する（2 値）ブール代数も集合 $\{0,1\}$ の上でのみ成立する．しかし，実際のディジタルシステムでは，ある条件のもとで，フリップフロップが 2 つの安定状態のどちらとも判定できない**中間状態** (metastable state) に異常に長くとどまることがあり，これを**メタステーブル動作** (metastable operation) と呼ぶ．メタステーブル動作はシステムにとって致命的な誤動作を招く可能性がある．

**例 7.8** 図 7.20 の NAND ラッチにおいて，入力 $a, b$ が共に 1 のとき出力 $f, \bar{f}$ は互いに相補的な関係にあり，$(f,\bar{f}) = (0,1)$ または $(f,\bar{f}) = (1,0)$ のどちらかの状態で安定する．フリップフロップはこの特性を利用している．一方，入力 $a, b$ が共に 0 ならば，出力 $f, \bar{f}$ は共に 1 であり，相補的ではない．そこでこの状態から入力 $a$ と $b$ に $0 \to 1$ 遷移が起きる状況を考えよう．もし $a$ の $0 \to 1$ 遷移のほうが $b$ より早ければ出力は $(f,\bar{f}) = (0,1)$ になる．逆にもし $b$ の $0 \to 1$ 遷移のほうが $a$ より早ければ出力は $(f,\bar{f}) = (1,0)$ になる．それでは，$a$ と $b$ が同時に $0 \to 1$ 遷移を起こしたら $(f,\bar{f})$ はどうなるだろう？ もしこの NAND ラッチの特性が均一で理想的なら，出力 $f$ と $\bar{f}$ は，0 でも 1 でもない，それらの中間的な値（メタステーブル状態）を無限に長くとり続けることができる．しかし，これは安定状態ではないので，実際には環境からのノイズや素子特性の不均一性などのために，いずれはどちら一方の状態，すなわち $(f,\bar{f}) = (0,1)$ または $(f,\bar{f}) = (1,0)$ に落ち着く．これがメタステーブル動作である． □

これまですべての信号は互いに何らかの同期がとられ，2 つの信号遷移の生起順序がシステムの状態遷移に影響を与える場合には，必ずその順序が確定していることを前提としてきた．実際，同期式システムでは，すべての入力信号はクロックに同期していると仮定し，非同期式システムでは，すべての入力信号はハンドシェークプロトコルに従うものと仮定してきた．しかし，実際の

## 7.5 非同期入力とメタステーブル動作

ディジタルシステムでは，外部から CPU への割り込み信号，共有リソースへのアクセス競合など，互いに非同期的な信号変化の競合は頻繁に発生する．そのようなとき，互いに独立な入力信号の変化順序によって順序回路の状態遷移先が異なる場合には，メタステーブル動作の起きる可能性が常に存在する．

これは，同期式か非同期式かにかかわらず，すべてのディジタルシステムに共通の問題であり，システム内に互いに独立な入力信号が存在すればそれらの遷移の順序関係を確定するための調停または同期が必要になるが，ここにメタステーブル動作の可能性が存在する．

**競合する信号の調停：アービタ**　図 7.21(a) に示すように，マルチプロセッサシステムにおいて 2 つの独立なプロセッサから共有資源（メモリやバス）使用の要求が出る場合に，競合する 2 つの要求のどちらに優先権を与えるかを決定する調停器，すなわち**アービタ** (arbiter) が必要になる．このとき，アービタの判定回路は本質的に図 7.20 に示した NAND ラッチと同じ機能を果たすので，2 つの要求信号が同時に入ってきた場合にはメタステーブル動作が起こり得る．

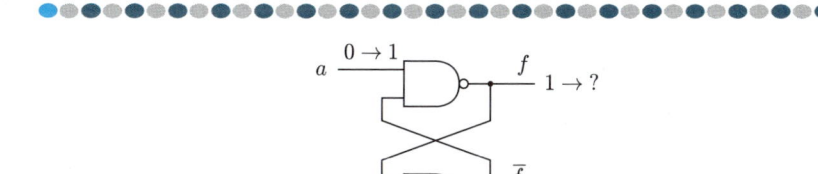

図 7.20　NAND ラッチのメタステーブル動作

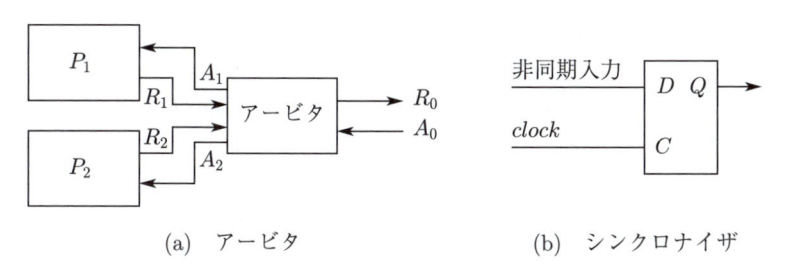

(a)　アービタ　　(b)　シンクロナイザ

図 7.21　調停と同期

**非同期的な入力信号の同期：シンクロナイザ**　コンピュータシステムの入出力部からプロセッサへの割り込み信号は，同期式プロセッサであれば図 7.21(b) に示すような**シンクロナイザ** (synchronizer) を用いてクロックへ同期させる必要がある．また非同期式プロセッサであればマシンサイクルを実現している適当な制御信号と調停する必要がある．このとき，シンクロナイザは基本的に D 型フリップフロップであり，その中核部分はやはり NAND ラッチなので，非同期入力 D の信号遷移とクロックの立ち上がりが同時に起きた場合にはメタステーブル動作が起こり得る．

メタステーブル動作が起きるとこの信号を受けとる後段の複数のゲートの間でそれらのしきい値のばらつきによってその信号値に関して互いに矛盾した認識の生じる可能性があり，システムの誤動作に至る．メタステーブル状態を生じない完全なアービタ，シンクロナイザを実現することはできないが，メタステーブル動作の発生確率を小さくすることはできる．あるいはメタステーブル動作が生じている期間は外部へアクティブな信号を出力しないように回路的な工夫をすることはできる．

**例 7.9**　図 7.22 に互いに競合する 2 つの要求信号に対してどちらか一方だけに排他的に要求に対する許可を与える**相互排他** (MUTEX: Mutual Exclusion) 素子の実現例を示す．入力 $R_1$, $R_2$ は 2 つの独立なプロセスからの要求信号であり，要求が発生すると $0 \to 1$ 変化を生じる．出力 $G_1$, $G_2$ は要求に応えてどちらか早く到着した要求に対してだけ排他的に $0 \to 1$ 変化をして許可を与える．$R_1$ と $R_2$ が同時に $0 \to 1$ 変化を起こして NAND ラッチがメタステーブル状態に陥った場合には，$G_1 = G_2 = 0$ のままであり，均衡が破れた時点で，早いと認められた $R$ の対応する $G$ のみ $0 \to 1$ 変化を起こす．□

**例 7.10**　図 7.23 は相互排他素子を用いたアービタ回路の実現例である．2 つの独立な下位システムとの間のインタフェース $(R_1, A_1)$, $(R_2, A_2)$, および上位システムとのインタフェース $(R_0, A_0)$ においてそれぞれ 4 相方式ハンドシェークを行い，$R_1$ と $R_2$ のどちらか早い要求に応えて排他的に応答 $A_1$ または $A_2$ を返す．例えば $R_1$ が $R_2$ より早く到着（$0 \to 1$ 変化）したとすると，$G_1$ だけが $0 \to 1$ 変化し，上位システムへの要求 $R_0$ を出力（$0 \to 1$ 変化）

する．上位システムからの応答入力 $A_0$ が $0 \to 1$ 変化すると $R_1$ に対応する応答 $A_1$ の $0 \to 1$ 変化を下位システムに返す．その後は 4 相方式ハンドシェークプロトコルに従って後続の調停動作を続行する． □

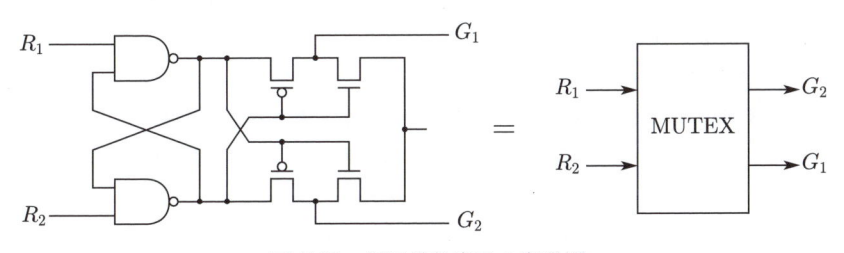

図 7.22 相互排他素子の実現例

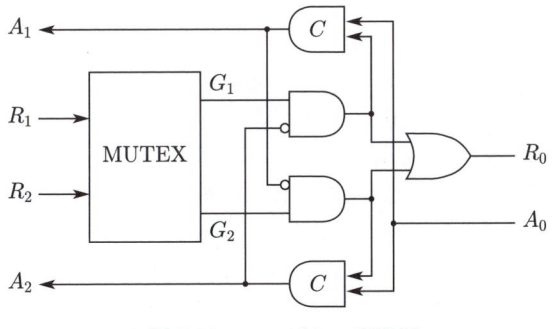

図 7.23 アービタの実現例

## 演習問題

**7.1** p. 37 の図 2.3 と図 2.4 の論理回路はどちらも p. 35 の表 2.1 の真理値表 $f = F(x_1, x_2, x_3)$ を実現したものである．真理値表から $F(1,1,1) = F(0,1,1) = 1$ であるが，入力変化 $1,1,1 \to 0,1,1$ が起きると，図 2.3 の回路の出力は $f = 1$ のまま安定しているのに対して，図 2.4 の回路の出力 $f$ は $1 \to 0 \to 1$ の瞬時パルスを生じる可能性があることを示せ．また図 2.3 で出力 $f = 1$ が安定に保たれる理由を述べよ．

**7.2** 同期式システムにおいて正しいデータ転送を保証するために，レジスタ間データパス遅延 $\Delta_{cc}$，クロックスキュー $\Delta_{skew}$，レジスタセットアップ時間 $\Delta_{setup}$，レジスタホールド時間 $\Delta_{hold}$ とクロック周期 $T$ の間に成立しなければならない関係を示せ．

**7.3** 束データ方式ハンドシェークの構成において $req$ 信号または $ack$ 信号に挿入される遅延素子 $\Delta$ が満たすべき条件を示せ．

**7.4** 2 線 2 相式ハンドシェークの実現方法として，信号の $0 \to 1$ 遷移と $1 \to 0$ 遷移を区別しない信号遷移プロトコルに基づいて任意の論理を実現することは可能か？ 可能であればどのようにして実現するかを示せ．可能でなければ反例を示せ．

**7.5** 2 線 2 相式ハンドシェークの実現方法の 1 つであるパリティ交番方式で AND 素子，OR 素子，NOT 素子を実現せよ．この場合，任意の入力変化に対して不正な瞬時パルス発生を防ぐことは可能かどうか考察せよ．

**7.6** 図 7.13(b) に示したマラーの $C$ 素子は，$c$ を状態変数とすると，図 7.24(a) のカルノー図から同図 (b) のような構成で実現される．この回路は，入力 $(a,b)$ が $0,0 \to (1,1) \to (0,1)$ と変化した場合，本来なら出力 $c$ は $0 \to 1 \to 1$ と変化して $c = 1$ を保つべきところ，AND 素子の遅延の大きさにばらつきがあると，出力 $c$ は $0 \to 1 \to 0$ と変化し，$C$ 素子の機能を果たさない可能性がある．この回路が $C$ 素子として正しく実現されるために遅延及び入力変化が満たすべき条件及び理由を述べよ．

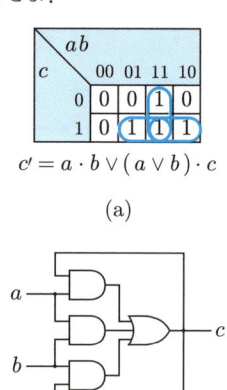

図 7.24 積和形式によるマラーの $C$ 素子

# 演習問題略解

## 第 1 章

**1.1** 省略

**1.2** 例 1.2 のブール代数 $\langle B^n, \vee, \cdot, \overline{\phantom{x}}, 0, 1 \rangle$ で $n=2$ の特別の場合である．

**1.3** 例題 1.5 から双対的に「吸収律：$x \cdot (x \vee y) = x$ (1.3b)」は証明できるので，(1.8b), (1.6a), (1.4a), (1.3b), (1.6a) をこの順に適用すると，$x \vee (\overline{x} \vee y) = 1 \cdot \{x \vee (\overline{x} \vee y)\} = (x \vee \overline{x}) \cdot \{x \vee (\overline{x} \vee y)\} = x \vee \overline{x} \cdot (\overline{x} \vee y) = x \vee \overline{x} = 1$. 従って，(1.4a), (1.8b) から $(x \vee y) \vee \overline{x} \cdot \overline{y} = \{(x \vee y) \vee \overline{x}\} \cdot \{(x \vee y) \vee \overline{y}\} = 1 \cdot 1 = 1$. 同様に，$(x \vee y) \cdot \overline{x} \cdot \overline{y} = 0$ すなわち，相補律 (1.6a), (1.6b) から $x \vee y$ と $\overline{x} \cdot \overline{y}$ は互いに補元であるから $\overline{(x \vee y)} = \overline{x} \cdot \overline{y}$.

**1.4** (1.4a), (1.6a), (1.1b), (1.8b) をこの順序で適用すると，$x \vee \overline{x} \cdot y = (x \vee \overline{x}) \cdot (x \vee y) = 1 \cdot (x \vee y) = (x \vee y) \cdot 1 = (x \vee y)$.

**1.5** $x = y = 0$ ならば (1.8a) から $x \vee y = x = 0$. 逆に $x \vee y = 0$ ならば，例題 1.4 から双対的に「零元：$x \cdot 0 = 0$ (1.5b)」は証明できるので，(1.3b), (1.5b) をこの順序で適用すると，$x = x \cdot (x \vee y) = x \cdot 0 = 0$. 同様に $y = y \cdot (y \vee x) = y \cdot (x \vee y) = y \cdot 0 = 0$.

**1.6** ハンティントンの公理から補題 1.1 が証明されたので，$A = (x \vee y) \vee z$, $B = x \vee (y \vee z)$ とおいて $\overline{A} \vee B = 1$, $\overline{A} \cdot B = 0$ が成り立つことを示せば $B = \overline{\overline{A}}$ であり，例題 1.1 から相補律 (1.6a), (1.6b) で定まる補元はだだ 1 つであることから $A = B$ になる．まず，ドモルガン律，分配律を適用すると，$\overline{A} \vee B = B \vee (\overline{x} \cdot \overline{y}) \cdot \overline{z} = \{B \vee (\overline{x} \cdot \overline{y})\} \cdot \{B \vee \overline{z}\} = (B \vee \overline{x}) \cdot (B \vee \overline{y}) \cdot (B \vee \overline{z})$. ここで，演習問題 1.3 の解から，$B \vee \overline{x} = \overline{x} \vee \{x \vee (y \vee z)\} = 1$. また，(1.8b), (1.6a), (1.4a), (1.4b), (1.3b), (1.3a), (1.6a) を適用すると，$B \vee \overline{y} = (\overline{y} \vee y) \cdot (\overline{y} \vee B) = \overline{y} \vee y \cdot B = \overline{y} \vee y \cdot \{x \vee (y \vee z)\} = \overline{y} \vee \{x \cdot y \vee y \cdot (y \vee z)\} = \overline{y} \vee (x \cdot y \vee y) = \overline{y} \vee y = 1$. 同様にして，$B \vee \overline{z} = 1$. 従って，$\overline{A} \vee B = (B \vee \overline{x}) \cdot (B \vee \overline{y}) \cdot (B \vee \overline{z}) = (1 \cdot 1) \cdot 1 = 1 \cdot 1 = 1$. 次に，上述の双対的な手順で，$\overline{A} \cdot B = 0$ も示すことができる．

**1.7** 省略

**1.8** (1) 左辺 $= a \cdot \overline{b} \vee b \cdot \overline{c} \vee c \cdot \overline{a} = a \cdot \overline{b} \cdot (c \vee \overline{c}) \vee b \cdot \overline{c} \cdot (a \vee \overline{a}) \vee c \cdot \overline{a} \cdot (b \vee \overline{b}) = a \cdot \overline{b} \cdot c \vee a \cdot \overline{b} \cdot \overline{c} \vee a \cdot b \cdot \overline{c} \vee \overline{a} \cdot b \cdot \overline{c} \vee \overline{a} \cdot b \cdot c \vee \overline{a} \cdot \overline{b} \cdot c = \overline{a} \cdot b \cdot (c \vee \overline{c}) \vee \overline{b} \cdot c \cdot (a \vee \overline{a}) \vee \overline{c} \cdot a \cdot (b \vee \overline{b}) = \overline{a} \cdot b \vee \overline{b} \cdot c \vee \overline{c} \cdot a =$ 右辺

(2) 右辺 $= (a \vee b) \cdot (\overline{a} \vee c) \cdot (b \vee c) = (a \vee b) \cdot (\overline{a} \vee c) \cdot (b \vee c \vee a \cdot \overline{a}) = (a \vee b) \cdot (\overline{a} \vee c) \cdot (a \vee b \vee c) \cdot (\overline{a} \vee b \vee c) = (a \vee b) \cdot (\overline{a} \vee c) = $ 左辺

(3) 右辺 $= (a \vee c) \cdot (a \vee d) \cdot (b \vee c) \cdot (b \vee d) = (a \vee c \cdot d) \cdot (b \vee c \cdot d) = a \cdot b \vee c \cdot d = $ 右辺

(4) 右辺 $= \overline{(a \cdot b \vee b \cdot c \vee c \cdot a)} = (\overline{a} \vee \overline{b}) \cdot (\overline{b} \vee \overline{c}) \cdot (\overline{c} \vee \overline{a}) = \overline{a} \cdot \overline{b} \vee \overline{b} \cdot \overline{c} \vee \overline{c} \cdot \overline{a} = $ 左辺

(5) 右辺 $= \overline{x}_1 \vee x_1 \cdot \overline{x}_2 \vee \cdots \vee x_1 \cdot x_2 \cdot \cdots \cdot x_{n-1} \cdot \overline{x}_n = \overline{x}_1 \vee \overline{x}_2 \vee \cdots \vee \overline{x}_n = \overline{(x_1 \cdot x_2 \cdot \cdots \cdot x_n)} = $ 左辺

**1.9** (1) 吸収律 (1.3a) から $x \vee x \cdot y = x$. 従って定義 1.2 から $x \cdot y \leqq x$. $x \cdot y \leqq y$ も同様.

(2) $z \leqq x,\ z \leqq y \Leftrightarrow x \vee z = x,\ y \vee z = y \Leftrightarrow (x \vee z) \cdot (y \vee z) = x \cdot y \Leftrightarrow x \cdot y \vee z = x \cdot y \Leftrightarrow z \leqq x \cdot y$

(3) 定義 1.2 から $x \leqq y$ ならば $x \vee y = y$. 従って, $x \cdot z \vee y \cdot z = (x \vee y) \cdot z = y \cdot z$. 故に $x \cdot z \leqq y \cdot z$.

(4) $x \vee y = y$ ならば $x \cdot \overline{y} = x \cdot \overline{(x \vee y)} = x \cdot \overline{x} \cdot \overline{y} = 0$. 逆に $x \cdot \overline{y} = 0$ ならば $y = y \vee x \cdot \overline{y} = x \vee y$.

(5) $x = y$ ならば $x \cdot \overline{y} \vee \overline{x} \cdot y = x \cdot \overline{x} \vee \overline{x} \cdot x = 0 \vee 0 = 0$. 逆に $x \cdot \overline{y} \vee \overline{x} \cdot y = 0$ ならば $x = x \vee x \cdot \overline{y} \vee \overline{x} \cdot y = x \vee y$. 故に $x \geqq y$. また, $y = x \cdot \overline{y} \vee \overline{x} \cdot y \vee y = x \vee y$. 故に $x \leqq y$. 従って $x = y$.

**1.10** 入力 $(x, y)$ が $(1, 1) \to (0, 1)$ 変化するとき, 右辺の回路出力は 1 のまま不変であるのに対して, 左辺の出力は $1 \to 0 \to 1$ の瞬時パルスが生じる可能性がある.

**1.11** 入力 $(x, y, z)$ が $(0, 1, 1) \to (1, 0, 1)$(または $(1, 0, 1) \to (0, 1, 1)$) の変化を起こすとき, 左辺の回路出力は単に $0 \to 1$(または $1 \to 0$) 変化するだけであるのに対して, 右辺の出力は $0 \to 1 \to 0 \to 1$(または $1 \to 0 \to 1 \to 0$) の変化を起こす可能性がある.

## 第 2 章

**2.1** 省略

**2.2** (1), (2), (3) 演算規則 (2.11) から明らか.

(4) $x \cdot y \vee z \cdot (x \oplus y) = x \cdot y \vee z \cdot (x \cdot \overline{y} \vee \overline{x} \cdot y) = x \cdot y \vee x \cdot \overline{y} \cdot z \vee \overline{x} \cdot y \cdot z = x \cdot y \vee x \cdot z \vee y \cdot z$

(5) 左辺 $= x \oplus y \oplus z = x \cdot y \cdot z \vee x \cdot \overline{y} \cdot \overline{z} \vee \overline{x} \cdot y \cdot \overline{z} \vee \overline{x} \cdot \overline{y} \cdot z$, 右辺 $= x \cdot y \cdot z \vee (x \vee y \vee z) \cdot \overline{(x \cdot y \vee y \cdot z \vee z \cdot x)} = x \cdot y \cdot z \vee (x \vee y \vee z) \cdot (\overline{x} \vee \overline{y}) \cdot (\overline{y} \vee \overline{z}) \cdot$

$(\overline{z} \vee \overline{x}) = x \cdot y \cdot z \vee x \cdot \overline{y} \cdot \overline{z} \vee \overline{x} \cdot y \cdot \overline{z} \cdot \overline{x} \cdot \overline{y} \cdot z$

(6) (5) の $x, y, z$ にそれぞれ $x \cdot y, y \cdot z, z \cdot x$ を代入すると, $x \cdot y \oplus y \cdot z \oplus z \cdot x = x \cdot y \cdot z \vee (x \cdot y \vee y \cdot z \vee z \cdot x) \cdot \overline{(x \cdot y \cdot z)} = x \cdot y \cdot z \vee (x \cdot y \vee y \cdot z \vee z \cdot x) \cdot (\overline{x} \vee \overline{y} \vee \overline{z}) = x \cdot y \cdot z \vee \overline{x} \cdot y \cdot z \vee x \cdot \overline{y} \cdot z \vee x \cdot y \cdot \overline{z} = x \cdot y \cdot (z \vee \overline{z}) \vee y \cdot z \cdot (x \vee \overline{x}) \vee z \cdot x \cdot (y \vee \overline{y}) = x \cdot y \vee y \cdot z \vee z \cdot x.$

(7) $(x \oplus y) \cdot (y \oplus z) \cdot (z \oplus x) = (x \cdot \overline{y} \vee \overline{x} \cdot y) \cdot (y \cdot \overline{z} \vee \overline{y} \cdot z) \cdot (z \cdot \overline{x} \vee \overline{z} \cdot x) = (x \cdot \overline{y} \cdot z \vee \overline{x} \cdot y \cdot \overline{z}) \cdot (z \cdot \overline{x} \vee \overline{z} \cdot x) = 0$

**2.3** (1), (2) $x_1 = 0$ の場合と $x_1 = 1$ の場合にそれぞれ左辺と右辺が等しいことを示せばよい.

**2.4** (1) (a) $\overline{x} \cdot \overline{y} \cdot z \vee \overline{x} \cdot y \cdot z \vee x \cdot \overline{y} \cdot \overline{z} \vee x \cdot \overline{y} \cdot z \vee x \cdot y \cdot z$ (b) $(x \vee y \vee z) \cdot (x \vee \overline{y} \vee z) \cdot (\overline{x} \vee \overline{y} \vee z)$ (c) $x \oplus z \oplus x \cdot y \oplus x \cdot z \oplus x \cdot y \cdot z$ (d) 図 A.1(a)

(2) (a) $\overline{x} \cdot \overline{y} \cdot z \vee x \cdot \overline{y} \cdot z \vee x \cdot y \cdot \overline{z} \vee x \cdot y \cdot z$ (b) $(x \vee y \vee z) \cdot (x \vee \overline{y} \vee z) \cdot (x \vee \overline{y} \vee \overline{z}) \cdot (\overline{x} \vee y \vee z)$ (c) $z \oplus x \cdot y \oplus y \cdot z$ (d) 図 A.1(b)

(3) (a) $\overline{x} \cdot \overline{y} \cdot \overline{z}$ (b) $(x \vee y \vee \overline{z}) \cdot (x \vee \overline{y} \vee z) \cdot (x \vee \overline{y} \vee \overline{z}) \cdot (\overline{x} \vee y \vee z) \cdot (\overline{x} \vee y \vee \overline{z}) \cdot (\overline{x} \vee \overline{y} \vee z) \cdot (\overline{x} \vee \overline{y} \vee \overline{z})$ (c) $1 \oplus x \oplus y \oplus z \oplus x \cdot y \oplus y \cdot z \oplus z \cdot x \oplus x \cdot y \cdot z$ (d) 図 A.1(c)

(4) (a) $x \cdot y \cdot \overline{z} \vee x \cdot \overline{y} \cdot z$ (b) $(x \vee y \vee z) \cdot (x \vee y \vee \overline{z}) \cdot (x \vee \overline{y} \vee z) \cdot (x \vee \overline{y} \vee \overline{z}) \cdot (\overline{x} \vee y \vee z) \cdot (\overline{x} \vee \overline{y} \vee \overline{z})$ (c) $x \cdot y \oplus x \cdot z$ (d) 図 A.1(d)

(5) (a) $\overline{x} \cdot \overline{y} \cdot z \vee \overline{x} \cdot y \cdot \overline{z} \vee \overline{x} \cdot y \cdot z \vee x \cdot \overline{y} \cdot \overline{z} \vee x \cdot \overline{y} \cdot z \vee x \cdot y \cdot z$ (b) $(x \vee y \vee z) \cdot (\overline{x} \vee \overline{y} \vee z)$ (c) $x \oplus y \oplus z \oplus x \cdot z \oplus y \cdot z$ (d) 図 A.1(e)

(6) (a) $\overline{x} \cdot \overline{y} \cdot z \vee \overline{x} \cdot y \cdot \overline{z} \vee \overline{x} \cdot y \cdot z \vee x \cdot \overline{y} \cdot \overline{z} \vee x \cdot \overline{y} \cdot z \vee x \cdot y \cdot \overline{z}$ (b) $(x \vee y \vee z) \cdot (\overline{x} \vee \overline{y} \vee \overline{z})$ (c) $x \oplus y \oplus z \oplus x \cdot y \oplus y \cdot z \oplus z \cdot x$ (d) 図 A.1(f)

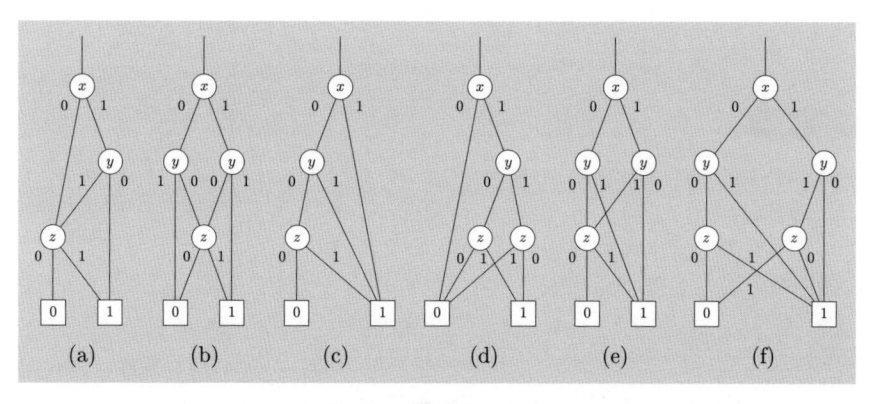

図 A.1

**2.5** 図 A.2

**2.6** 図 A.3

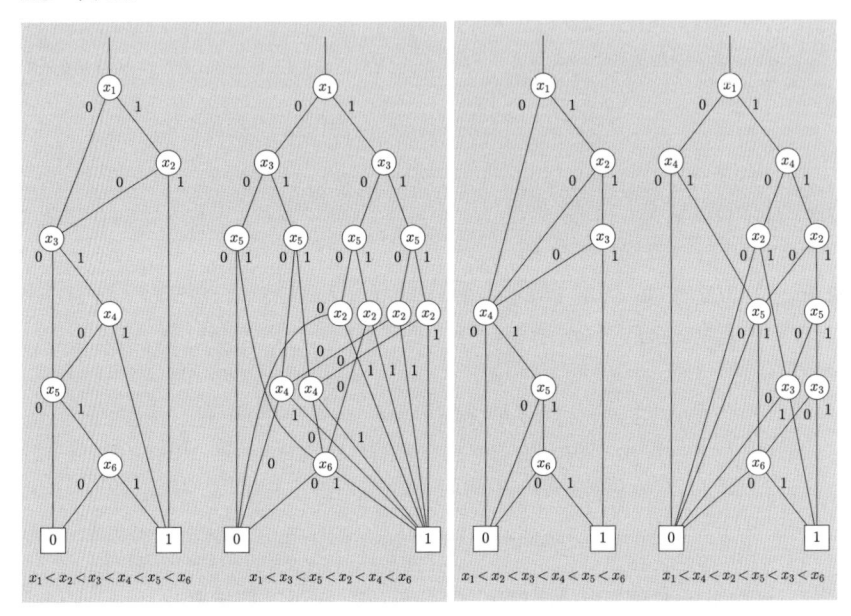

図 A.2

図 A.3

**2.7** (1) 解は常に存在し，$x = a \vee t$ ($t$ は任意の論理定数)．
(2) 解の存在条件は $\bar{a} \vee b = 1$ または $a \leq b$. 解は $x = \bar{a} \cdot b \vee b \cdot t$.
(3) 解の存在条件は $a \cdot c \vee b \cdot c \vee \bar{b} \cdot \bar{c} = 1$. これを書き直すと $\bar{a} \cdot \bar{b} \cdot c \vee b \cdot \bar{c} = 0$. 従って $\overline{(a \vee b)} \cdot c = 0$ かつ $b \cdot \bar{c} = 0$. すなわち $b \leq c \leq a \vee b$. 解は $x = \bar{b} \cdot c \vee (b \vee a \cdot c \vee \bar{a} \cdot \bar{b}) \cdot t$.

## 第 3 章

**3.1** $x \vee y \vee z$, $x \vee y \cdot z$, $y \vee z \cdot x$, $z \vee x \cdot y$, $x \cdot y \vee y \cdot z$, $y \cdot z \vee z \cdot x$, $z \cdot x \vee x \cdot y$, $x \cdot y \vee y \cdot z \vee z \cdot x$, $x \cdot y \cdot z$, $\bar{x} \vee \bar{y} \vee \bar{z}$, $\bar{x} \vee \bar{y} \cdot \bar{z}$, $\bar{y} \vee \bar{z} \cdot \bar{x}$, $\bar{z} \vee \bar{x} \cdot \bar{y}$, $\bar{x} \cdot \bar{y} \vee \bar{y} \cdot \bar{z}$, $\bar{y} \cdot \bar{z} \vee \bar{z} \cdot \bar{x}$, $\bar{z} \cdot \bar{x} \vee \bar{x} \cdot \bar{y}$, $\bar{x} \cdot \bar{y} \vee \bar{y} \cdot \bar{z} \vee \bar{z} \cdot \bar{x}$, $\bar{x} \cdot \bar{y} \cdot \bar{z}$

**3.2** $M(M(x, y, \bar{z}), M(\bar{x}, \bar{y}, \bar{z}), z)$

**3.3** $x \cdot y \vee y \cdot z \vee z \cdot x$, $\bar{x} \cdot y \vee y \cdot z \vee z \cdot \bar{x}$, $x \cdot \bar{y} \vee \bar{y} \cdot z \vee z \cdot x$, $x \cdot y \vee y \cdot \bar{z} \vee \bar{z} \cdot x$, $\bar{x} \cdot \bar{y} \vee \bar{y} \cdot z \vee z \cdot \bar{x}$, $x \cdot \bar{y} \vee \bar{y} \cdot \bar{z} \vee \bar{z} \cdot x$, $\bar{x} \cdot y \vee y \cdot \bar{z} \vee \bar{z} \cdot \bar{x}$, $\bar{x} \cdot \bar{y} \vee \bar{y} \cdot \bar{z} \vee \bar{z} \cdot \bar{x}$, $x \cdot y \cdot z \vee x \cdot \bar{y} \cdot \bar{z} \vee \bar{x} \cdot y \cdot \bar{z} \vee \bar{x} \cdot \bar{y} \cdot z$, $\bar{x} \cdot \bar{y} \cdot \bar{z} \vee x \cdot y \cdot \bar{z} \vee x \cdot \bar{y} \cdot z \vee \bar{x} \cdot y \cdot z$

**3.4** $H(x,y,a,b,c) = F(x,y,G(a,b,c))$ とおくと, $\overline{H}(\overline{x},\overline{y},\overline{a},\overline{b},\overline{c}) = \overline{F}(\overline{x},\overline{y},G(\overline{a},\overline{b},\overline{c})) = F(x,y,\overline{G}(\overline{a},\overline{b},\overline{c})) = F(x,y,G(a,b,c)) = H(x,y,a,b,c)$ であるから $H(x,y,a,b,c)$ は自己双対関数.

**3.5** $\overline{x} \cdot \overline{y} \cdot \overline{z}$, $x \vee y \vee z$, $x \cdot \overline{y} \cdot \overline{z} \vee \overline{x} \cdot y \cdot \overline{z} \vee \overline{x} \cdot \overline{y} \cdot z$, $\overline{x} \cdot \overline{y} \vee \overline{y} \cdot \overline{z} \vee \overline{z} \cdot \overline{x}$, $x \cdot y \cdot \overline{z} \vee x \cdot \overline{y} \cdot z \vee \overline{x} \cdot y \cdot z$, $\overline{x} \cdot (y \oplus z) \vee \overline{y} \cdot (z \oplus x) \vee \overline{z} \cdot (x \oplus y)$, $\overline{x} \cdot y \vee \overline{y} \cdot z \vee \overline{z} \cdot x$, $x \vee \overline{y} \vee \overline{z}$, $x \cdot y \cdot z$, $x \cdot y \cdot z \vee \overline{x} \cdot \overline{y} \cdot \overline{z}$, $x \cdot (y \oplus z) \vee y \cdot (z \oplus x) \vee z \cdot (x \oplus y)$, $\overline{x} \cdot \overline{y} \vee \overline{y} \cdot \overline{z} \vee \overline{z} \cdot \overline{x} \vee x \cdot y \cdot z$, $x \cdot y \vee y \cdot z \vee z \cdot x$, $x \vee y \vee z \vee x \cdot \overline{y} \cdot \overline{z}$

**3.6** 例えば, $x \cdot y \vee x \cdot z \vee w \cdot x \vee w \cdot y \cdot z$ は単調, 自己双対, 非対称.

**3.7** 関数 $G(z_1,\ldots,z_n)$ と $H(z_1,\ldots,z_n)$ は互いに他の双対関数.

**3.8** 3 変数以下の場合は正しいが 4 変数以上では正しくない. 例えば, $x_1 \cdot x_2 \vee x_3 \cdot x_4$ は単調関数であり, 従ってユネイト関数であるが, しきい値関数ではない.

**3.9** $M(x,y,z) = \overline{M}(\overline{x},\overline{y},\overline{z})$ が成り立つから自己双対. 単調性, 対称性は明らか.

**3.10** (1) $M(x,y,z) = x \cdot y \vee y \cdot z \vee z \cdot x$ であるから, $z = 1$ のとき, $M(x,y,1) = x \vee y$, 中辺 $= x \vee y = x \oplus y \oplus x \cdot y$, 右辺 $= x \cdot y \oplus y \oplus x$ となる. また $z = 0$ のとき, $M(x,y,0) = x \cdot y$, 中辺 $= (x \vee y) \cdot x \cdot y = x \cdot y$, 右辺 $= x \cdot y \oplus 0 \oplus 0 = x \cdot y$ となる. 故に等式は成り立つ.

(2) (3), (4), (5) $M(x,y,z) = x \cdot y \vee y \cdot z \vee z \cdot x$ から明らか.

**3.11** $F(x_1,x_2,\ldots,x_n)$ が重み $w_1, w_2, \ldots, w_n$ としきい値 $T$ を持つしきい値関数ならば, その双対関数 $\overline{F}(\overline{x}_1,\overline{x}_2,\ldots,\overline{x}_n)$ は重み $w_1, w_2, \ldots, w_n$ としきい値 $w_1 + w_2 + \cdots + w_n - T$ を持つしきい値関数である.

**3.12** $\overline{F}(\overline{x}_5,\overline{x}_4,\overline{x}_3,\overline{x}_2,\overline{x}_1) = 1 \Leftrightarrow F(\overline{x}_5,\overline{x}_4,\overline{x}_3,\overline{x}_2,\overline{x}_1) = 0 \Leftrightarrow (\overline{x}_5,\overline{x}_4,\overline{x}_3,\overline{x}_2,\overline{x}_1)$ の内 2 個以下の変数が $1 \Leftrightarrow (x_5,x_4,x_3,x_2,x_1)$ の内 3 個以上の変数が $1 \Leftrightarrow F(x_1,x_2,\ldots,x_n) = 1$. 従って, $\overline{F}(\overline{x}_5,\overline{x}_4,\overline{x}_3,\overline{x}_2,\overline{x}_1) = F(x_1,x_2,\ldots,x_n)$.

**3.13** $F(x_1,x_2,\ldots,x_n) = a_0 \oplus a_1 \cdot x_1 \oplus a_2 \cdot x_2 \oplus \cdots \oplus a_n \cdot x_n$ と表されるなら明らかに $F(x_1,x_2,\ldots,1,\ldots,x_n) \oplus F(x_1,x_2,\ldots,0,\ldots,x_n)_i = a_i$ である. 逆に, 任意の $x_i$ に対して, $F(x_1,x_2,\ldots,1,\ldots,x_n) \oplus F(x_1,x_2,\ldots,0,\ldots,x_n)_i = a_i$ ならば, $F(x_1,x_2,\ldots,x_n) = x_i\{F(x_1,x_2,\ldots,1,\ldots,x_n) \oplus F(x_1,x_2,\ldots,0,\ldots,x_n)\} \oplus F(x_1,x_2,\ldots,0,\ldots,x_n) = a_i \cdot x_i \oplus F(x_1,x_2,\ldots,0,\ldots,x_n)$ となるから $F(x_1,x_2,\ldots,0,\ldots,x_n)$ についてこれを同様に繰り返せば, $F(x_1,x_2,\ldots,x_n) = a_0 \oplus a_1 \cdot x_1 \oplus a_2 \cdot x_2 \oplus \cdots \oplus a_n \cdot x_n$ と表される.

**3.14** 関数 $x \cdot \overline{y} \vee \overline{z}$ は定義 3.17 の $M_1 \sim M_5$ のどれにも含まれないから万能. AND 素子, OR 素子, NOT 素子は, 例えば, 図 A.4 のように合成できる.

**3.15** $1, x, y, x \cdot y, x \vee y \in M_1$, $0, x, y, x \cdot y, x \vee y \in M_2$, $x, y, \overline{x}, \overline{y} \in M_3$, $0, 1, x, y, \overline{x}, \overline{y}, x \oplus y, \overline{x \oplus y} \in M_4$, $0, 1, x, y, x \cdot y, x \vee y \in M_5$

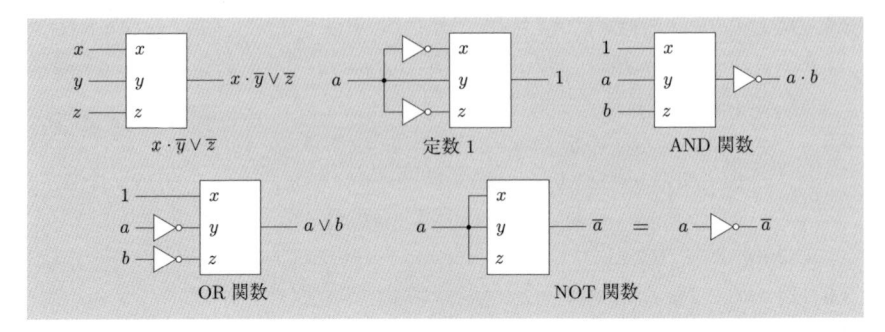

図 A.4

### 第4章

**4.1** PLA の基本構造は AND アレイと OR アレイの 2 段形式．ROM の基本構造は AND アレイであるアドレスデコーダ部と OR アレイであるメモリ部の 2 段形式．

**4.2** $(x_1, x_2, x_3) = (0, 0, 0)$ に対して $\overline{x}_1 \cdot \overline{x}_2 = 1$, $\overline{x}_1 \cdot \overline{x}_2 \cdot \overline{x}_3 = 1$ だが $x_1 \cdot \overline{x}_2 \vee x_3 = 0$.

**4.3** $x_1 \cdot \overline{x}_2 \cdot \overline{x}_3$ から $x_1$ または $\overline{x}_2$ を除いた積項も含意項になる．$x_1 \cdot x_2 \cdot \overline{x}_3$ も同様．

**4.4** 積和形論理式 $F$ に主項ではない含意項 $P$ が含まれている場合，$P$ から変数を除いて得られる $F$ の主項で $P$ を置き換えると，積項数が増えることなく，積項に含まれる変数の数が減る．

**4.5** (1) $x \cdot \overline{y} \vee w \cdot \overline{y} \vee w \cdot \overline{x} \cdot \overline{z}$, $(w \vee x) \cdot (\overline{y} \vee \overline{z}) \cdot (\overline{x} \vee \overline{y})$

(2) $\overline{x} \cdot \overline{z} \vee \overline{y} \cdot \overline{z} \vee \overline{w} \cdot \overline{x} \cdot \overline{y} \vee w \cdot \overline{x} \cdot y$, $(\overline{x} \vee \overline{y}) \cdot (\overline{x} \vee \overline{z}) \cdot (w \vee \overline{y} \vee \overline{z}) \cdot (\overline{w} \vee y \vee \overline{z})$

(3) $\overline{w} \cdot \overline{y} \vee w \cdot y \vee y \cdot z \vee \overline{x} \cdot z$ または $\overline{w} \cdot \overline{y} \vee w \cdot y \vee \overline{w} \cdot z \vee \overline{x} \cdot z$, $(w \vee \overline{y} \vee z) \cdot (\overline{w} \vee \overline{x} \vee y) \cdot (\overline{w} \vee y \vee z)$

(4) 例えば $\overline{w} \cdot x \cdot z \vee w \cdot y \cdot \overline{z} \vee \overline{x} \cdot \overline{y} \cdot \overline{z} \vee \overline{w} \cdot \overline{y} \cdot z$. 例えば $(\overline{w} \vee \overline{z}) \cdot (\overline{x} \vee y) \cdot (w \vee \overline{y} \vee z) \cdot (w \vee x \vee \overline{y})$.

**4.6** $(x, y)$ の 4 通りの場合に対して等式を成り立たせる条件を調べれば，条件を満たす $F(x, y, z)$ は $x \cdot y$, $\overline{x} \cdot \overline{y}$, $x \cdot y \cdot z \vee \overline{x} \cdot \overline{y} \cdot z$, $x \cdot y \cdot \overline{z} \vee \overline{x} \cdot \overline{y} \cdot \overline{z}$ の 4 つ．

**4.7** 積和形式は $\overline{a}_1 \cdot b_1 \vee \overline{a}_1 \cdot \overline{a}_0 \cdot b_0 \vee \overline{a}_0 \cdot b_1 \cdot b_0$.

**4.8** (1) $F(w, x, y, z) = \overline{[\{w \cdot \overline{(w \cdot x \cdot y)} \cdot \overline{(y \cdot z)}\} \cdot \{x \cdot y \cdot \overline{(w \cdot x \cdot y)} \cdot \overline{(y \cdot z)}\}]}$

(2) $F(w, x, y, z) = \overline{[\{x \cdot \overline{(w \cdot y)} \cdot \overline{(y \cdot z)}\} \cdot \{w \cdot z \cdot \overline{(y \cdot z)}\} \cdot \{w \cdot x \cdot z\}]}$

**4.9** 2 線式論理では，AND 論理は (AND, OR) のペア，OR 論理は (OR, AND) のペア，NOT 論理は 2 線の交差でそれぞれ実現されるので，論理式に否定素子は含まれない．

**4.10** $D = C_4 \vee S_3 \cdot S_1 \vee S_3 \cdot S_2$

## 第5章

**5.1** 図 A.5

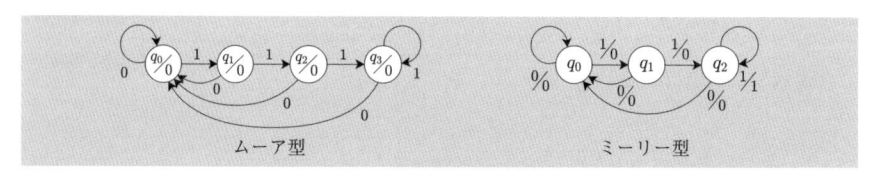

図 A.5

**5.2** ミーリー型では出力を入力と内部状態の関数で表現するが，ムーア型では出力を内部状態だけで区別するため，一般にミーリー型より内部状態数が多くなる．

**5.3** 図 A.6

| 状態 | 入力 $ab$ |  |  |  | 出力 |
|------|------|------|------|------|------|
|      | 00 | 01 | 10 | 11 | $c$ |
| $q_0$ | $q_0$ | $q_0$ | $q_0$ | $q_1$ | 0 |
| $q_1$ | $q_0$ | $q_1$ | $q_1$ | $q_1$ | 1 |

状態遷移図 / 状態遷移表

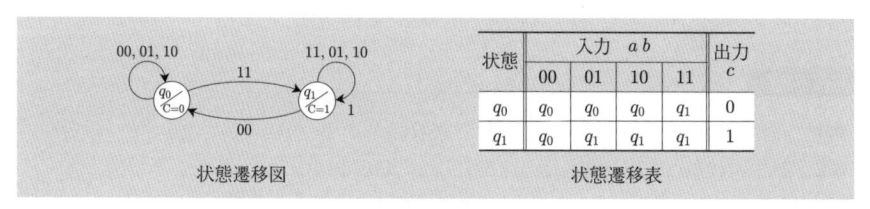

図 A.6

**5.4** JKFF の状態遷移を起こす入力駆動条件には Don't care が SRFF より多いため．

**5.5** 図 A.7

**5.6** $(Q_1, Q_0) = (0, 0)$ を初期状態とし，$x = 1$ のとき $(0,0) \to (0,1) \to (1,0) \to (0,0)$ と遷移するように状態割当をした場合，2つの DFF$(Q_1, Q_0)$ の D 入力 $(D_1, D_0)$ の駆動関数および出力関数は，$D_1 = \overline{x} \cdot Q_1 \vee x \cdot Q_0$，$D_0 = \overline{x} \cdot Q_0 \vee x \cdot \overline{Q_1} \cdot \overline{Q_0}$，$z = x \cdot Q_1$ となる．

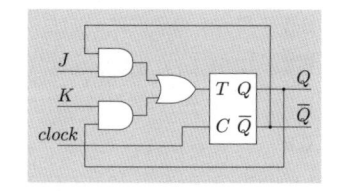

図 A.7

**5.7** $(Q_2, Q_1, Q_0) = (0, 0, 0)$ を初期状態とし，入力パルス $(x)$ が 5 回入るたびに出力 $z = 1$ になり，$(0,0,0) \to (0,0,1) \to (0,1,0) \to (0,1,1) \to (1,0,0) \to (0,0,0)$ と遷移するように状態割当を行った場合，3つの JKFF$(Q_2, Q_1, Q_0)$ の JK 入力 $(J_2, K_2)$，$(J_1, K_1)$，$(J_0, K_0)$ の駆動関数と出力関数は，$J_2 = x \cdot Q_1 \cdot Q_0$，$K_2 = x$，$J_1 = K_1 = x \cdot Q_0$，$J_0 = x \cdot \overline{Q_2}$，$K_0 = x$，$z = x \cdot Q_2$ となる．

**5.8** マスター FF の出力を $Q_1$，スレーブ FF の出力を $Q_0$ として内部状態を $(Q_1, Q_0)$，JKFF の出力を $Q_0$ とした場合の状態遷移図とタイミングチャートの

例を図 A.8 に示す.

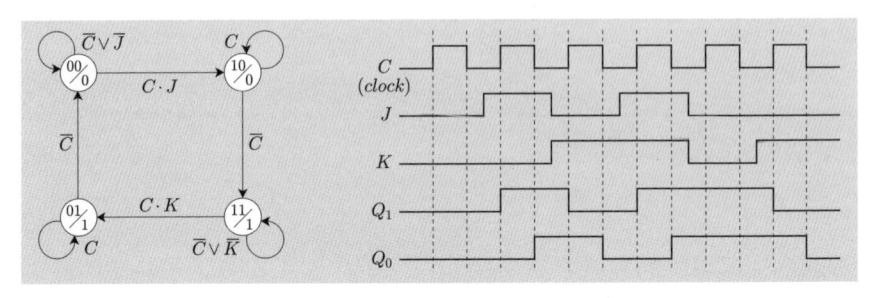

図 A.8

**5.9** 省略

**5.10** $q_2$ と $q_4$ は等価であり，状態数 4 の状態遷移表が得られる．

## 第 6 章

**6.1** $-2147483648 (= -2^{31}) \sim +2147483647 (= +2^{31}-1)$

**6.2** $1101.0101_{(2)} = 13.3125_{(10)},\ 54.6875_{(10)} = 110110.1011_{(2)}$

**6.3** $-0.75_{(10)} = 1\ 01111110\ 10000000000000000000000_{(2)},\ 1\ 01111111110$
$1000000000000000000000000000000000000000000000000000_{(2)} = -5.5_{(10)}$

**6.4** $[01011101] + [11010001] = [00101110]$ （エンドキャリー発生）

**6.5** 図 6.4 の構成において $S_3$ が符号ビット，$C_3 \oplus C_4$ がオーバフローを表す．

**6.6** $[0101\ 1000\ 0100] + [0010\ 0111\ 0011] + [0000\ 0110\ 0000] = [1000\ 0101\ 0111]$

**6.7** $[1000\ 1011\ 0111] + [0101\ 1010\ 0110] + [-3, +3, -3] = [1011\ 1000\ 1010]$

**6.8** $C_5 = G_4 \vee P_4 \cdot C_4,\quad C_6 = G(4:5) \vee P(4:5) \cdot C_4\quad (G(4:5) = G_5 \vee P_5 \cdot G_4,$
$P(4:5) = P_5 \cdot P_4),\quad C_7 = G_6 \vee P_6 \cdot C_6,\quad C_8 = G(6:7) \vee P(6:7) \cdot C_6$
$(G(6:7) = G_7 \vee P_7 \cdot G_6, P(6:7) = P_7 \cdot P_6)$

**6.9, 6.10, 6.11, 6.12, 6.13** 省略

## 第 7 章

**7.1** 図 2.4 では $(x_1, x_2, x_3)$ の $111 \to 011$ 変化に対して AND ゲート $x_1 \cdot x_2$ が $1 \to 0$ 変化，AND ゲート $\bar{x}_1 \cdot x_3$ が $0 \to 1$ 変化を起こすので出力 $f$ は $1 \to 0 \to 1$ 変化の可能性がある．一方，図 2.3 では同じ入力変化に対して AND ゲート $x_2 \cdot x_3$ は 1 のまま一定なので出力は $f = 1$ のまま安定する．

**7.2** $T > \max\{\Delta_s + \Delta_{cc} + \Delta_{\text{skew}} + \Delta_{\text{setup}}\},\ \min\{\Delta_s + \Delta_{cc}\} > \Delta_{\text{skew}} + \Delta_{\text{hold}}$

**7.3** 制御回路 $CTL$ から供給されるタイミング信号がレジスタへ到着する時刻のばらつきを $\Delta_{\text{skew}}$, タイミング信号が到着してからレジスタの出力が安定するまでの時間を $\Delta_s$, 組合せ回路 $CC$ の遅延を $\Delta_{cc}$, レジスタのセットアップタイムを $\Delta_{\text{setup}}$ とすると, $\Delta > \max\{\Delta_s \vee \Delta_{cc} \vee \Delta_{\text{skew}} \vee \Delta_{\text{setup}}\}$

**7.4** AND, OR の実現は可能 (文献 [17] を参照). NOT は 2 線の交差で実現可能.

**7.5** パリティ交番方式で, 例えば AND 関数を実現する場合, 関数ハザードを引き起こす単一入力変化が必ず存在する (文献 [18] p.203 を参照).

**7.6** $(a,b)$ の $(0,0) \to (1,1)$ 変化による $c$ の $0 \to 1$ 変化が起きたとき, 外部環境が次の入力変化を起こす前に AND ゲート $a \cdot c$ および $b \cdot c$ の $0 \to 1$ 変化が完了してフィードバックループに値 1 が保持されれば, $C$ 素子として正しく機能する.

# 参考文献

1. 尾崎 弘, 樹下行三「ディジタル代数学」共立出版 (1966年)
2. 野崎昭弘「スイッチング理論」共立出版 (1972年)
3. 南谷 崇「PLA の使い方」産報出版 (1978年)
4. 室賀三郎 著, 笹尾 勤 訳「論理設計とスイッチング理論」共立出版 (1981年)
5. 当麻喜弘, 内藤祥雄, 南谷 崇「順序機械」岩波書店 (1983年)
6. 当麻喜弘「スイッチング回路理論」コロナ社 (1986年)
7. 笹尾 勤「PLA の作り方・使い方」日刊工業新聞社 (1986年)
8. 山田輝彦「論理回路理論」森北出版 (1990年)
9. 南谷 崇「フォールトトレラントコンピュータ」オーム社 (1991年)
10. 当麻喜弘, 南谷 崇, 藤原秀雄「フォールトトレラントシステムの構成と設計」槇書店 (1991年)
11. 笹尾 勤「論理設計：スイッチング回路理論」近代科学社 (1995年)
12. 立花 隆, 南谷 崇, 橋本毅彦, 児玉文雄, 安田 浩, 東大教養学部立花ゼミ「新世紀デジタル講義」新潮社 (2000年)
13. D. A. パターソン & J. L. ヘネシー 著, 成田光彰 訳「コンピュータの構成と設計」日経 BP 社 (1996年)
14. G. Boole: An Investigation of the Laws of Thought − on which are founded the mathematical theories of logic and probabilities, Dover Publications, New York, 1958(原著は 1854年に発行)
15. 中島 章「継電器回路の構成理論」電信電話学会誌 (1935年9月)
16. C. E. Shannon: "A symbolic analysis of relay and switching circuits" Trans. AIEE, 57, pp. 713–723, 1938
17. I. E. Sutherland: "Micropipelines" C. ACM, Vol. 32, No. 6, pp. 720–738, June. 1989
18. Logic Synthesis and Optimization, ed. By T. Sasao, Kluwer Academic Publishers, Nov. 1992

# 索　引

## あ行

アービタ　213
アセンブラ　4
アセンブリ言語　4
インバータ　184
エッジトリガー型　125
演算回路　6
エンドアラウンドキャリー　152
エンドキャリー　151
オートマトン　108
オーバーフロー　153
オペレーティングシステム　5

## か行

下界　22
下限　22
仮数　148
稼働相　193
カルノー図　86
ガロア標準形　46
環　45
含意項　88
慣性遅延モデル　185
完全性　28
完全定義順序回路　114
完全定義論理関数　37
偽　3
機械語　4

基本対称関数　65
基本論理ゲート　82
基本論理素子　82
既約順序 BDD　48
キャリー生成項　162
キャリー伝播項　162
キャリールックアヘッド　162
休止相　193
吸収律　12
極小項　40
極小項表現　40
極大項　40
極大項表現　40
許容項　100
組合せ回路　34
クロック　109
クワイン・マクラスキー法　91
結合律　12
交換律　12
高級言語　4
固定遅延モデル　186
コンパイラ　5
コンピュータ　2, 4

## さ行

最上位ビット　149
最小元　22
最小積和形式　85
最大元　22

しきい値関数　66
自己双対関数　62
自己反双対関数　64
指数　148
シャノン　7
シャノン展開　42
主項　88
出力遅延モデル　187
順序回路　34, 108
順序関係　21
純粋遅延モデル　185
上界　22
上限　22
状態機械　108
状態遷移図　111
状態遷移表　113
状態割当　127
情報社会　2
情報システム　2
真　3
シンクロナイザ　214
真理値表　35

推移律　24
スイッチング回路　3
スペーサ　198

正　56
正関数　58
制御回路　6
整合遅延　184
積項　40
積和形　40
積和標準形　40
セットアップ時間　191
セルフチェッキング論理回路　103

全加算器　155
線形関数　70
全順序関係　21

相互排他　214
双対　15
双対関数　60
双対性原理　15
相補律　13
束　12

## た行

対称　65
対称関数　65
タイミングフォールト　187
多数決関数　68
束データ方式　193
束データ方式ハンドシェーク　194
単調関数　58
単調減少関数　58
単調増大関数　58

中間状態　212
ディジタル回路　3
ディジタル技術　2
ディペンダビリティ　6, 10
データパス　6

ド・モルガンの定理　18
ド・モルガン律　18
同期式　109
同族　72
ドントケア　38

## な行

中島章　7

索　引

入力遅延モデル　186

ネットワーク　2

### は行

バイアス　148
バイアス表現　148
ハッセ図　21
ハフマンモデル　188
パリティ交番方式　202
半加算器　154
反射律　24
半順序関係　21
反対称律　24
ハンティントンの公理　19
ハンドシェーク　192
万能　75

ヒステリシス特性　204
必須主項　92
否定　12
非同期式　109
非同期式パイプライン　203

負　56
ブースのアルゴリズム　175
ブール　7
ブール環　45
ブール関数　35
ブール式　15
ブール代数　12
ブール展開　42
ブール微分　71
ブール和　12
フォン・ノイマン型　4
負関数　58

不完全定義順序回路　114
不完全定義論理関数　37
複合関数　60
符号拡張　147
プッシュ型　192
浮遊遅延　184
フリップフロップ　115
プル型　192
プログラム　4
プロトコル　192
分枝限定法　96
分配束　13
分配律　13

べき集合　14
べき等律　12
ペトリックの方法　98
ベン図　13

補　12
包含　56
ホールド時間　191
補数表現　146

### ま行

マイクロパイプライン　206
マスタースレーブ型　122
マラーの$C$素子　203
マラーのパイプライン　204
マラーモデル　188

ミーリー型　110

ムーア型　110
無界遅延モデル　186

メタステーブル動作　212

文字符号　145

## や行

有界遅延モデル　186
有限状態機械　108
ユネイト関数　57

## ら行

リード・マラー標準形　46
リップルキャリー型　157
両立性　139
両立的　139

励起表　128

ロバスト性　182
論理回路　3
論理関数　35
論理式　15
論理積　12
論理代数方程式　51
論理和　12

## わ行

和項　40
和積形　40
和積標準形　40

## 欧字

1の補数　146

2項関係　21
2重否定　17
2進法　142
2線式符号　198
2線式論理　102
2線方式　193
2の補数　146

3増し符号　150
3段 NAND 形式　99

8進法　142

10進法　142

16進法　142

AND　12
ASCII　145
ASIC　9

BCD 符号　150
BDD　47

C. E. Shannon　7
CPU　6

$DFF$　118
DI モデル　188
Don't care　38
$D$ 型フリップフロップ　118

FM モデル　188

G. Boole　7

IC　8

$JKFF$　120
$JK$ 型フリップフロップ　120

LSB　4
LSI　8

MSB　4

NAND ラッチ　115

# 索　引

NORラッチ　115
NOT　12

OR　12
OS　5

PLA　85

RFID　2
ROBDD　48
ROM　85

SIモデル　188
$SR$FF　117
$SR$型フリップフリップ　117

$T$FF　118
$T$型フリップフロップ　118

VLSI　2, 8

XOR　44

著者略歴

南谷　崇
（なんや　たかし）

1969 年　東京大学工学部計数工学科卒業
1971 年　東京大学大学院工学系研究科修士課程修了
　　　　日本電気(株)中央研究所勤務を経て，
1981 年　東京工業大学助教授
1989 年　東京工業大学教授
1995 年　東京大学教授
2001 年〜2004 年
　　　　東京大学評議員・先端科学技術研究センター長
現　在　東京大学教授，東京工業大学名誉教授，工学博士


Information Science & Engineering-S2
論理回路の基礎

2009 年 4 月 25 日 ⓒ　　　　　初 版 発 行

著　者　南谷　崇　　　　発行者　木下 敏孝
　　　　　　　　　　　　印刷者　小宮山恒敏

発行所　　株式会社　サイエンス社

〒 151–0051　東京都渋谷区千駄ヶ谷 1 丁目 3 番 25 号
営 業　☎(03) 5474–8500（代）振替 00170–7–2387
編 集　☎(03) 5474–8600（代）
FAX　☎(03) 5474–8900

印刷・製本　小宮山印刷工業 (株)
≪検印省略≫

本書の内容を無断で複写複製することは，著作者および出版者の権利を侵害することがありますので，その場合にはあらかじめ小社あて許諾をお求め下さい．

ISBN978-4-7819-1227-1
PRINTED IN JAPAN

サイエンス社のホームページのご案内
http://www.saiensu.co.jp
ご意見・ご要望は
rikei@saiensu.co.jp　まで．